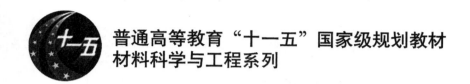

普通高等教育"十一五"国家级规划教材

材料科学与工程系列

材料合成与制备方法

Material Synthesis and Preparation Methods

● 曹茂盛等　编著

U0223256

哈尔滨工业大学出版社

内 容 提 要

　　本书旨在介绍材料合成与制备的原理、方法和技术,着重讲述了单晶体的生长,非晶态材料、薄膜的制备方法,功能陶瓷的合成与制备,结构陶瓷和功能高分子材料的制备方法等。

　　本书是高等学校材料科学与工程专业本科生教材,研究生教学参考书,也可供工程技术人员在实际工作中参考。

图书在版编目(CIP)数据

　　材料合成与制备方法/曹茂盛等编著 . —4 版 . —哈尔滨:
哈尔滨工业大学出版社,2018.7(2021.12 重印)
　　ISBN 978-7-5603-6729-3

　　Ⅰ . ①材… Ⅱ . ①曹… Ⅲ . ① 合成材料–材料制备–
高等学校–教材 Ⅳ . ①TB324

　　中国版本图书馆 CIP 数据核字(2018)第 119867 号

材料科学与工程
图书工作室

选题策划	张秀华　杨　桦
责任编辑	张秀华　孙连嵩
封面设计	卞秉利
出版发行	哈尔滨工业大学出版社
社　　址	哈尔滨市南岗区复华四道街 10 号　邮编 150006
传　　真	0451–86414749
网　　址	http://hitpress.hit.edu.cn
印　　刷	哈尔滨久利印刷有限公司
开　　本	787mm×1092mm　1/16　印张 16　字数 390 千字
版　　次	2008 年 8 月第 3 版　2018 年 7 月第 4 版
	2021 年 12 月第 4 次印刷
书　　号	ISBN 978-7-5603-6729-3
定　　价	36.00 元

再版前言

材料科学是研究材料的组成、结构、性能及变化规律的一门基础学科，是多学科交叉与结合的结晶，与工程技术密不可分。材料合成与制备方法则是一门研究材料制备新技术、新工艺以及实现新材料的设计思想，并使其投入应用的一门学科。研究与发展材料的目的在于应用，材料制备技术则是材料应用的基础。20世纪中叶后科学技术迅猛发展，材料制备与合成技术正在发生着深刻的变化，新设计思路、新材料、新技术、新工艺相互结合开拓了许多新的高新技术前沿领域。例如，外延技术的出现，可以精确地控制材料到几个原子的厚度，从而为实现原子分子设计提供了有效的手段；快冷技术的采用，为金属材料的发展开辟了一条新路。许多性能优异有发展前途的材料，如功能陶瓷、高温超导材料、大单晶体材料、薄膜材料等逐步应用到工程领域，推动着人类社会的发展。

本书是根据高等学校材料科学与工程及相关专业的教学需要而编写的，本书被选入教育部普通高等教育"十一五"国家级规划教材。本书是在已经学习了材料科学基础、材料金属学等课程的基础上来完成本门课程的学习的。本书不仅可以作为高等学校材料科学与工程及相关专业的教学用书，也可以作为工厂、研究院所科技人员的参考书。

本书由6章组成，第1章是介绍固相-固相平衡的晶体生长，液相-固相平衡的晶体生长，气相-固相平衡的晶体生长，以及它们的理论基础和制备工艺；第2章是介绍非晶态材料的制备，包括非晶态材料的基本概念和基本性质，非晶态材料的形成理论，以及各种非晶态材料的制备原理与方法；第3章是介绍薄膜的制备方法，包括真空蒸镀，溅射成膜，化学气相沉积，溶胶-凝胶以及纳米薄膜的制备等；第4章是介绍功能陶瓷的合成与制备，包括高温超导陶瓷，敏感陶瓷，压电陶瓷，半导体陶瓷，磁性陶瓷的制备原理及方法；第5章是介绍结构陶瓷的制备方法，包括超微粉料的制备，微波烧结技术，成型制备技术新工艺，陶瓷原位凝固胶态成型工艺及高性能结构陶瓷的应用；第6章是介绍功能高分子材料的制备，包括高分子化学试剂，医用生物材料的合成，磁性高分子、无机夹层高分子、极化聚合物高分子和高分子液晶等的合成。

本书的第1~3章由中央民族大学陈笑编写，第4、5章由北京理工大学曹茂盛编写，第6章由齐齐哈尔大学杨郦编写。全书由曹茂盛统稿。

本书在编写的过程中参考并引用了部分图书和文献的有关内容，得到了材料科学与工程系列教材编审委员会的指导，并得到了相关院校的大力支持和协作，谨此一并表示致谢。

由于编者水平有限，书中定有不足之处，恳请同行和读者批评指正。

编　者

2008年3月

目　　录

第1章　单晶材料的制备

单晶体经常表现出电、磁、光、热等方面的优异性能,广泛用于现代工业的诸多领域,如单晶硅、锗、砷化镓、红宝石、钇铁石榴石、石英单晶等。本章扼要介绍常用的单晶制备方法,包括固相-固相平衡的晶体生长、液相-固相平衡的晶体生长、气相-固相平衡的晶体生长。

1.1　固相-固相平衡的晶体生长

固-固生长即是结晶生长法。其主要优点是,能在较低温度下生长;生长晶体的形状是预先固定的。所以丝、片等形状的晶体容易生长,取向也容易控制,而杂质和添加组分的分布在生长前被固定下来,在生长过程中并不改变。缺点是难以控制成核以形成大晶粒。

1.1.1　形变再结晶理论

1. 再结晶驱动力

用应变退火方法生长单晶,通常是通过塑性变形,然后在适当的条件下加热等温退火,温度变化不能剧烈,结果使晶粒尺寸增大。平衡时生长体系的吉布斯自由能为零;对于自发过程,生长体系的吉布斯自由能小于零;对任何过程有

$$\Delta G = \Delta H - T\Delta S \tag{1-1}$$

在平衡态时 $\Delta G = 0$,即

$$\Delta H = T\Delta S \tag{1-2}$$

这里 ΔH 为热熔的变化,ΔS 为熵变,T 为绝对温度。由于在晶体生长过程中,产物的有序度比反应物的有序度要高,所以 $\Delta S < 0$,$\Delta H < 0$,故结晶通常是放热过程。对于未应变到应变过程,有

$$\Delta E_{1-2} = W - q \tag{1-3}$$

这里 W 为应变给予材料的功,q 为释放的热,且 $W > q$,而

$$\Delta H_{1-2} = \Delta E_{1-2} + \Delta(pV) \tag{1-4}$$

由于 ΔpV 很小,近似得

$$\Delta H_{1-2} = \Delta E_{1-2} \tag{1-5}$$

而

$$\Delta G_{1-2} = W - q - T\Delta S \tag{1-6}$$

在低温下 $T\Delta S$ 可忽略,故

$$\Delta G_{1-2} \approx W - q < 0 \tag{1-7}$$

因此,使结晶产生应变不是一个自发过程,而退火是自发过程。在退火过程中提高温度只是为了提高速度。

经塑性变形后,材料承受了大量的应变,因而储存大量的应变能。在产生应变时,发生的自由能变化近似等于做功减去释放的热量。该热量通常就是应变退火再结晶的主要推动力。

大部分应变自由能驻留在构成晶粒间界的位错行列中,由于晶粒间界具有界面自由能,所以它也提供过剩自由能。小晶粒的溶解度高,小液滴的蒸气压高,小晶粒的表面自由能也高,这是相同的。但是,只有在微晶尺寸相当小的情况下,这种效应作为再结晶的动力才是最重要的。此外,晶粒间界能也依赖于彼此形成晶界的两个晶粒的取向。能量低的晶粒倾向于并吞那些取向不合适的(即能量高的)晶粒而长大。因此,应变退火再结晶的推动力由下式给出

$$\Delta G = W - q + G_S + \Delta G_0 \tag{1-8}$$

这里 W 为产生应变或加工时所做的功(W 的大部分驻留在晶粒间界中),q 为作为热而释放的能量,G_S 为晶粒的表面自由能,ΔG_0 为试样中不同晶粒取向之间的自由能差。减小晶粒间界的面积便能降低材料的自由能。产生应变的样品相对未产生应变的样品来说在热力学上是不稳定的。在室温下材料消除应变的速度一般很慢。但是,若升高温度来提高原子的迁移率和点阵振动的振幅,消除应变的速度将显著提高。退火的目的是加速消除应变。这样,在退火期间晶粒的尺寸增加,一次再结晶的发生,可以通过升高温度而加速。

使晶粒易于长大的另一些重要因素是跨越正在生长着的晶界的一些原子的黏着力和存在于点阵中及晶界内的杂质。已经证实原子必须运动才能使晶粒长大,并且晶界处的原子容易运动,晶粒也容易长大。材料应变后退火,能够引起晶粒的长大。

2. 晶粒长大

晶粒长大可以通过现存晶粒在退火时的生长或通过新晶粒成核,然后在退火时生长的方式发生,焊接一颗大晶粒到多晶试样上,并且是大晶粒吞并邻近的小晶粒而生长,就可以有籽晶的固－固生长,即

形核 — 焊接 — 并吞

晶粒长大是通过晶粒间的迁移,而不是像液－固或气－固生长中通过捕获活泼的原子或分子而实现的。其推动力是储存在晶粒间界的过剩自由能的减少,因此晶界间的运动起着缩短晶界的作用,晶界能可以看作晶界之间的一种界面张力,而晶粒的并吞使这种张力减小。显然,从诸多小晶粒开始的晶粒长大很快,如图1-1所示。

在大晶粒并吞小晶粒而长大时,如果 σ_{S-S} 为小晶粒之间的界面张力,σ_{S-L} 为小晶粒和大晶粒之间的界面张力,那么小晶粒要

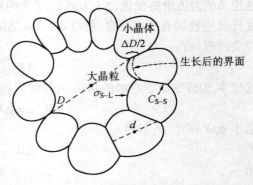

图 1-1　晶粒长大的示意图

长大则有

$$\Delta A_{S-L}\sigma_{S-L} < \Delta A_{S-S}\sigma_{S-S} \tag{1-9}$$

式中，ΔA_{S-S} 为小晶粒间界面积的变化；ΔA_{S-L} 为大晶粒和小晶粒之间界面积的变化。

如果假定晶粒大体上为圆形的，大晶粒的直径为 D，则

$$\Delta A_{S-S} = \frac{\Delta D}{2}n \tag{1-10}$$

$$\Delta A_{S-L} = \pi \Delta D \tag{1-11}$$

式中，n 为与大晶粒接触的小晶粒的数目；d 为小晶粒的平均直径，则有

$$n \approx \frac{\pi(D + d/2)}{d} \approx \frac{D}{d} \tag{1-12}$$

这是由于式中分子是作为小晶粒中心轨迹的圆的四周，还因为 $D \gg d$，由式(1-9) 得

$$D > \frac{2\sigma_{S-L}d}{\sigma_{S-S}} \tag{1-13}$$

以上讨论中，假定了界面能与方向无关，事实上，晶粒间界具有与晶粒构成的方向以及界面相对于晶粒的方向有关的一些界面能 σ 值，晶界可以是大角度的或小角度的，并且可能包含着晶粒之间的扭转和倾斜。在生长晶体时，人们注意的是晶界迁移率。晶界迁移速度为

$$V \propto (\sigma/R)M \tag{1-14}$$

式中，R 为晶粒半径；σ 为界面能；M 为迁移率。

当晶界朝着曲率半径方向移动时，它的面积减小，如图 1-2 所示。

根据晶界和晶粒的几何形状，晶界的运动可能包含滑移、滑动及需要有位错的运动。如果还须使个别原子运动，过程将缓慢。

若有一个晶粒很细微的强烈的织构包含着几个取向稍微不同的较大的晶体，则有利于二次再结晶。若材料具有显著的织构，则晶体的大部分将择优取向。因此，再结晶的推动力是由应变消除的大小差异和欲生长晶体的取向差异共同提供的。其原因在于式(1-8) 中的 W，G_S，ΔG_0 都比较大。特别是在一次再结晶后，G_S 和 ΔG_0 仍然大得足够提供主要的推动力，明显的织构将保证只有几个晶体具有取向上的推动力。

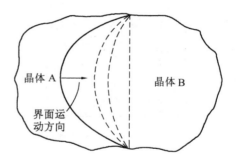

图 1-2　与晶界曲率相关的晶界运动

在许多情况下不需要成核也可以发生晶粒长大，这些情形下，通常要生长的晶核是业已存在的晶粒。应变退火生长是要避免在很多潜在的中心上发生晶粒长大。但是，在某些条件下，观察到在退火期间有新的晶粒成核，这些晶粒随着并吞相邻晶粒而长大，研究这种情况的一种办法是考虑点阵区，这些点阵可以最终作为晶核，作为晶胚的相似物，这对特定区域长到足以成为晶核的大小是必要的，在普通大小的晶粒中这种生长的推动力是由取向差和维度差引起的，由于位错密度差造成的内能差所引起的附加推动力也很重要，无位错网络区域将并吞高位错浓度的区域而生长，在多边化条件下，存在取向不同但

又缺少可以作为快速生长晶胚的位错点阵区,在一些系统中成核所需要的孕育期就是在产生多边化的应变区内位错成核所需要的时间,图 1-3 表示在晶粒间成核而产生新晶粒,图 1-4 表示多边化产生的可以生长的点阵区,已经查明,杂质阻止晶核间接的运动,因而,阻止刚刚形成的或者已有的晶核的生长,由于杂质妨碍位错运动,所以它有助于位错的固定。在有新晶核形成的系统内,通常观察到新晶核并吞已存在的晶体而生长。它们常常继续长大,并在大半个试样中占据优势。一旦它们长大到一定的大小,继续长大就比较困难,因为这时它们的大小和正要被并吞的晶粒的大小差不多,它们生长引起应变能的减小,也不再大于已有晶粒生长所引起的应变能的减小。若要进一步长大,则要靠晶粒取向差的自由能变化,在具有明显织构的材料中尤其如此。在这样的材料中,几乎所有旧的晶粒都是高度取向的,因此按新取向形成的新晶核容易长大。

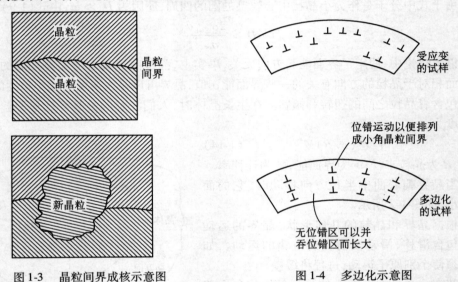

图 1-3　晶粒间界成核示意图　　　　图 1-4　多边化示意图

实际上,在应变退火中,通常在一系列试样上改变应变量,以便找到退火期间引起一个或多个晶粒生长所必须的最佳应变或临界应变。一般而言,1% ~ 10% 的应变足够满足要求,相应的临界应变控制精度不高于 0.25%,经常用锥形试样寻找其特殊材料的临界应变,因为这种试样在受到拉伸力时自动产生一个应变梯度。在退火之后,可以观察到晶粒生长最好的区域,并计算出该区域的应变。如图 1-5 所示,让试样通过一个温度梯度,将它从冷区移动到热区。试样最先进入热区的尖端部分,开始扩大性晶粒长大,在最佳条件下,只有一颗晶粒长大并占据整个截面,有时为了促进初始形核,退火前使图 1-5 的 A 区严重变形。

应该指出,用应变退火法生长非金属材料比生长金属晶体困难,其原因在于使非金属塑性变形很不容易,因此通常是利用晶粒大小差作为推动力,通常退火可提高晶粒尺度,即烧结。

1.1.2　应变退火及工艺设备

1. 应变退火

应变退火,包括应变和退火两个部分。对于金属构件,在加工成型过程本身就已有变形,刚好与晶体生长有关。下面介绍几种典型的金属构件。

（1）铸造件

铸造件是把熔融金属注入铸模内,然后使其凝固,借助重力充满或者离心力使铸模充满。晶粒大小和取向取决于纯度,铸件的形状,冷却速度和冷却时的热交换等。铸造出来的材料不包括加工硬化引起的应变,但由于冷却时的温度梯度和不同的收缩可能产生应变,而这一应变在金属中通常很小,在非金属材料中一般很大,借助塑性变形很难使非金属材料产生应变,所以这种应变成为后来再结晶的主要动力。

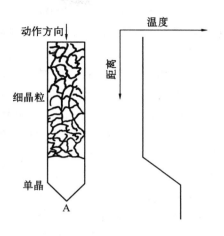

图 1-5　在温度梯度中退火

（2）锻造件

锻造件会引起应变,还可以引起加工硬化。锻打时,受锻打面的整个面积往往不是被均匀地加工,即使它们被均匀地加工,也存在一个从锻打表面开始的压缩梯度,因而,锻造件的应变一般是不均匀的,锻造件往往不仅仅是用于应变退火的原材料,而且还可用于晶体生长中使材料产生应变。

（3）滚轧件

使用滚轧时,金属的变形要比用其他方法均匀,因而借助滚轧可以使材料产生应变和织构。

（4）挤压件

挤压可以用来获得棒体和管类,相应的应变是不均匀的,因此,一般不用挤压作为使晶粒长大的方法。

（5）拉拔丝

拉拔过程一般用来制备金属丝,制得的材料经受相当均匀的张应变,晶体生长中常采用这种方法引进应变。

2. 应变退火法生长晶体

采用应变退火法可以方便地生长单相铝合金,即多组分系统固－固生长,由于不存在熔化现象,因此也不存在偏析,故单晶能保持原注定的成分,为了得到更好的再结晶,退火生长需要较大的温度梯度。

（1）应变退火法制备铝单晶

先产生临界应变量,再进行退火,使晶粒长大以形成单晶,通常初始晶粒尺寸在 0.1 mm 时,效果较佳,退火期间,有时在试样表面就先成核,影响了单晶的生长。一般认为铝核是在靠着表面氧化膜的位错堆积处开始的,在产生临界应变后腐蚀掉约100 μm

的表面层有助于阻止表面成核,对于特定织构取向则有利于单晶的生长,如[111]方向40℃以内的织构取向,有利于单晶快速长入基体,具体工艺如下。

①先在550℃使纯度为99.6w%的铝退火,以消除原有应变的影响和提供大小合乎要求的晶粒。要使无应变的晶粒较细的铝变形产生1%~2%的应变,然后将温度从450℃升至550℃按25℃/d的速度退火。

②在初始退火之后,较低温度下回复退火,以减少晶粒数目,使晶粒在后期退火时更快地长大,在320℃退火4 h以得到回复,加热至450℃,并在该温度下保温2 h,可以获得15 cm长,直径为1 mm的丝状单晶。

③在液氮温度附近冷滚轧,继之在640℃退火10 s,并在水中淬火,得到用于再结晶的铝,此时样品含有2 mm大小晶粒和强烈的织构,再经一个温度梯度,然后加热到640℃,可得到1 m长的晶体。

④采用交替施加应变和退火的方法,可以得到2.5 cm的高能单晶铝带,使用的应变不足以使新晶粒成核,而退火温度为640℃。

(2)应变退火法制备铜单晶

采用二次再结晶可以获得优良的铜单晶,即几个晶粒从一次再结晶时形成的基体中生长,在高于一次再结晶的温度下使受应变的试样退火,基本步骤如下:

①室温下滚轧已退火的铜片,减厚约90%。

②真空中将试样缓加热至1 000~1 040℃,保温2~3 h。

应当指出,在第一阶段得到的强烈织构,到第二阶段被一个或几个晶粒所并吞,若第二阶段中加热太快会形成孪晶。

(3)应变退火法制备铁晶体

用应变退火法可以生长出优质的铁晶体,但应当指出,含碳高于0.05%的软铁不能再结晶,必须在还原气氛中脱碳,使其含碳量下降至0.01%,且临界应变前的晶粒度保持在0.1 mm,滚轧减薄约50%。拉伸3%的应变,此外,为了较好地控制成核,可以把临界应变区域限制在试样的体积内,临界应变后,还要用腐蚀法或电抛光法把表面层去掉,然后在880~900℃温度范围内试样退火72 h。

1.1.3 利用烧结体生长晶体

烧结就是加热压实多晶体。烧结过程中晶粒长大的推动力主要是由残余应变、反向应变和晶粒维度效应等因素引起。其中,后两种因素在无机材料中应该是最重要的,因为它们不可能产生太大的应变。因此烧结仅用于非金属材料中的晶粒长大。若加热多晶金属时观察到的晶粒长大,该过程一般可看成是应变退火的一种特殊情况,因为此时应变不是有意识引起的。

一个典型的非金属材料烧结生长的实例是石榴石晶体。5 mm大的石榴石晶体通常是在1 450℃以上烧结多晶体钇铁石榴石$Y_3Fe_5O_{12}$(YIG)形成的。同样,采用烧结法,BeO,Al_2O_3,Zn都可以生长到相当大的晶粒尺寸。也就是说,利用烧结使晶粒长大一般在非金属中较为有效。

无机陶瓷中的气孔比金属中多,气孔可以阻止少数晶粒以外的大多数晶粒长大,所以多孔材料中容易出现大尺寸晶粒。在 Al_2O_3 中添加 MgO,在 Au 中添加 Ag 可以阻止烧结作用,添加物也可以加速晶粒长大。热压是在压缩下烧结,主要用于陶瓷的致密化。在一般情况下,为了引起陶瓷的致密化,压力需要足够高,温度也要提供一个合理的足以消除气孔的温度,又不引起显著的晶粒的长大。但是,如果热压中升高温度,烧结引起的晶粒显著长大,有可能得到有用的单晶,相应于式(1-8)中的 W 值,可以增加到应变退火的所能达到的值。表 1.1 为用应变退火法生长的晶体。

表 1.1　用应变退火法生长的晶体

材　　料	预应变和其他预处理	百分临界应变	生长退火条件	备　　注
99.6% Al	在 550 ℃ 退火重加工的铝达几小时(主要杂质为 Fe 和 Si)(铝片厚 3 mm、宽 2.5 cm 或者直径 2.5 cm 的圆柱体)	伸长 1% ~ 3%(控制应变在 ±0.25%)(用电抛光除去厚 75 μm 的表面层)	按 15 ~ 20 ℃/d 的速度缓慢加热到 450~550 ℃	
99.5% Al	片 1.2 cm×1 mm×5 cm　棒 3 mm×5 cm	4%:在 320 ℃"回复"4 h	1 h 内加热至 450 ℃,在 450 ℃ 加热 2 h(在温度梯度下),以 10 cm/min 的速度通过梯度炉(纵向或径向梯度)纵向梯度 20 ℃/cm	15 cm×1 mm 的单晶
99.99% Al	有意加入 0.4% 的 Li 或 0.035% 的 Fe 以阻止多边化			若处理方法和 99.6% 的 Al 一样,则易多边化而不长大
99.993% Al	在 -196 ℃ 重冷滚轧,在 640 ℃ 退火 1 μs,水中淬火,产生强烈织构,它有助于生长退火。晶粒度几毫米	经受临界应变	以 4 cm/h 速度通过 100 ℃/cm 的温度梯度,加热至 640 ℃	晶体约 1 m 长
99.99% Al	轮番施以应变和退火以产生直径 5 mm 的晶粒	不足以使新晶粒成核	利用所诱导的晶界迁移,在 640 ℃ 生长	比 2.5 cm 窄的片
铝-0.5% 银	在 500 ℃ 退火 15 min	2%	速度 6.5 cm/h,梯度 90 ℃/cm	
Al-(4~5)% Cu 1.3% Si 4.2% Ge 4.5% Mg 8.6% Ag	在比该成分合金的熔点低 10 ℃ 时瞬间退火	1.25%	温度比该成分合金的熔点低 10 ~ 30 ℃;速度 0.5 cm/h;温度梯度较大	

续表1.1

材　料	预应变和其他预处理	百分临界应变	生长退火条件	备　注
铜				由于层错能和孪晶界能低,应变退火常产生孪晶(Pb,Ag和其他体心立方晶体有类似问题)
铜	退过火的铜片在室温下平滚轧减薄90%	不采用临界应变,主要靠二次再结晶生长	缓慢加热至1 000~1 040 ℃,加热几小时	
铜(电解纯)	冷滚轧减薄95%,在600 ℃退火10 h,形成强烈的织构,把有取向偏差的晶粒腐蚀掉	不采用临界应变,主要靠二次再结晶生长	在熔点附近退火,例如在1 030 ℃退火72 h	
金 Cu-直到1%Zn Cu-0.2% Al Cu-0.1% Cd Cu-0.1% O Ni-1% Mn Fe-(30~100)%Ni 某些三元 Fe-Ni-Cu 成分	冷滚轧,厚度减小90%~95%,以便得到强烈的织构	不用有意施加临界应变,主要靠二次再结晶生长	加热,继之进行一次再结晶	对于这些或其他面心立方材料,常规的应变退火方法易产生孪晶
99.99%Fe	必须通过在湿 H_2 中脱碳退火,把碳减至小于0.1%;要求晶粒度≈0.1 mm;减薄50%,冷加工的棒加热至700 ℃,水中淬火	3% 拉伸应变,体积小的材料宜采用临界应变,慢应变速度约0.01%/h,防止不均匀形变产生。如果超过屈服点,很难得到均匀应变。用电抛光或腐蚀法除去表面层	910 ℃以下退火,然后在880 ℃于 H_2 中退火72 h。温度梯度退火很有帮助	
99.9%Fe	软钢,热滚轧成1/8 吋的板,1/2 吋的棒,在 H_2 中于950 ℃下脱碳48 h,缓慢冷却或于750 ℃下在湿 H_2 中保持2周	3%	880 ℃,72 h	
铁(≈99.9%)(阿姆克铁)	在 H_2 中于950 ℃下退火,不超过24 h	3%	在 H_2 中,850 ℃,72 h	

续表1.1

材　料	预应变和其他预处理	百分临界应变	生长退火条件	备　注
Fe-3%Si 板	20 h,H₂,870 ℃	2.5%	1 150 ℃,1 cm/h,梯度 1 000 ℃/cm	
Fe-0.15%P	退火产生约 100 晶粒/mm²	3%,然后化学机械加工	800 ℃,1 cm/h,在陡温度梯度内	
Fe-直到 6%Al 的棒	在 900~970 ℃脱碳	2.4%	800~1 000 ℃,1~2 d	
Fe-18%Cr-8%Ni	冷轧减薄 70%,在 1 000 ℃再结晶 1 h	2.5%	在炉中迅速加热至 1 000 ℃热,100 h(对 Fe-20%Cr,要求 1 200 ℃)	
铝小棒			在炉中有稳定的温度梯度,保持炉温在 2 000 ℃,7 h	
铝大棒	预退火	1%	退火法同前	达 1.2 cm 长的棒状晶体
铌(直径 3 mm×长 18 cm 的棒)		受 1%的应变	轴向拉伸变形小于 2%,在 2 000 ℃退火 2~4 h	晶体,≈1 cm
钽(5~40 mm 丝 99.9%)	在 1 800 ℃退火几分钟	2%~3%的应变	2 200 ℃以 0.3~1 cm/h 的速度下降,通过一陡的温度梯度	得到的晶体的长度与直径之比近似为 100
钛(~99.9%)(范·阿克尔过程)	切割试样,使对金属条平面具有择优取向	1.5%~2.0%伸长或者 0.25%~1.0%的横向压缩应变	在 Ar 气氛中,860 ℃下退火 200 h	容易产生孪晶,整个过程去除 C₂和 N₂。
钛-13%Mo	直径为 0.1 cm 的棒		加热至 1 600 ℃,徐热 0.5 h,在冷金属板上淬火	形成 β 相,Mo 略有损失,用加热至 1 000 ℃和水中淬火法使痕量 α 相转变,晶体近似为棒的直径
钨(99.99%)	把总共百分之几的 K₂SiO₃ 和 AlCl₃ 加入 WO₃ 内,还原并制成直径为 0.90 mm 的丝	直径为 0.08~0.25 mm 的丝少量塑性扭曲	制成的丝像上面一样通过一梯度,或者在干燥的 H₂ 中加热到 2 300 ℃,并以 0.4~4 cm/h 的速度移动梯度,然后加热到 2 700 ℃以便将小晶体并吞掉	长 1 cm,设法将杂质除去
钨(99.99%)			尼科尔斯(Nichois)的移动梯度法或鲁宾逊(Robinson)的晶粒生长法	

续表1.1

材 料	预应变和其他预处理	百分临界应变	生长退火条件	备 注
铀	室温下重滚轧成片,产生强烈的一次再结晶织构,含质量分数大约为 35×10^{-6} 的碳,在 α 区退火,迅速加热至 650 ℃,加热速度为 100 度/min,保持约 10 h	不用有意预加应变,主要靠二次再结晶	在 650 ℃ 退火 48 h	α 晶体
铀	需要在基体中具有择优取向	6%	650 ℃	若铀的纯度极高,不可能得到 α 晶体;费希尔(Fisher)描述了控制过量晶粒的长大而只让几个晶粒变粗的技术

1.2 液相-固相平衡的晶体生长

单组分液相-固相平衡的单晶生长技术是目前使用最广泛的生长技术,其基本方法是控制凝固而生长,即控制成核,以便使一个晶核(最多只有几个)作为籽晶,让所有的生长都在它上面发生。通常是采用可控制的温度梯度,从而使靠近晶核的熔体局部区域产生最大的过冷度,引入籽晶使单晶沿着要求的方向生长。

1.2.1 从液相中生长晶体的一般理论

在单元复相系中,相平衡条件是系统中共存相的摩尔吉布斯自由能相等,即化学势相等;在多元系统中,相平衡条件是各组元在共存的各相中的化学势相等。系统处于非平衡态,其吉布斯自由能为最低。若系统处于平衡态,则系统中的相称为亚稳相,相应的有过渡到平衡态的趋势,亚稳相也有转变为稳定相的趋势。然而,能否转变,以及如何转变,这是相变动力学的研究内容。

在亚稳相中新相能否出现,以及如何出现是第一个问题,即新相的成核问题。新相一旦成核,会自发地长大,但是如何长大,或者说新相与旧相的界面以怎样的方式和速率向旧相中推移,这是第二个问题。

一般而言,亚稳相转变为稳定相有两种方式,其一,新相与旧相结构上的差异是微小的,在亚稳相中几乎是所有区域同时发生转变,其特点是变化程度十分微小,变化的区域异常大,或者说这种相变在空间上是连续的,在时间上是不连续的;其二,变化程度很大,变化空间很微小,也就是说新相在亚稳相中某一区域内发生,而后通过相界的位移使新相逐渐长大,这种转变在空间方面是不连续的,在时间方面是连续的。

若系统中空间各点出现新相的概率都是相同的,称为均匀形核。反之,新相优先出现于系统中的某些区域,称为非均匀形核。应当指出,这里提及的均匀是指新相出现的概率在亚稳相中空间各点是均等的,但出现新相的区域仍是局部的。

1. 相变驱动力

熔体生长系统的过冷熔体及溶液生长系统中的过饱和溶液都是亚稳相,而这些系统中的晶体是稳定相,亚稳相的吉布斯自由能较稳定相高,是亚稳相能够转变为稳定相的原因,也就是促使这种转变的相变驱动力存在的原因。

晶体生长过程实际上是晶体流体界面向流体中推移的过程。这个过程所以会自发地进行,是由于流体相是亚稳相,因而其吉布斯自由能较高。如果晶体流体的界面面积为 A,垂直于界面的位移为 Δx,过程中系统的吉布斯自由能的降低为 ΔG,界面上单位面积的驱动力为 f,则上述过程中驱动力所做的功为

$$f \cdot A \cdot \Delta x = -\Delta G \tag{1-15}$$

也就是说驱动力所作之功等于系统的吉布斯自由能的降低,则有

$$f = -\frac{\Delta G}{\Delta \mu}$$

式中, $\Delta \mu = A \cdot \Delta x$ 是上述过程中生长的晶体体积,故生长驱动力在数值上等于生长单位体积的晶体所引起的系统的吉布斯自由能的变化,式中负号表示界面向流体中位移引起系统自由能降低。

若单个原子由亚稳流体转变为晶体所引起吉布斯自由能的降低为 Δg,单个原子的体积为 Ω_s,单位体积中的原子数为 N,则有

$$\Delta G = N \cdot \Delta g, \quad v = N\Omega_s$$

将上述关系代入式(1-15)得

$$f = -\frac{\Delta g}{\Omega_s} \tag{1-16}$$

若流体为亚稳相, $\Delta g < 0, f > 0$,表明 f 指向流体,此时 f 为生长驱动力;若晶体为亚稳相,则 f 指向晶体,此时 f 为熔化、升华或溶解驱动力。由于 Δg 和 f 成比例关系,因而往往将 Δg 也称为相变驱动力。

(1)气相生长系统中的相变驱动力

在气相生长过程中,假设蒸气为理想气体,在 (p_0, T_0) 状态下两相处于平衡态,则 p_0 为饱和蒸气压。此时晶体和蒸气的化学势相等,晶体的化学势为

$$\mu(p_0, T_0) = \mu^0(T_0) + RT_0 \ln p_0 \tag{1-17}$$

在 T_0 不变的条件下, $p_0 \to p$,化学势为

$$\mu(p, T_0) = \mu^0(T_0) + RT_0 \ln p \tag{1-18}$$

$p > p_0$,因此 p 为过饱和蒸气压,此时系统中气相的化学势大于晶体的化学势,则增量为

$$\Delta \mu = -RT_0 \ln(p/p_0) \tag{1-19}$$

考虑 $\Delta \mu = N_0 \Delta g, R = N_0 K$,则单个原子由蒸气 – 晶体引起的吉布斯自由能的降低为

$$\Delta g = -KT_0 \ln(p/p_0) \tag{1-20}$$

令 $\alpha = p/p_0$(饱和比), $\sigma = \alpha - 1$,当 σ 较小时,有 $\ln(1 + \sigma) \approx \sigma$,则

$$\Delta g = -KT_0 \ln(p/p_0) \approx -KT_0 \sigma \tag{1-21}$$

故
$$f = - \Delta g/\Omega_S = KT_0\sigma/\Omega_S \qquad (1-22)$$

（2）溶液生长系统中的相变驱动力

设溶液为稀溶液,在(p,T,C_0)状态下两相平衡,则C_0为溶质在该温度压强下的饱和浓度,此时溶质在晶体中的化学势相等,晶体中溶质的化学势为

$$\mu = g(p,T) + RT\ln C_0 \qquad (1-23)$$

在温度压强不变的条件下,溶液中的浓度由C_0增加到C,溶液中溶质的化学势为

$$\mu' = g(p,T) + RT\ln C \qquad (1-24)$$

由于$C > C_0$,故C为饱和浓度,此时溶质在溶液中的化学势大于晶体中的化学势,其差值为

$$\Delta\mu = - RT\ln(C/C_0) \qquad (1-25)$$

同样,可得单个溶质原子由溶液相转变为晶体相所引起的吉布斯自由能的降低为

$$\Delta g = - KT\ln(C/C_0) \qquad (1-26)$$

类似地,定义$\alpha = C/C_0$为饱和比,$\sigma = \alpha - 1$为过饱和度,则有

$$\Delta g = - KT\ln(C/C_0) = - KT\ln\alpha \approx - KT\sigma \qquad (1-27)$$

若在溶液生长系统中,生长的晶体为纯溶质构成,将式（1-27）代入式（1-16）得溶液生长系统中的驱动力为

$$f = \frac{KT}{\Omega_S}\ln(C/C_0) = \frac{KT}{\Omega_S}\ln\alpha \approx KT\frac{\sigma}{\Omega_S} \qquad (1-28)$$

（3）熔体生长系统中的相变驱动力

在熔体生长系统中,若熔体温度T低于熔点T_m,则两相的摩尔分子自由能不等,设其差值为Δu,根据摩尔分子吉布斯自由能的定义$\mu = h - TS$,可得

$$\Delta\mu = \Delta h(T) - T\Delta S(T) \qquad (1-29)$$

式中,$\Delta h(T)$和$\Delta S(T)$是温度为T时两相摩尔分子熵和摩尔分子焓的差值,它们通常是温度的函数,但在熔体生长系统中,在正常情况下,T略低于T_m,也就是说过冷度$\Delta T = T_m - T$较小,因而近似地认为$\Delta h(T) \approx \Delta h(T_m)$,$\Delta S(T) \approx \Delta S(T_m)$,当温度为$T$时,两相摩尔分子吉布斯自由能的差值为

$$\Delta\mu = - \varphi\frac{\Delta T}{T_m} \qquad (1-30)$$

故温度为T时单个原子由熔体转变为晶体时吉布斯自由能的降低为

$$\Delta g = - l\frac{\Delta T}{T_m} \qquad (1-31)$$

式中,$l = \varphi/N_0$为单个原子的熔化潜热;ΔT为过冷度。于是将式（1-31）代入式（1-16）,可得熔体生长的驱动力为

$$f = \frac{l\Delta T}{\Omega_S T_m} \qquad (1-32)$$

在通常的熔体生长系统中,式（1-31）和（1-32）已经足够精确了,但在晶体与溶体的定压比热相差较大时,或是过冷度较大时,有必要得到驱动力更为精确的表达式

$$\Delta g = - l\frac{\Delta T}{T_m} + \Delta C_P(\Delta T - T\ln\frac{T_m}{T}) \qquad (1-33)$$

式中，$\Delta C_p = C_p^l - C_p$ 为两相定压比热的差值。可以看出，当 ΔC_p 较小及 T 和 T_m 比较接近时，式(1-33)退化为式(1-32)。

（4）亚稳态

在温度和压强不变的情况下，当系统没有达到平衡态时，可以把它分成若干个部分，每一部分可以近似地认为已达到了区域平衡，因而，可存在吉布斯自由能函数，整个系统的吉布斯自由能就是各部分的总和。而整个系统的吉布斯自由能可能存在几个极小值，其中最小的极小值就相当于系统的稳定态，其他较大的极小值相当于亚稳态。

对于亚稳态，当无限小地偏离它们时，吉布斯自由能是增加的，因此系统立即回到初态，但有限地偏离时，系统的吉布斯自由能却可能比初态小，系统就不能回复到初态。相反地，就有可能过渡到另一种状态，这种状态的吉布斯自由能的极小值比初态的还要小。显然，亚稳态在一定限度内是稳定的状态。

如果吉布斯自由能为一连续函数，在两个极小值间必然存在一极大值。这就是亚稳态转变到稳定态所必须克服的能量位垒。亚稳态间存在能量位垒，是亚稳态能够存在而不立即转变为稳定态的必要条件，但是亚稳态迟早会过渡到稳定态。例如，生长系统中的过饱和蒸气、过饱和溶液或过冷熔体，终究会结晶。在这类亚稳态系统中结晶的方式只能是由无到有，从小到大。亚稳系统中晶体产生都是由小到大，这就给熔体转变为晶体设置了障碍，这种障碍来自界面。若界面能为零，在亚稳相中出现小晶体就没有困难，实际上，亚稳相中一旦出现了晶体，也就出现了相界面，因此引起系统中的界面能增加。也就是说，亚稳态和稳定态间的能量位垒来自界面能。

2. 非均匀形核

相变可以通过均匀形核实现，也可以通过非均匀形核实现。在实际的相变过程中，非均匀形核更常见，然而只有研究了均匀形核之后，才能从本质上揭示形核规律，更好地理解非均匀形核，所谓均匀形核是指在均匀单一的母相中形成新相结晶核心的过程。

（1）均匀形核的简要回顾

在液态金属中，时聚时散的进程有序原子集团是形核的胚芽叫晶胚。在过冷条件下，形成晶胚时，系统的变化包括转变为固态的那部分体积引起的自由能下降和形成晶胚与液相之间的界面引起的自由能（表面能）的增加。设单位体积引起的自由能下降为 $\Delta G_V(\Delta G_V < 0)$，单位面积的表面能（比表面能）为 σ，晶胚为半径为 r 的球体，则过冷条件下晶胚形成时，系统自由能的变化为

$$\Delta G = \frac{4}{3}\pi r^3 \Delta G_V + 4\pi r^2 \sigma \tag{1-34}$$

由热力学第二定律，只要使系统的自由能降低时晶胚才能稳定地存在并长大，当 $r < r^*$ 时，晶胚的长大使系统的自由能增加，这样的晶胚不能长大；当 $r > r^*$ 时，晶胚的长大使系统自由能下降，这样的晶胚可以长大；当 $r = r^*$ 时，晶胚的长大趋势消失，称 r^* 为临界核半径。令 $\dfrac{\mathrm{d}\Delta G}{\mathrm{d}r}$，则有

$$r^* = -\frac{2\sigma}{\Delta G_V} \tag{1-35}$$

由热力学可证明,在恒温恒压下,单位体积的液体与固体的自由能差为

$$\Delta G_V = -\frac{L_m \Delta T}{T_m} \quad\quad\quad (1\text{-}36)$$

式中,ΔT 为过冷度;T_m 为平衡结晶温度;L_m 为熔化潜热。由式(1-35)得

$$r^* = \frac{2\sigma T_m}{L_m \Delta T} \quad\quad\quad (1\text{-}37)$$

可以看出,r^* 与 ΔT 成反比,意味着随过冷度增加,临界核半径减小,形核概率增加。从图 1-6 可以看出,$r > r^*$ 的晶核长大时,虽然可以使系统自由能下降,但形成一个临界晶核本身要引起系统自由能增加 ΔG^*,即临界晶核的形成需要能量,称之为临界晶核形核功。

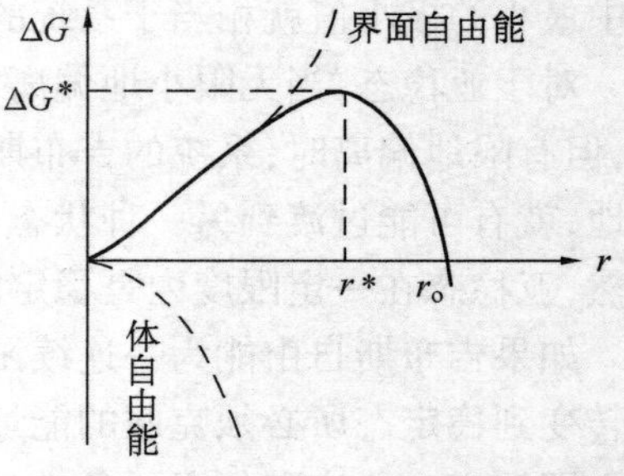

将式(1-35)代入式(1-34)有

$$\Delta G^* = \frac{16\pi\sigma^3}{3(\Delta G_V)^2} \quad\quad\quad (1\text{-}38)$$

由式(1-36)得

$$\Delta G^* = \frac{16\pi\sigma^3 T_m^2}{3(L_m \Delta T)^2} \quad\quad\quad (1\text{-}39)$$

图 1-6　晶胚形成时系统自由能的变化与半径的关系

上式表明临界晶核形核功取决于过冷度,由于临界晶核表面积 $A^* = 4\pi(r^*)^2$,则有

$$\Delta G^* = \frac{1}{3}A^* \cdot \sigma \quad\quad\quad (1\text{-}40)$$

可以看出,形成临界晶核时,液、固相之间的自由能差能供给所需要的表面能的三分之二,另三分之一则需由液体中的能量起伏提供。

综上所述,均匀形核必须具备的条件为:① 必须过冷,过冷度越大形核驱动力越大;② 必须具备与一定过冷相适应的能量起伏 ΔG^* 或结构起伏 r^*,当 ΔT 增大时,ΔG^* 和 r^* 都减小,此时的形核率增大,下面着重介绍均匀形核率 N。

均匀形核率通常受两个矛盾的因素控制:一方面随着过冷度增大,ΔG^* 和 r^* 减小,有利于形核;另一方面随过冷度增大,原子从液相向晶胚扩散的速率降低,不利于形核,因此形核率可表示为

$$I = I_1 \cdot I_2 = k\mathrm{e}^{-(\Delta G^*/RT)} \cdot \mathrm{e}^{-(Q/RT)} \quad\quad\quad (1\text{-}41)$$

式中,I 为总形核率;I_1 为受形核功影响的形核率因子;I_2 是受扩散影响的形核率因子;ΔG^* 是形核功;Q 是扩散激活能;R 为气体常数。

图 1-7 为 $I_1, I_2, I - \Delta T$ 关系曲线,可以看出,在过冷度不很大时,形核率主要受形核功因素的控制,随过冷度增大,形核率增大;在过冷度非常大时,形核率主要受扩散因素的控制,此时形核率随过冷度的增加而下降,后一种情形更适合于盐、硅酸盐,以及有机物的结晶过程。

(2)非均匀形核

多数情况下,为了有效降低形核位垒加速形核,通常引进促进剂。在存有形核促进剂

的亚稳系统,系统空间各点形核的概率也不均等,在促进剂上将优先形核,这也是所谓的非均匀形核。在晶体生长中,有时要求提高形核率,有时又要对形核率进行控制,这就要求我们了解非均匀形核的基本过程和原理。

① 平衬底球冠核的形成及形核率。在坩埚壁上的非均匀形核或异质外延时的非均匀形核,都可以看作平衬底 c 上的非均匀形核,形成了球冠形晶体胚团 s,此球冠的曲率半径为 r,三相交接处的接触角为 θ,如图 1-8 所示,设诸界面能 γ 为各向同性的,则

$$m = \cos\theta = \frac{\gamma_{cf} - \gamma_{sc}}{\gamma_{sf}} \tag{1-42}$$

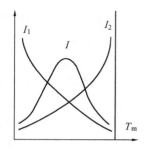
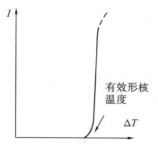
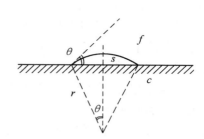

图 1-7　形核率与温度及过冷度的关系　　　　图 1-8　平时底上球冠核示意

这里,胚团体积 V_s,由几何关系得

$$V_s = \frac{4\pi r^3}{3}(2 + m)(1 - m)^2 \tag{1-43}$$

$$A_{sf} = 2\pi r^2(1 - m) \tag{1-44}$$

$$A_{sc} = \pi r^2(1 - m^2) \tag{1-45}$$

球冠形的胚团在平衬底上形成后,在系统中引起的吉布斯自由能的变化为

$$\Delta G(r) = \frac{V_s}{\Omega_S}\Delta g + (A_{sf}\gamma_{sf} + A_{sc}\gamma_{sc} - A_{sc}\gamma_{cf}) \tag{1-46}$$

式中,括号中的诸项为球冠胚团形成时所引起的界面能的变化。球冠胚团形成时产生了两个界面,即胚团 s 流体界面 A_{sf} 和胚团 – 衬底界面 A_{sc},使面积为 A_{cf} 的衬底 – 流体界面消失,若 γ_{cf} 较大,有

$$[A_{sf}\gamma_{sf} + A_{sc}\gamma_{sc}] \leqslant A_{sc}\gamma_{cf} \tag{1-47}$$

则界面能位垒消失,由式(1-46)可以看出,流体自由能项和界面能项都是负的,亚稳流体可自发地在衬底上转变为晶体而无需形核,这是一种极端情形。

由上述诸式,还可以化简式(1-46),即

$$\Delta G(r) = \left[\frac{4\pi r^3}{3\Omega_S}\Delta g + 4\pi r^2\gamma_{sf}\right](2 + m)(1 - m)^2/4 \tag{1-48}$$

由上式可以看出,平衬底上球冠团形成能是球冠曲率半径的函数,对 r 求微商,令其为零,得到

$$\frac{\mathrm{d}G(r)}{\mathrm{d}r} = 0, \quad r^* = \frac{2\gamma_{sf}\Omega_S}{\Delta g} \tag{1-49}$$

可见,上式与均匀形核的晶核半径表达是完全相等,相应的有

$$\Delta G^* = \frac{16\pi\Omega_S^2\gamma_{sf}^3}{3(\Delta g)^2} \cdot f_1(m) \tag{1-50}$$

其中

$$f_1(m) = (2+m)(1-m)^2/4 \tag{1-51}$$

将式(1-50)与均匀形核的球核形成能表达式相比较可以发现两式只差个因子 $f_1(m)$。

$f_1(m)$ 的变量 $|m| = |\cos\theta| \leqslant 1$,则 $0 \leqslant f_1(m) < 1$。可知衬底具有降低晶核形成能 (ΔG^*) 的通性,即在衬底上形核比均匀形核容易,这也说明温度均匀的纯净溶液或熔体总是倾向于往坩埚壁上"爬",优先结晶。从式(1-42)和式(1-51)可以看出,$f_1(m)$ 的大小完全取决于衬底、流体与晶体间的界面能的大小,或者说决定于三相间的接触角 θ,主要有以下规律:① $\theta = 0$, $f_1(m) = 0$, $\Delta G^* = 0$,表明不需要形核,在衬底上流体可立即变为晶体,这在物理上容易被理解,因为 θ 为零说明晶体完全浸润衬底,在衬底上覆盖一层具有宏观厚度晶体薄层,等价于籽晶生长或同质外延;② $\theta = 180°$, $f_1(m) = 1$,此时衬底上非均匀形核的形成能与均匀形核的形成能完全相等,衬底对形核完全没有贡献,由于 $\theta = 180°$ 是完全不浸润的情形,此时胚团与衬底只切于一点,球冠胚团完全变成球团胚团,因而与均匀成核的情况没有差别。

由此可知,在生长系统中具有不同接触角的衬底在形核过程中所起的作用不同,可根据实际需要来选择衬底。例如,要防止在坩埚或容器上结晶,可使用 θ 接近 $180°$ 的坩埚材料;而在外延生长中,尽量选用 θ 近于 0 的材料作为衬底。应当指出,实际坩埚或衬底材料的选择还取决于其他工艺或设备因素。

对气相生长系统,球冠核的表面积近似取为 πr^{*2},因而捕获原子的概率为

$$B = p(2\pi mkT)^{-1/2} \cdot \pi r^{*2} \tag{1-52}$$

根据式(1-49)、(1-50)和(1-52),可以得到平衬底上球冠核的形核率为

$$I = np(2\pi mKT)^{-1/2} \cdot \pi\Big[\frac{2\gamma\Omega_S}{KT\ln(p/p_0)}\Big]^2 \cdot \exp\Big[-\frac{16\pi\Omega_S^3 r^2 f_1(m)}{3K^3T^3(\ln p/p_0)^2}\Big] \tag{1-53}$$

同理,可得熔体生长系统平衬底上的球冠核的形核率

$$I = nv_0\exp\Big(-\frac{\Delta q}{KT}\Big) \cdot \exp\Big[-\frac{16\pi r^2\Omega_S^3 T_m^2}{3KT\ln^2(\Delta T)^2} \cdot f_1(m)\Big] \tag{1-54}$$

可以看出,衬底对形核率的影响也是通过 $f_1(m)$ 起作用。

② 平衬底上表面凹陷的影响。实际上,衬底上往往存在一些表面凹陷,对非均匀形核的影响较大。下面根据近似模型来说明它们对形核的影响。

如前所述,在衬底上形成胚团时,将一部分衬底与流体的界面转变为衬底与流晶体的界面。若 γ_{cf} 大于衬 - 晶界面能 γ_{sc},由式(1-46)可知,形成的衬 - 晶界面面积 A_{sc} 越大,则胚团的形成能越小。衬底上的表面凹陷能有效增加晶体与衬底间的界面面积,因此能有效地降低胚团的形成能,使胚团在过热或不饱和的条件下得到稳定。

为了说明衬底上的凹陷效应,考虑图 1-9 所示的模型,由几何得胚团体积 V_s 和胚团 – 流体界面面积 A_{sc} 分别为

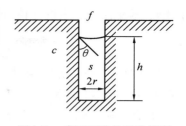

图 1-9　表面凹陷的柱孔模型

$$V_S = \pi r^2 h \tag{1-55}$$

$$A_{sf} = 2\pi r^2 (1 - \sqrt{1 - m^2})/m^2 \tag{1-56}$$

$$A_{sc} = 2\pi r h + \pi r^2 \tag{1-57}$$

将式(1-57)代入式(1-46),利用式(1-51),则得柱形空腔中胚团的形成能

$$\Delta G = \frac{\pi r^2 h}{\Omega_S} \Delta g + 2\pi r \gamma_{sf} \cdot \left[r(1 - \sqrt{1 - m^2})/m^2 - m(h + \frac{r}{2}) \right] \tag{1-58}$$

由于 r 固定,因而 ΔG 是 h 的函数。由式(1-58)可看出,若 h 足够大,表面能项可为负值;若流体为过冷或过饱和流体,即 $\Delta G < 0$,则随 h 的增加,ΔG 总是减小,因而胚团将自发长大,这等价于籽晶生长的情况;若流体为不饱和或过热流体,即 $\Delta G > 0$,胚团也可能是稳定的。事实上,$\Delta G > 0$ 时,若 ΔG 随 h 增加而减小,即

$$\frac{\mathrm{d}\Delta G}{\mathrm{d}h} < 0 \tag{1-59}$$

胚团就是稳定的。由此可得胚团的稳定条件

$$\frac{\pi r^2}{\Omega_S} \Delta g - 2\pi r m \gamma_{sf} < 0 \tag{1-60}$$

或

$$r < \frac{2\gamma_{sf} \Omega_S m}{\Delta g} \tag{1-61}$$

由此可见,空腔的半径越小,胚团越稳定。

③ 衬底上的凹角形核。衬底上的凹角形核已有过不少应用,如用贵金属沉积在碱金属卤化物的表面台阶的凹角处,可以显示单原子高度的表面台阶,研究台阶运动的动力学。

考虑一球冠胚团在凹角处形核,用 ζ 表示凹角的角度,如图 1-10 所示。当 $\zeta = 90°$ 时,存在解析解,即凹角处球冠胚团的晶核半径和球冠形核能分别为

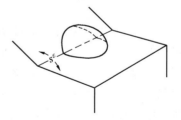

图 1-10　凹角处球冠胚核的形成

$$r^* = \frac{2\Omega_S \gamma_{sf}}{\Delta g}, \Delta G^* = \frac{16\pi \Omega_S^2 \gamma_{sf}^3}{3\Delta g^2} \cdot f_2(m) \tag{1-62}$$

式中,f_2 仍为接触角的余弦的函数,即

$$f_2(m) = \frac{1}{4} \Big\{ (\sqrt{1 - m^2} - m) + \frac{2}{\pi} m^2 (1 - 2m^2)^{1/2} +$$

$$\frac{2}{\pi} m(1 - m^2) \sin^{-1}\left(\frac{m^2}{1 - m^2}\right)^{1/2} - m(1 - m^2) -$$

$$\frac{2}{\pi \gamma^*} \int_{m\gamma^*}^{(1 - m^2)^{1/2}\gamma^*} \sin^{-1}\left[\frac{\gamma^* m}{(\gamma^* - y^2)}\right] \mathrm{d}y \Big\} \tag{1-63}$$

进一步可得凹角处球冠胚团形核率,与平衬底上球冠胚团形核率表达式相似,为了便

于比较,这里给出二者的比值,即

$$\ln\left(\frac{I_{凹}}{I_{平}}\right) = \frac{16\pi\Omega_S^2\gamma_{sf}^2}{3\Delta g^2}[f_1(m) - f_2(m)] \tag{1-64}$$

综上所述,可以认为,在光滑界面上孪晶的凹角处,台阶的二维形核比较容易,这可用来解释蹼状晶体的生长。

④ 悬浮粒子的形核。考虑悬浮粒子大小的影响,将悬浮粒子看作半径为 r 的球体,忽略界面的各向异性,同样按上述方法分析,可以得到

$$\Delta G^* = \frac{16\pi\Omega_S^2\gamma_{sf}^3}{3\Delta g^2} \cdot f_3(m,x) \tag{1-65}$$

$$x = \frac{r}{r^*} = \frac{r\Delta g}{2\gamma_{sf}\Omega_S} \tag{1-66}$$

$$f_3(m,x) = 1 + \left[\frac{1-mx}{g}\right]^3 + x^3\left[2 - 3\left(\frac{x-m}{g}\right) + \left(\frac{x-m}{g}\right)^3\right] + 3mx^2\left[\frac{x-m}{g} - 1\right] \tag{1-67}$$

这里,$g = (1 + x^2 - 2mx)^{1/2}$,$m$ 仍为接触角的余弦,如果要求得每个悬浮粒子上的成核率,那么

$$I = np(2\pi mKT)^{-\frac{1}{2}} \cdot 4\pi r^2\left[\frac{2\Omega_S r}{KT\ln(p/p_0)}\right]^2 \cdot$$

$$\exp\left[\frac{-16\pi\Omega_S^3 r^2}{K^3 T^3(\ln p/p_0)^3} \cdot f_3(m,x)\right] \tag{1-68}$$

弗莱彻对不同 m 值的粒子,求得了 1 秒钟内成为晶核所应有的临界饱和比与粒子半径的关系,即一个悬浮粒子要成为有效的凝化核,这个粒子不但要相当大,而且其接触角要小。

⑤ 晶体生长系统中形核率的控制。在人工晶体生长系统中,必须严格控制形核事件的发生。通常采用非均匀驱动力场控制的方法,该驱动力场按空间分布。而合理的生长系统的驱动力场中,只有晶体 – 流体界面邻近存在生长驱动力(负驱动力或 $\Delta g < 0$),而系统的其余各部分的驱动力为正(即熔化,溶解或升华驱动力),并且在流体中越远离界面,正的驱动力越大。同样,为了晶体发育良好,还要求驱动力场具有一定的对称性。下面举例说明。

在直接法熔体生长系统中,要求熔体的自由表面的中心处存在负驱动力(熔体具有一定的过冷度),熔体中其余各处的驱动力为正(为过热熔体),并且越远离液面中心,其正驱动力越大,并要求驱动力场具有对称性。在这样的驱动力场中,若用籽晶,就能保证生长过程中不会发生形核事件;若不用籽晶,也能保证晶体只形核于液面中心,并且生长成单晶体而不生长成其他晶核。在这样的驱动力场中,可以用金属丝引晶,并用产生颈缩的方法来生长第一根(无籽晶)单晶体。由熔体生长系统中的生长驱动力表达式可以看出,生长驱动力与熔体中的温度场相对应,因而可以用改变温度场的方法获得合理的驱动力场。在驱动力场设计不合理的直接法生长系统,在引晶阶段有时出现"漂晶",即液面上的小晶体往往形核于液面。这是因为该处不能保持正的驱动力(熔体过热),导致在熔

体中的飘浮粒子上产生了非均匀形核。

在气相生长系统中或溶液生长系统中,对驱动力场的要求原则上与上述相同。驱动力场决定于饱和比,由于饱和蒸汽压以及溶液的饱和浓度与温度有关,故调节温度场可使生长系统中局部区域的蒸气或溶液成为过饱和,而使其他区域为不饱和。这样就能保证只在局部区域形核及生长,这对通常助熔剂生长晶体过程尤为重要,因为在这种生长系统中如不控制形核率,则虽然所得晶体甚多,但晶体的尺寸很小。如果在同样的条件,精确控制形核率,使之只出现少数晶核,这样就能得到尺寸较大的晶体。

总之,通过温度场改变驱动力场,借以控制生长系统中的形核率,这是晶体生长工艺中经常应用的方法。然而要正确地控制,还必须减少在坩埚上和悬浮粒子上的非均匀行核,使埚壁光滑无凹陷,埚壁和埚底间不出现尖锐的夹角,或是采用纯度较高的原料以及在原料配制过程中不使异相粒子混入。

3. 晶体的平衡形状

（1）Walff 定理

一般来说,晶体的界面自由能 σ 是结晶学取向 n 的函数,而且也反映了晶体的对称性。若已知界面自由能关于取向的关系 $\sigma(n)$,可求出给定体积下的晶体在热力学平衡态时应具有的形状。由热力学理论可知,在恒温恒压下,一定体积的晶体（体自由能恒定的晶体）处于平衡态时,其总界面自由能为最小,也就是说,趋于平衡态时,晶体将调整自己的形状以使本身的总界面自由能降至最小,这就是 Walff 定理。根据 Walff 定理,一定体积的晶体的平衡形状是总界面自由能为最小的形状,故有

$$\oiint \sigma(n)\mathrm{d}A = 最小 \tag{1-69}$$

显然,液体的界面自由能是各向同性的,与取向无关, 故 $\sigma(n) = \sigma =$ 常数。 由式(1-51)知,液体总界面能最小就是其界面面积最小,故液体的平衡形状只能是球状,而对于晶体,其所显露的面尽可能是界面能较低的晶面。

（2）晶体表面自由能的几何图像法

图 1-11 是假想的 Walff 图。从原点 O 作出所有可能存在的晶面法线,取每一法线的长度比例于该晶面的界面能大小,这一直线族的端点综合表示了界面能对于晶面取向的关系,称为界面自由能极图,离开原点的距离与 σ 的大小成比例。在极图上每一点作出垂

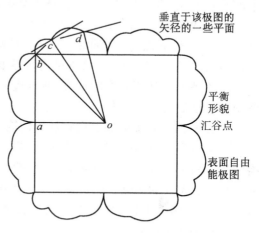

图 1-11　晶体表面自由能的极图

直于该点矢径的平面,这些平面所包围的最小体积就相似于晶体的平衡形状。也就是说晶体的平衡形状在几何上相似于极图中体积最小的内接多面体。

如果形成一个像图 1-12（a）中的特定晶面,这个晶面的生长速度（与距离 1—2 成比例）比别的晶面,例如比 BC（BC 生长速度与距离 3—4 成比例）的生长速度快,那么生长

快的晶面的面积将随时间而减小($A'B' <$ AB),而生长慢的晶面的面积将随时间而增大($B'C' > BC$)。最后,生长快的晶面消失,图 1-12 为二维示意图。在真实晶体中,除晶面之间的相对生长速度外,它的几何关系亦将决定于一给定晶面是否会消失。但是,其面积随时间增大的晶面总比随时间减小的晶面长得慢。这样,倘若晶体生长在平衡态附近进行,那么图 1-11 和 1-12(a) 中离开中心

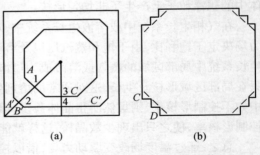

图 1-12　晶体生长时的居间形貌

点的距离与 σ 生长速度均成比例。在晶面与图 1-12 中表面自由能表面相交的地方垂直于矢径的平面而构成的体积最小的封闭图应该是晶体的平衡形貌,它将包含生长速度比其他形貌都慢的晶面,由于表面自由能表面上的汇谷点一般具有最短的矢径(即联系着一个低 σ 的表面),故晶面应出现在矢径交于 Walff 图上的汇谷点或马鞍点的地方。

小晶体的平衡形貌较易实现,因为仅在大量待结晶物质被运输很远的距离时才发生形貌的显著变化,这种运输所需的能量大于晶体长大而得到的表面自由能减小。而大晶体则不然,即使没有一种组态接近 Walff 图所给出的最小自由能时,探讨比较晶体中相邻组态的自由能的问题亦是重要的,对于一些相邻的组态,人们分析了它们的 Walff 图,有以下结论。

①若晶体的一个给定的宏观表面在取向上和平衡形貌的边界某一部分不一致,那么总存在像图 1-12(b) 中 CD 那样自由能比较平坦表面低的峰谷结构。反之,若给定表面的平衡形貌出现,那么没有一个峰谷结构会更加稳定。

②当 Walff 图的自由能表面位于通过矢径和表面的交点画出的和表面相切的球面以外时,那么晶体表面将是弯曲的;若自由能表面总处于该球面以内的任何地方,那么晶体面将为结论(1)中所描述的峰谷结构所界限。

③在平直的边楼相交的地方,通过边楼的变圆可以使表面自由能成为最小的,这种变图几乎总是觉察不出来。

4. 直拉法生长晶体的温场和热量传输

为了得到优质晶体,在晶体生长系统中必须建立合理的温度场分布。在气相生长和溶液生长系统中,由于饱和蒸气压和饱和浓度与温度有关,因而生长系统中温度场分布对晶体行为有重要的影响。而在熔体生长系统中,温度分布对晶体生长行为的影响更加明显。事实上,熔体生长中应用最广的方法是直拉法生长,下面着重讨论直拉法生长晶体的温度分布和热量传输。

(1)炉膛内温场

通常,单晶炉的炉膛内存在不同介质,如熔体、晶体以及晶体周围的气氛等,不同的介质有不同的温度,即使在同一介质内,温度也不一定是均匀分布。显然,炉膛内的温度是随空间位置而变化的。在某确定的时刻,炉膛内全部空间中,每一点都有确定的温度,而不同的点上温度可能不同,这种温度的空间分布称为温场。一般说来,炉膛中的温场随时间而变化,也就是说炉内的温场是空间和时间的函数,这样的温场称为非稳温场。若炉内

的温场不随时间而变化,这样的温场称为稳态温场,若将温场中温度相同的空间各点联结起来,就形成了一个空间曲面,称为等温面。

在直拉法单晶炉的温场内的等温面族中,有一个十分重要的等温面,该面的温度为熔体的凝固点,温度低于凝固点,熔体凝固,温度高于凝固点,熔体仍为液相。因此,这个特定的面又叫固相与液相的分界面,简称固 – 液界面。

固 – 液界面有凹、凸、平三种形式,其形状直接影响晶体质量。改变固 – 液界面形状直接影响晶体的质量,另一方面,固 – 液界面的微观结构,又直接影响晶体的生长机制。

在晶体生长过程中,通过实验可以测定温场中各点的温度。例如,晶体中的温度通常是将热电偶埋入晶体内部进行测量,或在晶体的不同位置钻孔,将电偶插入,再将晶体与熔体接起来,以备继续生长时测量。

对具体的单晶炉,用上述方法可测定熔体、晶体和周围气氛中各点的温度,再根据测定值画等温面族,并使面族中相邻等温面之间的温差相同,得到温差为常数的等温面族。根据等温面的形状推测温场中的温度分布,同时根据等温面的分布推测温度梯度。显然,等温面越密处温度梯度越大,越稀处温度梯度越小。习惯上用液面邻近的轴向温度和径向温度来描述温场。

若炉膛中的温场为稳态温场,则炉膛内各点的温度只是空间位置的函数,不随时间而改变,因而在稳态温场中能生长出优质晶体。应当指出,由于单晶炉内的温场存在温度梯度,存在热量流和热量损耗,导致温场稳态温场的变化。因此要建立稳态温场,就要补偿炉内热量损耗。

（2）晶体生长中的能量平衡理论

① 能量守恒方程。在温场中取一闭合曲面,此闭合面可以包含固、液或气相,也可以包含有相界面,如固 – 液、固 – 气或气 – 液等。设闭合曲面中的热源在单位时间内产生的热量为 Q_1,该项热量包括电流产生的焦耳热和由于物态变化所释放的汽化热、熔化热、溶解热。若在热能传输时间净流入闭曲面中的热为 Q_2,这两项热量之和必须等于闭合曲面内的单位时间内温度升高所吸收的热量 Q_3,即

$$Q_1 + Q_2 = Q_3 \tag{1-70}$$

上式表明,闭曲面中单位时间内产生的热量与单位时间内净流入此曲面的热量之和等于闭曲面单位时间内温度升高所吸收的热量。

若闭曲面内的温场是稳态场,即温度不随时间而变化,即 $Q_3 = 0$,则有

$$Q_1 = - Q_2 \tag{1-71}$$

式中, $- Q_2$ 代表单位时间内净流出闭曲面的热量,对闭合曲面而言,即热量损耗。也就是说式（1-71）是建立稳态温场的必要条件。

② 若不考虑晶体生长的动力学效应,固 – 液界面就是温度恒为凝固点的等温面,如图 1-13 所示。令此闭合柱面的高度无限地减少,闭合柱面的上下底就无限接近固 – 液界面。由于固液界面的温度恒定（为凝固点）,因而闭合柱面内因温度变化而放出的热量 Q_3 为零,故在此闭合柱面邻近必然满足能量守恒方程（1-71）。通常,晶体生长过程中,在闭合柱面内的热源是凝固潜热,若材料的凝固潜热为 L,单位时间内生长的晶体质量为 m,于是单位时间内闭合曲面内产生的热量 Q_1 为

$$Q_1 = Lm \qquad (1\text{-}72)$$

由于固 – 液界面为平面,温度矢量是垂直于此平面的,故此闭合曲面的柱面上没有热流,热量只沿柱的上底和下底的法线方向流动,于是净流出此闭合柱面的热量 – Q_2 为

$$-Q_2 = Q_S - Q_L \quad \text{或} \quad -Q_2 = AK_3G_3 - AK_LG_L$$
$$(1\text{-}73)$$

式中,A 为晶体的截面面积;K_S、K_L 分列为固相和液相的热传导系数;G_S、G_L 分别为固 – 液表面处固相中和液相中的温度梯度。

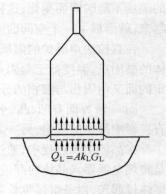

图 1-13 固 – 液界面处的能量守恒

将式(1-72)和(1-73)代入式(1-71)中,有

$$Lm = Q_S - Q_L \quad \text{或} \quad Lm = AK_SG_S - AK_LG_L \quad (1\text{-}74)$$

式中 Q_S 等于单位时间内通过晶体耗散于环境中的热量,这就是热损耗;Q_L 是通过熔体传至固液界面的热量,是比例于加热功率的。式(1-74)被称为固 – 液界面处的能量守恒方程,适用于任意形状的固 – 液表面。

(3)晶体直径控制

晶体生长速度等于单位时间内固 – 液界面向熔体中推进的距离。在直拉法生长过程中,如果不考虑液面下降速率,则晶体生长速率等于提拉速率 V_0,于是单位时间内新生长的晶体质量为

$$m = AV\rho_s \qquad (1\text{-}75)$$

式中,ρ_s 表示晶体的密度。将式(1-73)代入式(1-74)中,得

$$A = (Q_S - Q_L)/LV\rho_s \qquad (1\text{-}76)$$

通常,可以使用四种方式来控制晶体生长过程中的直径,即控制加热功率、调节热损耗、利用帕耳帖效应(Peltier effect)和控制提拉速率等。下面分别作简要介绍。

①控制加热功率。由于式(1-76)中的 Q_L 正比于加热功率,若提拉速度及热损耗 Q_S 不变,调节加热功率可以改变所生长的晶体截面面积 A,即改变晶体的直径。由式(1-76)可以看出,增加加热功率,Q_L 增加,晶体截面面积减小,相应的晶体变细;反之,减小加热功率,晶体变粗。例如,在晶体生长过程中的放肩阶段,希望晶体直径不断长大,因此要不断降低加热功率;又如在收尾阶段,希望晶体直径逐渐变细,最后与熔体断开,则往往提高加热功率。同样道理,在等径生长阶段,为了保持晶体直径不变,应不断调整加热功率,弥补 Q_S 热损耗。

②调节热损耗 Q_S。通过调节热损耗 Q_S 的方法也能控制晶体直径。图 1-14 给出了生长铌酸钡单晶装置。氧气通过石英喷嘴流过晶体,调节氧气流量,可以控制晶体的热量损耗,从而控制晶体的直径。使用这种方法控制氧化物晶体生长直径时,还有两个突出的优点:a. 降低了环境温度,增加热交换系数,从而增加了晶体直径的惯性,使等径生长过程易于控制;b. 晶体在富氧环境中生长,可以减少氧化物晶体因氧缺乏而产生的晶体缺陷。

③利用帕耳帖效应。利用气流控制晶体的直径的帕耳帖效应是热电偶的温差电效应相反的效应,如图 1-14 所示。由于在固 – 液界面处存在接触电位差,当电流由熔体流向晶体时,电子被接触电位差产生的电场所加速,固 – 液界面处有附加的热量放出(对通

常的焦耳热来说是附加的),即帕耳帖致热,同样,当电流由晶体流向熔体时,固 - 液界面处将吸收热量,这就是帕耳帖致冷。若考虑固 - 液界面处的帕耳帖效应,则在界面处所作的闭合圆柱内,单位时间内产生的热量 Q_1 为

$$Q_1 = Lm \pm q_i A \qquad (1-77)$$

式中,q_i 为帕耳帖效应固 - 液界面的单位面积上单位时间内所产生的热量,用式(1-77)代替式(1-72),可得到

$$A = (Q_S - Q_L)/(LV\rho_s \pm q_i) \qquad (1-78)$$

可见,当保持加热功率、热损耗的拉速不变时,调节帕耳帖致冷($-q_i$)或帕耳帖致热($+q_i$)都能控制晶体直径。

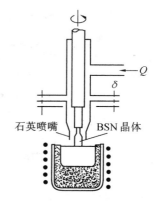

图 1-14　利用气流控制晶体的直径

帕耳帖致冷已用于直拉法制备锗单晶生长的放肩阶段,帕耳帖致热已用于等径生长中的"缩颈"和"收尾"阶段,在锗单晶长为 $1 \sim 2$ cm 范围内,直径偏差小于 $\pm 0.1\%$,并且利用该效应还能自动地消除固 - 液界面处的温度起伏。

④ 控制提拉速率。由式(1-76)可以看出,在加热功率和热损耗不变的条件下,拉速越快则直径越小。原则上可以用调节拉速来保证晶体的等径生长,但因拉速的变化将引起溶质的瞬态分凝,从而影响晶体质量,故通常晶体生长的实践中不采用调节拉速方法来控制晶体直径。

(4) 晶体的极限生长速率

将式(1-75)代入式(1-74)中,有

$$V = (K_S G_S - K_L G_L)/\rho_s L \qquad (1-79)$$

可以看出,当晶体中温度梯度 G_S 恒定时,熔体中的温度梯度 G_L 越小,晶体生长速率越大,当 $G_L = 0$ 时,晶体的生长速率达到最大值,故有

$$V_{max} = K_S G_S/\rho_s L \qquad (1-80)$$

若 G_L 为负值,生长速率更大,此时熔体为过冷体,固 - 液界面的稳定性遭到破坏,晶体生长变得无法控制,由式(1-80)还可以看到,最大生长速率取决于晶体中温度梯度的大小,因此稳定晶体中温度梯度是可以提高晶体生长速率的,但是晶体太大也将引起过高的热应力,引起位错密度增加,甚至引起晶体的开裂。

Runyan 进一步考虑了晶体侧面辐射损耗,从而估计了硅单晶的极限生长速率,其理论估计值为 2.96 cm/min,而实验测绘单晶体的极限生长速率为 2.53 cm/min,二者大体吻合。

此外,由式(1-80)可知,晶体的极限生长速率还与晶体热传导系数 K_s 成正比。一般而言,金属、半导体、氧化物晶体的热传导系数是按上述顺序减小的,因而其极限生长速率也应按上述顺序逐渐减小。

(5) 放肩阶段

在晶体生长处于放肩阶段过程中,维持拉速不变,晶体直径一般呈非均匀增加趋势,这个过程仍然可以用能量守恒来说明,如图 1-15 所示。

由式(1-74)已经知道,热损耗 Q_S 是单位时间内通过晶体耗散于环境中的热量,在放

肩过程中，Q_S 的一部沿着提拉轴散于水冷籽晶中，近似为常数 B_1，Q_S 的另一部分通过肩部的圆锥面耗散，比例于圆锥面积。由初等几何可知，圆锥面积为 $\pi r \times r/\sin\theta$，其中 θ 为放肩角，则有

$$Q_S = B_1 + B_2 r^2 \tag{1-81a}$$

由于 $Q_L = AK_L G_L$，当 G_L 不变时，则有

$$Q_L = B_3 r^2 \tag{1-81b}$$

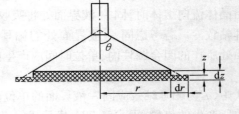

图 1-15 放肩过程

放肩过程中，在 dt 时间内凝固的晶体质量为

$$dm = (\pi r^2 dz + 2\pi r dr \cdot z)\rho \tag{1-82}$$

式中，第一项是半径为 r，高为 dz 的体积，第二项是内径为 r，宽为 dr 的圆锥环的体积，z 为锥环的等效厚度，假设 z 与拉速 dz/dt 无关，则

$$m = \frac{dm}{dt} = \pi r^2 V\rho + 2\pi r \frac{dr}{dt} \cdot z \cdot \rho \tag{1-83}$$

将式（1-81）和（1-82）代入式（1-74）中，整理得

$$r \cdot \frac{dr}{dt} = B_4 \cdot r^2 + B_5 \tag{1-84}$$

相应的解为

$$r^2 = B_6 \exp(2B_4 t) - B_5/B_4 \tag{1-85}$$

可以看出，在拉速和熔体中温度梯度不变的情况下，肩部面积随时间按指数规律增加。其物理原因在于，随着肩部面积增加，热量耗散容易，面热量耗散容易促进晶体直径增加。因此，在晶体直径达到预定尺寸前要考虑到肩部自发增长的倾向，提前采取措施，才能得到理想形状的晶体，否则一旦晶体直径超过了预定尺寸，熔体温度过高，在收肩过程中容易出现"葫芦"。

（6）晶体旋转对直径的影响

晶体旋转能搅拌熔体，有利于熔体中熔质混合均匀，同时增加了熔体中温场相对于晶体的对称性，即使在不对称的温场中也能生出几何形状对称的晶体，晶体旋转还改变熔体中的温场，因而可以通过晶体旋转来控制固 – 液界面的形状。

从能量守恒分析，若晶体以角速度 ω 旋转，固 – 液界面为平面，后面邻近的熔体因粘滞力作用被带动旋转，流体在离心力作用下被甩出去，则界面下部的流体将沿轴向上流向界面的填补空隙，类似于一台离心轴水机。由于直拉法生长中熔体内的温度梯度矢量是向下的，离开界面越远，温度越高，晶体旋转引起液流总是携带了较多的热量，而且晶体转速越快，流向界面的液流量越大，传递到界面处的热量越多，即 Q_c 越大，导致晶体直径越小。

从上述分析可以看出，改变晶体转速可以调节晶体的直径。

1.2.2 定向凝固法

布里奇曼（Bridgman）于 1925 年首先提出通过控制过冷度定向凝固以获得单晶的方法。1949 年，斯托克巴格（Stockbarger）进一步发展了这种方法，故这种生长单晶的方法又称 Bridgman–Stockbarger 方法，简称 B – S 方法。

　　B-S 方法的构思是在一个温度梯度场内生长结晶,在单一固-液界面上成核。待结晶的材料通常放在一个圆柱形的坩埚内,使坩埚下降通过一个温度梯度,或使加热器沿坩埚上升。加热炉一般设计为近似线性温度梯度结构,即炉内有一段温度梯度,如图 1-16 所示。

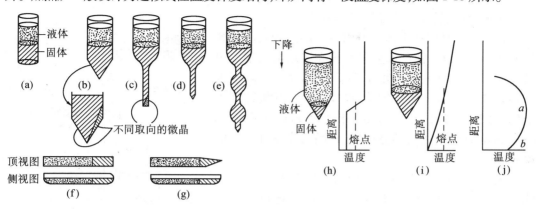

图 1-16　定向凝固法中使用的各种结构

　　定向凝固法中常遇到的困难是沿坩埚的温度梯度太小,熔体在成核前必然明显地过冷,如果熔体足够过冷,热梯度又相当小,往往在第一凝固体成核前整个试样均在熔点以下,在这样的条件下发生成核时,穿过剩余熔体的生长很快,容易形成多晶,因此,要实现大的热梯度,来保证单晶生长。

1. 定向凝固法生长单晶的设备

　　定向凝固通常需要:①特定结构的坩埚;②热梯度炉体;③程序控温设备;④坩埚传动设备。图 1-16 中(a)~(e)形状的坩埚可以生长具有中等挥发性的化合物单晶,能够控制生长气氛,一般要求坩埚不能与熔体发生反应。因此,用于制作坩埚的材料通常是派拉克斯(Pyrex)玻璃、外科尔(Vycor)玻璃、石英玻璃、氧化铝、贵金属或石墨等材料。其中,石英玻璃的软点约为 1 200 ℃,用于低熔点晶体生长毫无问题,而石墨在非氧化气氛中使用温度为 2 500 ℃。

　　定向凝固法生长常用的炉温梯度有两类,如图 1-16 中的(h)、(i)、(j)所示。其中图(i)是借助冷却整个炉子使梯度通过坩埚的情形,图(j)为用电阻丝绕制,线圈均匀隔开的情形,这种结构可以保证最热区位于炉子中心,a-b 区附近的为线性梯度,坩埚穿过炉子时通过两个等温区,等温区之间有一温度梯度,这样就可以做到在生长后结晶体退火而不致由于过度的温度梯度引起大的热应变。

2. 定向凝固法生长特殊晶体

　　金属、半晶体和卤化物以及碱土卤化物均可以借助定向凝固法生长单晶,1925 年,Bridgman 制备了 Bi 单晶;1936 年,Stoclebarger 生长了 LiF 和 CaF,他们首创的定向凝固法为大量生产光学晶体奠定了基础。下面分别叙述这几类典型晶体的生长。

　　(1)金属和半导体

　　Bi 的熔点为 271 ℃,可以在 4 mm/h 或 60 cm/h 的速度下生长。相应的定向凝固工艺步骤如下:

　　①确定坩埚内的温度分布,建立炉内的温度梯度;

②确定界面移动的速度,即坩埚下降速度或冷却速度;

③确定晶体生长的取向,使用籽晶,还要说明籽晶的取向;

④确定原料纯度,生长晶体化学组成及其杂质含量;

⑤确定坩埚材料、控温精度等因素。

利用定向凝固技术同样可以生产熔点较高的金属晶体,图1-17为一种在真空中生长高熔点金属铜的单晶设备,图中炉内温度梯度1.2 ℃/mm,坩埚下降速度3.3 cm/15 min,Cu 料纯度为99.999%。石墨纯度大于99.75%,采用的设备可生长出9.5 mm×3.2 mm×88.5 mm的单晶,测线结晶证实,样品为完整性较好的单晶。

采用图1-17的设备,同样可以制备 PbS,PbSe 和 PbTe 单晶,在133.3 Pa 下的 As 气氛中,还可以生长 GaAs 单晶。

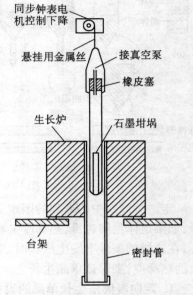

图1-17　铜的布里奇曼-斯托克巴杰生长

硒镓银(AgGaSe$_2$)晶体是一种具有优异的红外非线性光学性能的Ⅰ-Ⅲ-Ⅵ族三元化合物半导体,黄铜矿结构,$\overline{4}2$ m 点群,常温下呈深灰色,红外透明范围0.73 ~ 21 μm。AgGaSe$_2$ 晶体具有吸收小、非线性系数大、适宜的双折射等特点,可用于制作倍频、混频和宽带可调谐红外参量振荡器等。在3 ~ 18 μm 红外范围提供多种频率的光源,而且在相当宽的范围内连续可调。它在激光通信、激光制导、激光化学和环境科学等方面有广泛用途。

AgGaSe$_2$ 单晶体采用改进的 B-S 法生长,生长装置及其温度场分布如图1-18 所示。图1-18(a)是一台竖直两温区坩埚旋转下降单晶生长炉,该生长炉上、下两个温区分别用一组炉丝加热,两区域中间的间隙可调。实验中通过调整上、下两区域的温度差以及中间间隙的高度,可控制中间结晶区域的温度梯度。采用精密数字温控仪可以进行控温程序设计。

将 AgGaSe$_2$ 多晶粉末装入经镀碳处理过的石英生长安瓿内,抽空封结后放入生长炉内,缓慢升温至950 ~ 1 050 ℃,开启旋转系统,保温后开始下降,生长中保持固-液界面附近的温度梯度为30 ~ 40 ℃/cm,下降的速度为0.5 ~ 1.0 mm/h。经过大约两周时间,便可以生长出外观完整的 AgGaSe$_2$ 单晶锭。

(2)非金属

定向凝固法还常用于生长低熔点非金属,如 Cr,Mn,Co,Ni,Zn,La,Tb 以及 Ca 的氟化物。为了制备优质的 CaF$_2$,需防止 CaO 生成,所以原料要干燥,避免表面氧化,通常使用 HF 处理 CaCl$_2$,反应式如下

$$CaCl_2 + 2HF \rightarrow CaF_2 + 2HCl$$

为了防止过冷,对于 CaF$_2$,热梯度至少为7 ℃/cm,对于 LaF$_3$ 至少为30 ℃/cm,坩埚的下降速度一般为1 ~ 5 mm/h,图1-19 给出了生长 CaF$_2$ 的一种典型设备。

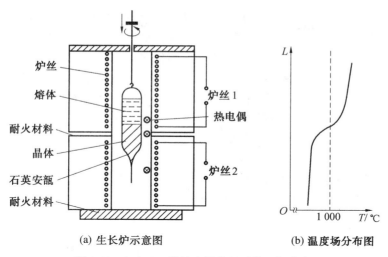

(a) 生长炉示意图　　　　　(b) 温度场分布图

图 1-18　AgGaSe$_2$ 晶体生长装置及其温场分布图

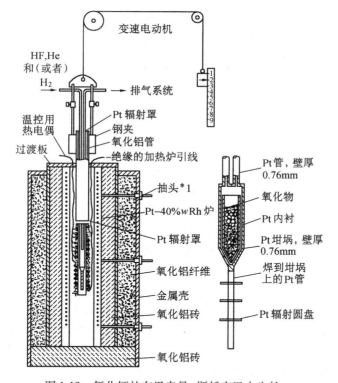

图 1-19　氟化钙的布里奇曼–斯托克巴杰生长

3. 单晶高温合金的生长

单晶高温合金一般采用定向凝固制备,有两种方法:一种为选晶法(自生籽晶法),另一种为籽晶法。原理是具有狭窄截面的选晶器只允许一个晶粒长出它的顶部,然后这个晶体长满整个铸型腔,从而得到整体只有一个晶粒的单晶部件,图 1-20 是几种常用的选晶器。选晶法有许多缺陷,如只能控制铸件的纵向取向在 <001> 方向的 15° 之内,不能控制横向取向,制备模壳比较困难等。另一种方法是籽晶法,如图 1-21 所示。材料和使铸造部件相同的籽晶安放在模壳的最底端,它是金属和水冷却铜板接触的惟一部分,具有一定过热的熔融金属液在籽晶的上部流过,使籽晶部分熔化,避免由于籽晶表面不连续或加工后的残余应力引发的再结晶所造成的等轴形核。同时,过热熔融金属的热量将模壳温度升高到了合金熔点以上,防止了在模壳上形成新的晶粒。然后在具有一定温度梯度的炉子中抽拉模壳,金属熔液就在剩余的籽晶发生外延生长,凝固成三维取向和籽晶相同的单晶体。可见,籽晶法克服了选晶法的诸多缺陷。

为了提高单晶高温合金的综合性能,提高铸件的生产率和合格率,要尽可能提高定向凝固炉内的温度梯度,采用热等静压(HIP)可以压合铸件中的显微疏松,提高材料的致密度,减少裂纹源,提高材料的蠕变和疲劳性能。

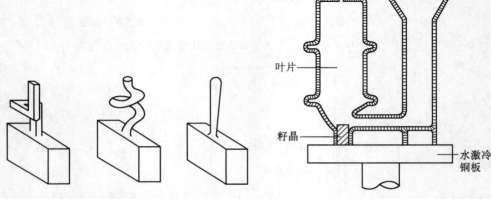

图 1-20　几种典型的晶粒选择器　　　图 1-21　籽晶法制备单晶高温合金叶片

1.2.3　提拉法

提拉法也称为丘克拉斯基(Gockraski)技术,这是一种常见的晶体生长方法,可以在较短时间内生长大而无位错的晶体。晶体生长前,待生长的材料在坩埚中熔化,然后将籽晶浸到熔体中,缓慢向上提拉,同时旋转籽晶,即可以逐渐生长单晶。其中,旋转籽晶的目的是为了获热对称性。为了生长高质量的晶体,提拉和旋转的速率要平稳,熔体的温度要精确控制。晶体的直径取决于熔体的温度和拉速,减小功率和降低拉速,晶体的直径增加。图 1-22 是提拉法示意图,提拉法生长晶体必须注意如下几点:

①晶体熔化过程中不能分解,否则会引起反应物和分解物分别结晶;

②晶体不得与坩埚或周围气氛反应;

③炉子及加热元件的使用温度要高于晶体熔点;

④确定适当的提拉速度和温度梯度。

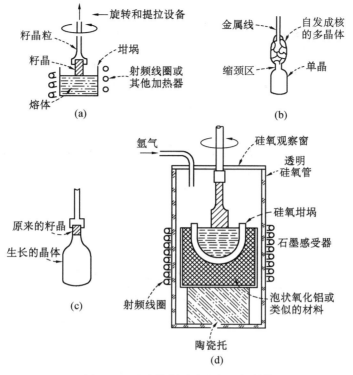

图 1-22 丘克拉斯基法生长用的结构

1. 提拉法工艺设备

提拉法一般需要加热、控温产生温度梯度的设备;盛放熔体设备;支撑旋转和提拉设备;气氛控制设备。

（1）射频加热源

要求熔体或坩埚导电性良好,与射频场耦合,常用频率 450 kHz,功率 5 ~ 10 kW,甚至 20 kW。对于绝缘体可用高频加热,频率为 3 ~ 5 MHz。

（2）射频加热温度控制

将电偶置于坩埚附近与坩埚里面,利用热电偶的热电势控制发生的功率。或者采用能在射频线圈中保持恒定功率的电路,使恒定功率电路对线圈电压的变化进行补偿。

（3）温度梯度设计

将铜管做成工作线圈,绕成一个间隔均匀的圆柱体,有时将特定形状的线圈引入加热器中,以产生温度梯度,线圈中通入循环水。

（4）提拉设计

要求提供恒定的均匀上升运动和无振动的搅拌,提拉速度要与晶体生长速度匹配,生长速率一般为每小时几厘米,搅拌速度通常为每分钟几转到几百转,对难结晶的材料要用较慢的提拉速度。

2. 用提拉法生长晶体的一般原则

提拉法的要求之一就是平衡提拉速度和加热条件,从而实现正常生长,在籽晶附近沿坩埚向上的热梯度和垂直于生长界面的热梯度在确定晶体的形状和完整性方面是有重要意义的。通常,垂直于生长界面的热梯度主要控制因素有:加热器结构、热量向环境的释放、坩埚内熔体的温度、提拉速度和熔化潜热。

为了开始生长,引入籽晶时要使熔体温度略高于熔点,从而熔去少量籽晶以保证在清洁表面开始生长,即保证均匀的外延生长。对于蒸气压低的晶体,可以用 He,Ar,H_2,N_2 等保护气氛。提拉时,还要设计适当的冷却速度,避免冷却太快引起晶体应变。

3. 用提拉法生长半导体晶体

图 1-22 是适用于锗或硅生长的提拉装置,炉子的能量由加热石墨感受器的振荡器提供,其功率为 10 kW,频率为 450 Hz,借助流过熔融石英管的流动气体来控制气氛。石英管密封于水冷铜片内,籽晶夹持在不锈钢旋转杆上,旋转杆通过一个受压缩的聚四氟乙烯 O 形圈进入生长腔,旋转杆及电机位于上方的升降台子上,其速度由电机控制。熔体体积约为 100 cm^3,晶体生长速度为 10^{-2} cm/s。生长气氛从顶部进入,由底部排出,表 1.2 列出了几种半导体晶体的生长参数。

表 1.2 用提拉法和凯罗泡洛斯技术生长的典型晶体

化合物	化学式	熔点/℃	坩埚材料	提拉速度	生长方向	气氛	备注
锗	Ge	937					见正文
硅	Si	1 412					见正文
锌	Zn	419	派拉克斯玻璃	1.2 cm/min	各种各样	N_2	2.7 mm 直径的晶体,气冷
砷化镓	GaAs	1 240	石英玻璃		各种各样	As	As 过压
氯化钾	KCl	770	Pt 或陶瓷器皿			空气	真正的凯罗泡洛斯方法;冷空气冷却浸入熔体中的籽晶,生长出各种碱卤化物
水	H_2O	0	玻璃			空气	直径 9 cm,高 6 cm,凯罗泡洛斯方法
钨酸钙	$CaWO_4$	1 535	Rh	0.5～2 cm/h	各种各样	空气	见正文
铌酸锂	$LiNbO_3$	1 260	Pt	0.5～2 cm/h	各种各样	空气	见正文
蓝宝石	Al_2O_3	2 050	Ir	0.5～2 cm/h	各种各样	空气	见正文
钇铝石榴石	$Y_3Al_5O_{12}$	≈1 900	Ir	0.5～2 cm/h	各种各样	空气	见正文

4. 用提拉法生长光学晶体——掺钕钇铝石榴石(Nd:YAG)

Nd:YAG 晶体是制作中小型固体激光器的主要材料,它具有阈值低、效率高、性能稳定的特点,用其制作的激光器广泛应用于军事、工业、医学和科研领域。

Nd:YAG 晶体采用熔体提拉法生长,其生长装置如图 1-23 所示。采用 200 kHz 的高频感应加热,感应圈为矩形紫铜管绕成的双层圈,内圈比外圈高出一圈,坩锅盖的高度处于第一圈和第二圈之间,可以使生长界面附近有较大的温度梯度。生长过程中晶体的提拉速度为 1.2 ~ 1.6 mm/h,晶体转速为 40 ~ 50 r/min, 较低的提拉速度有助于改善晶体质量。采用大直径、小高度的钇坩锅可以减小液面下降引起的生长条件变化,减小对流引起的温度波动,并增加温度梯度,减小坩锅对熔体的污染。掺钕一般认为 5%(质量分数)合适。

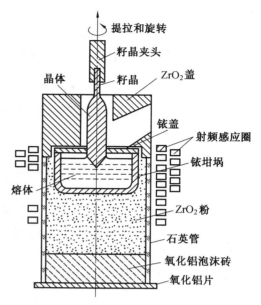

图 1-23　Nd:YAG 生长装置示意图

1.2.4　区域熔化技术

1952 年,区域熔化技术被用于提纯,此后,有人采用区域熔化来生长晶体,即在多晶-单晶转化时可以考虑使用区域熔化技术,这里区域熔化的目的是在生长界面附近产生一个温度梯度,从而生长单晶体,图 1-24 是区域熔化的各种结构。

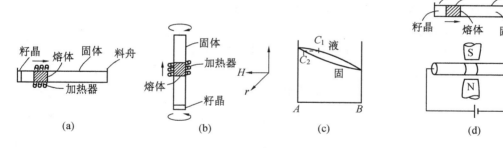

图 1-24　区域熔化的结构示意

1. 水平区域熔化

熔化区由左向右,籽晶置于料舟最左端,籽晶须先部分熔化,然后向右推移,热源可以是熔体,料舟或受感器耦合射频加热,生长中,容器必须与熔体相接,熔体和料舟不起反应,见图 1-24(a)。

2. 悬浮区熔化

该方法于 1953 年由 Keck 和 Golay 提出,当时是为了提纯硅,借助于表面张力支持试样的熔化液区,试样轴是垂直的。其特征是无坩埚,不存在试样污染问题,见图 1-24(a)。

3. 熔区稳定条件

设作用力只有表面张力和重力场,熔体和固体完全浸润,熔体体积变化不大,界面垂直于试样和重力场平面,则有

$$\lambda = l\sqrt{dg/\sigma} \tag{1-86}$$

式中,λ 为与熔区最大长度 l 成比例的参数;d 为液体变宽度;σ 为表面张力;g 为重力加速

度。由于料棒密度与半径成比例,有

$$\rho = r\sqrt{dg/\sigma} \tag{1-87}$$

当 r 增加时,λ 接近 2.7。为了使熔区稳定,设 $l \approx r$,要求

$$l = \frac{1}{2.7} \cdot \sigma/dg \tag{1-88}$$

若 σ/d 足够大,l 将很大,足以使悬浮区熔化实现。

1.3　气相–固相平衡的晶体生长

在晶体生长的方法中,从气相中生长单晶材料是最基本和常用的方法之一。由于这种方法包含有大量变量使生长过程较难控制,所以用气相法来生长大块单晶通常仅适用于那些难以从液相或熔体中生长的材料,例如 Ⅱ–Ⅵ 族化合物和碳化硅等。

1.3.1　气相生长的方法和原理

气相生长的方法大致可以分为以下三类。

（1）升华法

升华法是将固体在高温区升华,蒸气在温度梯度的作用下向低温区输运结晶的一种生长晶体的方法。有些材料具有如图 1-25 所示的相图,在常压或低压下,只要温度改变就能使它们直接从固相或液相变成气相,此即升华,并还能还原成固相。一些硫属化物和卤化物,例如 CdS,ZnS 和 CdI$_2$,HgI$_2$ 等可以采用这种方法生长。

（2）蒸气输运法

蒸气输运法是在一定的环境（如真空）下,利用运载气体生长晶体的方法,通常用卤族元素来帮助源的挥发和原料的输运,可以促进晶体的生长。有人在极低的氯气压力下观察钨的运输情况,发现在两根邻近的被加热的钨丝中,钨从较冷的一根转移到较热的一根上。又如,当有 WCl$_6$ 存在时,用电阻加热直径不均匀的钨丝时,钨丝会变得均匀,即钨从钨丝较粗的（较冷的）一端输运到较细的（较热的）一端,其反应为

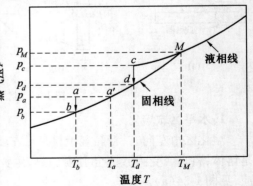

图 1-25　从液相或气相凝结成固相的蒸气压–温度关系图

$$W + 3Cl_2 = WCl_6 \tag{1-89}$$

许多硫属化物（例如氧化物、硫化物和碲化物）以及某些磷化物（例如氮化物、磷化物、砷化物和锑化物）可以用卤素输运剂从热端输运到冷端从而生长出适合单晶研究用的小晶体。在上述蒸气输运中,所用到的反应通式为

$$(MX)_固 + I_2 \Leftrightarrow (MI)_气 + X_气 \tag{1-90}$$

需要指出的是,蒸气输运并不局限于二元化合物,碘输运法也能生长出 ZnIn$_2$S$_4$,

$HgCa_2S_4$ 和 $ZnSiP_2$ 等三元化合物小晶体。

（3）气相反应法

气相反应法是利用气体之间的直接混合反应生成晶体的方法。例如，CaAs 薄膜就是利用气相反应来生成的。目前，气相反应法已发展成为工业上生产半导体外延晶体的重要方法之一。

气相生长的原理可概括成：对于某个假设的晶体模型，气相原子或分子运动到晶体表面，在一定条件（压力、温度等）下被晶体吸收，形成稳定的二维晶核。在晶面上产生台阶，再俘获表面上进行扩散的吸收原子，台阶运动、蔓延横贯整个表面，晶体便生长一层原子高度，如此循环反复即能生长块状或薄膜状晶体。

1.3.2　气相生长中的输运过程

气相生长中的输运过程是很复杂的，涉及的因素很多，在此只能就一些重要因素加以考虑。

气相生长中原料的输运主要靠扩散和对流实现，实现对流和扩散的方式虽然较多，但主要还是取决于系统中的温度梯度和蒸气压力或蒸气密度。

假设气相输运中的反应为

$$aA+bB\cdots \Leftrightarrow gG_{(固)}+hH\cdots \tag{1-91}$$

其中，G 为希望生成的结晶物，其他反应物是气体。平衡常数为

$$K=\frac{[G]_{平衡}^{g}[H]_{平衡}^{h}\cdots}{[A]_{平衡}^{a}[B]_{平衡}^{b}\cdots} \tag{1-92}$$

式中 $[\ ]_{平衡}$ 表示平衡活度。固体 G 的活度可以取为 1，且可以用压力作为气相系统中活度的近似值，所以

$$K\approx\frac{[p_H]_{平衡}^{h}\cdots}{[p_A]_{平衡}^{a}[p_B]_{平衡}^{b}\cdots} \tag{1-93}$$

这里，p_A,p_B,p_H 分别是反应物和生成物的平衡压力。通常，希望挥发物的浓度适当高些，以便使物质向生长端输运比较快，这就要求 K 值要小。然而，人们为了生长单晶，常需要在系统的一部分使 G 挥发，而在另一部分让它结晶。为此目的，常借助于温度或反应物浓度的不同而使平衡改变。为使 G 易挥发，希望 A 和 B 的平衡浓度大，这便要求 K 值要小。为了获得一个可逆的反应，要求 K 值应接近 1。这样由于自由能的变化（驱动力）为

$$\Delta G^0=-RT\ln K \tag{1-94}$$

又

$$\Delta G=\Delta G^0+RT\ln Q \tag{1-95}$$

式中，$Q=[a]_{实际}^{-1}$，$[a]_{实际}$ 是 A 在过饱和状态活度下的实际活度。因为压力是活度很好的近似，所以对于气相生长，式（1-95）的反应是成立的，其中 Q 还可以由

$$Q=\frac{[G]_{实际}^{g}[H]_{实际}^{h}\cdots}{[A]_{实际}^{a}[B]_{实际}^{b}\cdots} \tag{1-96}$$

式中，$[\ ]_{实际}$ 表示实际活度，式（1-96）可以近似为

$$Q=\frac{[p_H]_{实际}^{h}\cdots}{[p_A]_{实际}^{a}[p_B]_{实际}^{b}\cdots} \tag{1-97}$$

这里，p_i 是实际压力。在反应过程中晶体生长的驱动力可表示为

$$\Delta G = - RT\ln \frac{K}{Q} \tag{1-98}$$

其中，K/Q 相当于相对饱和度或过饱和度。如果 $\Delta H > 0$（吸热反应），可在系统的热区进行挥发而在冷区结晶。如果 $\Delta H < 0$，反应自冷区输运至热区。ΔH 的大小决定 K 值随温度的变化，并且决定生长所需的挥发区与生长区之间的温度差。对于小的 $|\Delta H|$ 值，采用大的温差可以得到可观的速度；但是，如果 $|\Delta H|$ 太大，只有用很小的温差才能防止成核过剩，结果使温度控制很困难；如果 K 值相当大，生长反应基本上是不可逆的，输运过程是不可实现的。总体来说，如果满足下列条件，输运过程比较理想。

① 反应产生的所有化合物都是挥发性的。

② 有一个在指定温度范围内和所选择的气体种类分压内，所希望的相是唯一稳定的固体产生的化学反应。

③ 自由能的变化接近零，反应容易成为可逆，并保证在平衡时反应物和生成物有足够的量；如果反应物和生成物浓度太低，将很难造成材料从原料区到结晶区适当的流量。在通常所用的闭管系统内尤为如此，因为该系统中输运的推动力是扩散和对流。在很多情况下，还伴随有多组分生长的问题，如组分过冷，小晶面效应和枝晶现象。

④ ΔH 不等于零。这样，在生长区平衡朝着晶体的方向移动，而在蒸发区，由于两个区域之间的温度差，平衡被倒转。因而，ΔH 就决定了温度差 ΔT。ΔT 不可过小，否则温度控制比较困难；但也不能太大，太大了虽然有利于输运，但动力学过程将受到妨碍，影响晶体的质量。因此需要选择一个合适的 ΔT。

⑤ 控制成核，要求有在合理的时间内足以长成优质晶体的快速动力学条件。适当选择输运剂，输运剂与输运元素的分压应与化合物所需的理想配比的比率接近。

在气相系统中，通过可逆反应生长时输运可以分为三阶段：

① 在原料固体上的复相反应。

② 气体中挥发物的输运。

③ 在晶体形成处的复相逆向反应。

气体输运过程因其内部压力不同而主要有三种可能的方式。

（1）当压力 $< 10^2\,\mathrm{Pa}$ 时，气相中原子的平均自由程接近或者大于典型设备的尺寸，那么原子或分子的碰撞可以忽略不计，输运速度主要决定于原子的速度，根据气体分子运动论，原子的速度为

$$\mu = \sqrt{\frac{3RT}{M}} \tag{1-99}$$

式中，μ 为方均根速度；R 为气体常数；T 为热力学绝对温度；M 为分子量。

输运过程可以是限制速度的。如果输运过程是限制速度的，实现这种情况的理想方案是如图 1-26 所示的装置。由于在低气压下可假定气体遵从理想气体定律，因而输运速度 $\tilde{R}$（以每秒通过单位管横截面上的原子数计算）由下式给出

$$\tilde{R} = \frac{p\mu}{RT} \tag{1-100}$$

式中, p 为压力。把式(1-99)代入式(1-100)可得

$$\tilde{R} = p\sqrt{\frac{3}{RTM}} \qquad\qquad (1\text{-}101)$$

图 1-26　输运限制速度的晶体生长示意图

根据式(1-101)可以用来产生晶体生长的准直分子束。

（2）如果在 $10^2 \sim 3\times10^5$ Pa 之间的压力范围内操作,分子运动主要由扩散确定,菲克(Fick)定律可描述这种情况。若浓度梯度不变,扩散系数随总压力的增加而减小。

（3）当压力 $>3\times10^5$ Pa,热对流对确定气体运动极其重要。正如 H. 谢菲尔指出的,由扩散控制的输运过程到对流控制的输运过程的转变范围常常决定于设备的结构细节。

在大多数的实际气相晶体生长中,输运过程由扩散机制决定,而输运过程又限制着生长速度。因此,若假定输运采用扩散形式,并且和真的输运速度进行比较,那么计算得到的输运速度常被用来检验一个系统的行为是否正确。

1.3.3　α-碘化汞单晶体的生长

碘化汞(α-HgI_2)晶体是 20 世纪 70 年代初开始发展起来的一种性能优异的室温核辐射探测器材料,它具有组元原子序数高,禁带宽度大,体电阻大,暗电流小,击穿电压高和密度大的特点,具有优良的电子输运特性,在室温下对 X 射线和 γ 射线的探测效率高于 Si、Ge 和 CdTe,能量分辨率优于 CdTe,所以是制造室温核辐射探测器的极好材料。HgI_2 晶体在 127 ℃时存在一个可逆的破坏性相变点,127 ℃以上为黄色正交结构(β-HgI_2)。β-HgI_2 晶体不具有探测器材料的性质。

α-HgI_2 晶体可以采用溶液法和气相法生长。HgI_2 在常温下不溶于水,但溶于某些有机溶剂,例如二甲亚砜和四氢呋喃。因此可以用温差法或蒸发法生长单晶,不过生长的晶体尺寸小,易含有溶剂夹杂物,电子输运特性较差,不适合用来制作探测器件。通常,采用气相法来生长 α-HgI_2 单晶体,可分为动态和静态升华法、强迫流动法、温度振荡法和气相定点成核法四种。气相定点成核法是近年来我国自行研制出的一种碘化汞单晶体生长方法,它具有设备简单、易于操作、便于成核和稳定生长、长出的晶体应力小、容易获得完整性好的适用于探测器制作的优质 HgI_2 单晶体等特点。

气相定点成核法生长装置如图 1-27 所示,由玻璃安瓿、加热器和温度控制器组成。加热器由罩在安瓿周围的纵向加热器和设置在安瓿底部的横向加热器组成,各自与一台数字精密温度控制器相连,可按要求调节形成一个纵向和横向的温度分布。安瓿底部中心有一个基座,支撑在一个导热良好的金属转轴上,转轴由电动机带动旋转。整个系统用钟罩罩住,构成一台立式炉。

生长晶体时,先将 $200 \sim 300$ g 纯化后的 HgI_2 原料装入 $\phi20\times25$ cm 玻璃生长安瓿中,抽空至 10^{-3} Pa 封结,然后置于立式生长炉中的转轴上,安瓿以 $3 \sim 5$ r/min 的速率旋转。

开启加热器,将原料蒸发到安瓿的侧壁上稳定聚集。缓慢降低安瓿底部温度,使基座中心温度接近晶体生长温度 $T_c = 112\ ℃$,保持源与基座表面之间有 2～5 ℃的温差以利于蒸气分子的扩散。当碘化汞分子运动到基座上温度最低点时,自发形成一个 c 轴平行于基座表面的红色条状晶核。逐渐有规律地降低安瓿底部温度或升高源的温度,晶体便继续长大。用这种方法可以生长出几百克的 HgI_2 单晶体。

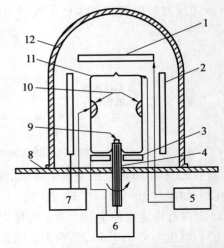

图 1-27　碘化汞气相定点成核法生长装置示意图
1,2,3—加热器　4—转轴　5,6,7—温度控制器　8—平台　9—晶体　10—生长源　11—生长安瓿　12—钟罩

1.3.4　气相晶体生长的质量

对于气相生长,如果系统的温场设计比较合理,生长条件掌握比较好,仪器控制比较灵敏精确,长出的晶体质量是很好的,外形比较完美,内部缺陷也比较少,是制作器件的好材料。但是如果生长条件选择不合适,温场设计不理想等,生长出的晶体就不完美,内部缺陷如位错、枝晶、裂纹等就会增多,甚至长不成单晶而是多晶。因此,严格选择和控制生长条件是气相生长晶体的关键。

思考题

1. 试说明再结晶驱动力。
2. 试推导气相和熔体生长系统的相变驱动力。
3. 简述 Walff 定理的基本内容。
4. 试说明布里奇曼–斯托克定向凝固法生长晶体的基本思想。
5. 试说明直拉法生长晶体过程中晶体直径的主要控制因素。
6. 简述气相生长的原理和方法。

第2章 非晶态材料的制备

自从1960年美国加州理工学院杜威P. Duwez教授采用急冷方法制得非晶体至今,人们对非晶体的研究已经取得了巨大成就,某些合金系列已得到广泛应用。例如,过渡金属−类金属型非金属合金已开始用于各种变压器、传热器铁芯;非晶合金纤维已被用来作为复合材料的纤维强化;非晶铁合金作为良好的电磁吸波剂,已用于隐身技术的研究领域;某些非晶合金具有良好催化性能,已被开发用来制作工业催化剂;非晶硅和非晶半导体材料在太阳能电池和光电导器件方面的应用也已相当普遍。

本章将简要介绍非晶态材料的基本概念和基本性能,着重介绍非晶态材料的制备方法。

2.1　非晶态材料的基本概念和基本性质

2.1.1　非晶态材料的基本概念

1.有序态和无序态

根据组成物质的原子模型,可将自然界中物质状态分为有序结构和无序结构两大类。其中,晶体为典型的有序结构,而气体、液体和非晶态固体都属于无序结构。气体相当于物质的稀释态,液体和非晶固体相当于凝聚态。

通过连续地转变,可以从气态或液态获得无定型或玻璃态的凝聚固态—非晶态固体。非晶态固体的分子像在液体中一样,以相同的紧压程度一个挨着一个地无序堆积。不同的是,在液体中的分子容易滑动,粘滞系数很小,当液体变稠时,分子滑动变得更困难,最后在非晶态固体中,分子基本上不能再滑动,具有固定的形状和很大的刚硬性。

2.长程有序和短程有序

从上述的分析可以看出,非晶态材料基本上是无序结构。然而,当用X射线衍射研究非晶态材料时会发现,在很小的范围内,如几个原子构成的小集团,原子的排列具有一定规则,这种规则称为短程有序。晶体和非晶体是一组对立面,晶体中原子的排列是长程有序的;而非晶体是长程无序的,只是在几个原子的范围内才呈现出短程有序。

3.单晶体、多晶体、微晶体和非晶体

既然非晶体中的原子排列是短程有序的,那么,就可以将几个原子组成的小集团看作是一个小晶体。从这个意义上看,非晶体中包含着极其微小的晶体。另一方面,实际晶体中,往往存在位错、空位和晶界等缺陷,它们破坏了原子排列的周期性。因此,可以将晶界处一薄片材料看作是非晶态材料。

根据上述分析,可以将固体材料分成几个层次,即单晶体、多晶体、微晶体和非晶体。

在完美的单晶体中,原子在整块材料中的排列都是规则有序的;在多晶体和微晶体中,只有在晶粒内部,原子的排列才是有序的,而多晶体中的晶粒尺寸通常都比微晶体中的更大一些,经过腐蚀后,用一般的金相显微镜甚至用肉眼都可以看出晶粒和晶界;在非晶体中,不存在晶粒和晶界,不具有长程有序。

4. 非晶态的基本定义

从上述讨论中已经发现,非晶态固体中的无序并不是绝对的"混乱",而是破坏了有序系统的某些对称性,形成了一种有缺陷、不完整的短程有序。一般认为,组成物质的原子、分子的空间排列不呈周期性和平移对称性,晶态的长程有序受到破坏,只有由于原子间的相互关联作用,使其在小于几个原子间距的小区间内(1~1.5 nm),仍然保持形貌和组分的某些有序特征而具有短程有序,这样一类特殊的物质状态统称为非晶态。根据这一定义,非晶态材料在微观结构上具有以下三个基本特征。

(1)只存在小区间内的短程有序,在近邻和次近邻原子间的键合(如配位数、原子间距、键角、键长等)具有一定的规律性,而没有任何长程有序;

(2)它的衍射花样是由较宽的晕和弥散的环组成,没有表征结晶态的任何斑点和条纹,用电镜看不到晶粒、晶界、晶格缺陷等形成的衍衬反差;

(3)当温度连续升高时,在某个很窄的温区内,会发生明显的结构相变,是一种亚稳态材料。

从传统的定义分析,所谓非晶态是指以不同方法获得的以结构无序为主要特征的固体物质状态。我国的技术辞典的定义是"从熔体冷却,在室温下还保持熔体结构的固态物质状态。"习惯上也称为"过冷的液体"。

非晶态材料一般分成低分子非晶材料、氧化物非晶材料、非氧化物非晶材料、非晶态高分子材料等。目前关于非晶态材料的名词说法很多,真正使用非晶态这个词的并不太多。在很多场合下,非晶态材料被称为无定型或玻璃态材料。"非晶态"和"玻璃态"是同义词,都是指原子无序地堆积的凝固状态。因此,非晶态金属也称为金属玻璃。

2.1.2 非晶态材料的分类

近半个世纪以来,人们对晶体材料进行了大量研究,而对非晶材料直到50年代中期才开始引起人们的重视。1960年,美国加州理工学院P. Duwez教授的研究小组用液态金属快速冷却的方法,从工艺上突破了制备非晶态金属和合金的关键,后经其他人的发展,做到能以每分钟2km的高速连续生产,并正式命名为金属玻璃——Metglass,这就为研究非晶态金属的力学性能、磁性、超导电性、防腐蚀性及探索新型非晶合金材料开辟了重要途径。到目前为止,人们已经发现了多种非晶态材料,发展了多种方法与技术来制备各类非晶态材料。从广泛的意义上讲,非晶态材料包括普通的低分子非晶态材料、传统的氧化物和非氧化物玻璃、非晶态高分子聚合物等。然而,从材料学的分类角度分析,非晶态材料品种有很多,下面简要介绍几种技术比较成熟的非晶态材料。

1. 非晶态合金

非晶态合金又称金属玻璃,即非晶态合金具有金属和玻璃的特征。首先,非晶态合金的主要成分是金属元素,因此属于金属合金;其次,非晶态合金又是无定型材料,与玻璃相类似,因此称为金属玻璃。但是,金属玻璃和一般的氧化物玻璃毕竟是两码事,它既不像玻璃那样脆,又不像玻璃那样透明。事实上,金属玻璃具有光泽,可以弯曲,外观上和普通的金属材料没有任何区别。非晶态的金属玻璃材料中原子的排列是杂乱的,这种杂乱的原子排列赋予了它一系列全新的特性。

迄今发现的能形成非晶态的合金有数百种,研究较多有一定使用价值的非晶态合金有三大类。

（1）后过渡的金属-类金属 TL-M 系

第一类非晶态合金为后过渡的金属-类金属。后过渡金属元素包括周期表中ⅦB 族和Ⅷ族元素,也有ⅠB 族贵金属,这一类合金的典型例子有 $Pd_{80}P_{20}$,$Ni_{80}P_{20}$,$Au_{75}Si_{25}$……。这类合金中包括软磁材料,如 Fe,Co,Ni 非晶态软磁合金。合金中类金属元素的质量分数为 13%~25%,相当于相图上的深共晶区。如果在二元合金系的基础上加一种或多种类金属元素,或过渡族元素来部分替代,则可形成三元或多元非晶态合金。研究发现,多元非晶态合金的形成更容易。

（2）TE-TL 系

第二类非晶态合金为 TE-TL 系,TL 金属也可用ⅠB 族贵金属代替,由于前过渡金属的熔点较高,加入后过渡金属或ⅠB 族贵金属之后,熔点急剧下降,形成深共晶,呈现多种金属键化合物相,在很宽的温度范围内熔点都比较低,形成非晶态的成分范围比较宽,代表性的例子有 $Cu-Ti_{33~70}$,$Cu-Zr_{27.5~75}$,$Ni-Zr_{33~42}$,$Ni-Zr_{60~80}$,$Nb-Ni_{40~66}$,$Ta-Ni_{40~70}$。此外,镧系稀土金属和后过渡金属组成的二元系的共晶点也很低,在共晶成分附近也能获得非晶态,其中多数是富稀土合金,如 $La-Au_{18~26}$,$La_{78}Ni_{22}$,$Gd-Fe_{32~50}$,$Er_{68}Fe_{32}$,$Gd-Co_{40~50}$等。

（3）ⅡA 族金属的二元或多元合金

第三类非晶态合金包括周期表上ⅡA 族金属（Mg,Ca,Be,Sr）的二元或多元合金,如 $Ca-Al_{12.5~47.5}$,$Ca-Cu_{12.6~62.5}$,$Ca-Pd$,$Mg-In_{25~32}$,$Be-Zr_{50~70}$,$Sr_{70}Ge_{30}$,$Sr_{70}Mg_{30}$等。可以看出,这类合金形成非晶态的成分范围一般都很宽。

除了以上三大类非晶态合金以外,还有一些以 Th,V,Np,Pu 等锕系金属为基的非晶态合金,如 $V-Co_{24~40}$,$Np-Ga_{30~40}$,$Pu-Ni_{12~30}$等,这些合金系统的共晶点都很低。

2. 非晶态半导体材料

非晶态半导体材料包括的范围十分广泛,目前研究最多的有两大类:一类是四面体配置的非晶态半导体,例如非晶 Si 和 Ge,它们属于元素周期表上Ⅳ族元素的半导体;另一类是硫系非晶态半导体,其主要成分是周期表中的硫系,例如硫、硒、碲等,包括二元系的 As_2Se_3 和多元系的 $As_{81}Se_{21}Ge_{80}Te_{18}$,$As_{30}Te_{43}Si_{12}Ge_{10}$等。这两类半导体材料的应用潜力很大,可以制成各种微电子器件,有许多已经商品化。其他的非晶态半导体如非晶态Ⅲ-Ⅴ族化合物也在积极地研究之中,但大多数尚处于实验室研究初期。

在非晶态半导体的家族中,还有一类重要的半导体材料——玻璃态半导体。硫属非晶态半导体通过加热-冷却过程发生晶态-非晶态的可逆转变,故又有玻璃半导体之称。玻璃半导体的成分以ⅥB 族元素为主（氧除外）,如 S,Se,Te 等。经常含有的元素还有 As,Ge,Si,Pb,Sb,Bi 等,形成二元或多元半导体。目前最多的玻璃态半导体是 As_2S_3 和

As_2Se_3。

应当指出,这里所说的玻璃并非指氧化物玻璃,而是金属化合物,其电导率为 $10^{-13} \sim 10^{-3}$ Ω/cm,这类材料在性质上属于半导体,在结构上又呈玻璃非晶态。

3. 非晶态超导体

关于非晶态超导材料的研究可以追溯到 20 世纪 50 年代,当时有两位德国科学家 Buckel 和 Hilsch 发现在液氮冷却的衬底上蒸发得到的非晶态 Bi 和 Ga 膜具有超导电性,临界温度分别为 6.1 K 和 8.4 K。但它们在升温到 20~30 K 时就发生晶化,故在室温下无法保持为非晶态,这就给这些材料的进一步研究和应用带来了困难。1975 年以后,有人用液体金属急冷法制备了多种具有超导电性的非晶态合金,其 T_c,H_c 以及临界电流密度 J_c 都比较高,因而开辟了非晶超导电材料的应用领域。

目前已经用快速淬火法制备了多种具有超导电性的非晶态材料,而且品种还在不断扩大。其中,T_c 值超过液氢温度(4~2 K)的非晶态合金就有 20 余种。它们一类是由周期表中左侧的过渡金属(La,Zr,Nb)和右侧的过渡金属(Au,Pd,Rh,Ni)组成的金属-金属系合金;另一类是含有类金属元素(P,B,Si,C,Ge)的金属-类金属系合金。后者的 T_c 值相对高一些。

4. 非晶态高分子材料

早在 20 世纪 50 年代,希恩等人在晶态聚合物的 X 射线衍射图案中就曾发现过非晶态高分子聚合物的弥散环。这些实际的结构介于有序和无序之间,被认为是结晶不好或部分结构有序。现在已经证实,许多高聚物塑料和组成人体的主要生命物质以及液晶都属于这一范畴。

聚丙烯的最简单的化学结构是由甲基取代聚乙烯碳链中间隔碳原子上的氢原子所构成,这使得链上的每个其他碳原子具有单向性(即不对称性),由此导致三类聚丙烯结构。当接连的原子的单向性呈无规则变化时,该聚合物将形成无规立构体,此时表现为非晶状态。此时,非晶聚合物的性能可以在很窄的温度区间内发生显著变化。这种变化即使在部分晶体和部分非晶体的聚乙烯中也会相当显著,导致组合起来的复合材料的性质。

5. 非晶体玻璃

玻璃是非晶态固体中的一种,玻璃中的原子不像晶体那样在空间作远程有序排列,而近似于液体,一样具有近程有序排列,玻璃像固体一样能保持一定的外形,而不像液体那样在自重作用下流动。

石英玻璃 石英玻璃的结构是无序而均匀的,有序范围大约为 0.7~0.8 nm。X 射线衍射分析证明,石英玻璃结构是连续的,熔融石英中 Si-O-Si 键角分布大约为 120°~180°,比结晶态的方石英宽,而 Si-O 和 O-O 的距离与相应的晶体中的一样。硅氧四面体 [SiO_4] 之间的转角宽度完全是无序分布的,[SiO_4] 以顶角相连,形成一种向三度空间发展的架状结构。

钠钙硅玻璃 熔融石英玻璃在结构和性能方面都比较理想,其硅氧比值与 SiO_2 分子式相同,可以把它近似地看成由硅氧网络形成的独立"大分子"。若在熔融石英玻璃中加入碱金属氧化物(如 Na_2O),就会使原有的"大分子"发生解聚作用。由于氧的比值增大,玻璃中已不可能每个氧都为硅原子所共有(桥氧),开始出现与一个硅原子键合的氧(非桥氧),使硅氧网络发生断裂。而碱金属离子处于非桥氧附近的网穴中,形成了碱硅酸盐玻璃。若在碱硅二元玻璃中加入 CaO,可使玻璃的结构和性质发生明显的改善,获得具有优良性能的钠钙硅玻璃。

硼酸盐玻璃　B_2O_3 玻璃由硼氧三角体[BO_3]组成,其中含有三角体互相连接的硼氧三元环集团,在低温时 B_2O_3 玻璃结构是由桥氧连接的硼氧三角体和氧三元环形成的向两度空间发展的网络,属于层状结构。将碱金属或碱土金属氧化物加入 B_2O_3 玻璃中会形成硼氧四面体[BO_4],得到碱硼酸玻璃。

其他氧化物玻璃　有人指出,凡能通过桥氧形成聚合结构的氧化物,都有可能形成非晶态的玻璃,如 B,Si,Ge,As,Sb,Te,I,Bi,Po,At 等的氧化物。比较常见的玻璃种类有:能透过波长为 6μm 的红外线玻璃——铝酸盐玻璃,具有低膨胀和良好电学性质的铝硼酸盐玻璃,具有低折射率的铍酸盐玻璃及具有半导体性能的钒酸盐玻璃等。

2.1.3　非晶态材料的特性

1. 高强度、高韧性

许多非晶态金属玻璃带,即使将它们对折,也不会产生裂纹。对于金属材料,通常是高强度、高硬度而较脆,然而金属玻璃则两者兼顾,它们不仅强度高,硬度高,而且韧性也较好。

高强度、高韧性正是金属玻璃的宝贵特性。表 2.1 列出了一些典型的非晶合金的机械性能。可以看出,铁基和钴基非晶态合金的维氏硬度可达到 9 800 N/mm^2,抗拉强度达 4 000 N/mm^2 以上,比目前强度最高的钢高出许多。非晶态合金的 σ_f/E 值约为 1/50,比现有的金属晶态材料的相应值高一个数量级。此外,金属玻璃的疲劳强度很高,非常适合承受交变大载荷的应用领域。利用非晶态合金的高强度、高韧性,已经开发了用于轮胎、传送带、水泥制品及高压管道的增强纤维,还可以开发特殊切削刀具方面的应用。

表 2.1　非晶态合金的机械性能

	合　金	硬度 HV/ ($N\cdot mm^{-2}$)	断裂强度 $\sigma_f/$ ($N\cdot mm^{-2}$)	延伸率 $\sigma/$ %	弹性模量 $E/$ ($N\cdot mm^{-2}$)	E/σ_f	撕裂能/ $MJ\cdot cm^{-3}$
非晶态	$Pd_{72}Fe_7Si_{20}$	4 018	1 860	0.1	66 640	50	
	$Cu_{57}Zr_{43}$	5 292	1 960	0.1	74 480	38	0.6×10^7
	$Co_{75}Zr_{45}$	8 918	3 000	0.2	53 900	18	——
	$Ni_{75}Si_8B_{17}$	8 408	2 650	0.14	78 400	30	——
	$Fe_{80}P_{13}C_7$	7 448	3 040	0.03	121 520	40	1.1×10^7
	$Fe_{72}Ni_8P_{13}C_7$	6 660	2 650	0.1	——	——	——
	$Fe_{60}Ni_{20}P_{13}C_7$	6 470	2 450	0.1	——	——	——
	$Fe_{72}Cr_8P_{13}C_7$	8 330	3 770	0.05	——	——	——
	$Pd_{77.5}Cu_6Si_{16.5}$	7 450	1 570	40 (压缩率)	93 100	60	
晶态	$18Ni_{-9}Co_{-5}Mo$	——	1 810～2 130	10～12			

2. 抗腐蚀性

在中性盐溶液和酸性溶液中,非晶态合金的耐腐蚀性能要比不锈钢好得多。在表2.2

中将金属玻璃和不锈钢的腐蚀率作了比较。可以看出,Fe-Cr 基非晶态合金在氯化铁溶液中几乎完全不受腐蚀,而对应的不锈钢则受到不同程度的腐蚀。其他的金属玻璃和镍基、钴基非晶态合金也都有极佳的抗腐蚀性能。利用非晶态合金几乎完全不受腐蚀的优点,可以制造耐蚀管道、电池电极、海底电缆屏蔽、磁分离介质及化学工业的催化剂,目前都已达到了实用阶段。

表 2.2　金属玻璃和不锈钢在 10%$FeCl_3 \cdot 6H_2O$ 溶液中的腐蚀速率

材　　料	腐蚀速率/$(mm \cdot a^{-1})$
金属玻璃	
$Fe_{72}Cr_{18}P_{13}C_7$	0
$Fe_{79}Cr_{10}P_{13}C_7$	0
$Fe_{66}Cr_{10}Ni_5P_{13}C_7$	0
$Fe_{60}Cr_{10}Ni_{10}P_{18}C_7$	0
晶态不锈钢	
18Cr-8Ni	138
17Cr-12Ni-2.5Mo	39.4

3. 软磁特性

所谓"软磁特性",就是指磁导率和饱和磁感应强度高,矫顽力和损耗低。目前使用的软磁材料主要有硅钢、铁-镍坡莫合金及铁氧体,都是结晶材料,具有磁晶各向异性而互相干扰,结果使磁导率下降。而非晶态合金中没有晶粒,不存在磁晶各向异性,磁特性软。目前比较成熟的非晶态软磁合金主要有铁基、铁-镍基和钴基三大类,其成分和特性列于表2.3。铁基和铁-镍基软磁合金的饱和磁感应强度高,可以代替硅钢片使用。例如,一台 15 kVA 的小型配电变压器 24 h 内要消耗 322 W 的电力,若改用非晶态合金做铁芯,可以降低一半的电力损耗;用非晶态合金制作电机铁芯,铁损可降低 75%,节能意义很大。

表 2.3　非晶态和晶态合金的软磁特性

合　　金		饱和磁感/T	矫顽力/$(A \cdot m^{-1})$	磁致伸缩/10^{-6}	电阻率/$(\mu\Omega \cdot cm)$	居里温度/℃	铁损 $(60\ Hz,1.4\ T)$/$(W \cdot kg^{-1})$
非晶态	$Fe_{81}B_{1.5}Si_{3.5}C_2$	1.61	3.2	30	130	370	0.3
	$Fe_{78}B_{13}Si_9$	1.56	2.4	27	130	415	0.23
	$Fe_{67}Co_{13}B_{14}Si_1$	1.80	4.0	35	130	415	0.55
	$Fe_{79}B_{16}Si_5$	1.58	8.0	27	135	405	1.2
	$Fe_{40}Ni_{33}Mo_4B_{18}$	0.83	1.2	12	160	353	
	$Co_{67}Ni_3Fe_4Mo_2-B_{12}Si_{12}$	0.72	0.4	0.5	135	340	
晶态	硅　　钢	1.97	24	9	50	730	0.93
	$Ni_{50}-Fe_{50}$	1.60	8.0	25	45	480	0.70
	$Ni_{80}-Fe_{20}$	0.82	0.4	——	60	400	
	Ni-Zn 铁氧体	0.48	16		10^{12}	210	

具有高导磁率的非晶态合金可以代替坡莫合金制作各种电子器件,特别是用于可弯曲的磁屏蔽。非晶态合金还可以用工业织布机编织成帘布而不必退火,而且磁特性在使

用过程中不会发生蜕化。钴基非晶态合金不仅初始导磁率高、电阻率高,而且磁致伸缩接近于零,是制作磁头的理想材料。特别是非晶态合金的硬度高,耐磨性好,使用寿命长,适合作非晶态磁头。

4. 超导电性

目前,T_c 最高的合金类超导体是 Nb_3Ge,$T_c = 23.2$ K。然而这些超导合金较脆,不易加工成磁体和传输导线。1975 年杜威兹首先发现 La–Au 非晶态合金具有超导电性,后来,又发现许多其他非晶态超导合金。表 2.4 列出了一些非晶态合金的超导转变温度。

表 2.4　一些非晶态合金的超导转变温度

合　金	T_c/K	备　注
$Be_{90}Al_{10}$	7.2	气相淬火
Ga	8.4	气相淬火
Ca	1.1	晶　态
$Pb_{50}Sb_{25}A_{25}$	5.0	液态淬火
$Nb_{60}Rb_{40}$	4.8	液态淬火
$(Mo_{0.8}Ru_{0.2})_{80}P_{20}$	7.31	液态淬火
$(Mo_{0.8}Re_{0.2})_{80}P_{10}B_{10}$	8.71	液态淬火
Nb_3Ge	23.2	晶　态

5. 非晶半导体的光学性质

人类对非晶态半导体的研究已有 30 多年的历史了。一般说来,非晶半导体可分为离子性和共价性两大类。一类是包括卤化物玻璃、氧化物玻璃,特别是过渡金属氧化物玻璃。另一类是元素半导体,如非晶态 Si, Ge, S, Te, Se 等。这些非晶态半导体呈现出特殊的光学性质。

（1）光吸收

非晶态半导体与晶态情况的近程序相同,基本能带结构也相似。但非晶态半导体的本征吸收边的位置有些移动。事实上,绝大多数硫系非晶态半导体在本征吸收边附近吸收曲线是很相似的。通常存在高吸收区($\alpha > 10^4$ cm^{-1})、指数区(α 变化 4~5 个数量级)、弱吸收区。

（2）光电导

光电导是非晶态半导体的一个基本性质。所谓光电导,即光照下产生了非平衡载流子,从而引起材料的电导率发生变化的一种光学现象。由于非晶态半导体是高阻材料,而且存在着大量的缺陷定域态,在光照产生非平衡载流子的同时,缺陷态上的电子浓度也要发生变化。而缺陷态的荷电状况不同,即带正电、中性或负电,导致不同的载流子俘获能力,就会影响到光电导的大小。

（3）光致发射

非晶态半导体的发光光谱是研究禁带中缺陷定域态的有利手段。已经发现,对于硫系非晶体半导体,其光致发光光谱具有三个特点:(a)光谱的峰值大约位于禁带宽度的一半;(b)谱线宽度比较大;(c)晶体和非晶态材料之间发光光谱很相似。

6. 其他性质

非晶态材料还有诸如室温电阻率高和负的电阻温度系数。例如,大多数非晶态合金的电阻率比相应的晶态合金高出 2~3 倍。此外,某些非晶态合金还兼有催化剂的功能。如采用 Fe-Ni 非晶合金作为一氧化碳氢化反应的催化剂,采用 $Pd_{81}P_{19}$ 和 $Pd_{80}Si_{20}$ 作为电解催化剂等。

2.2   非晶态材料的形成理论

非晶态固体在热力学上属于亚稳态,其自由能比相应的晶体高,在一定条件下,有转变成晶体的可能。非晶态固体的形成问题,实质上是物质在冷凝过程中如何不转变为晶体的问题,这又是一个动力学问题。最早对玻璃形成进行研究的是 Tamman。他认为玻璃形成是由于过冷液体晶核形成速率最大时的温度比晶体生长速率最大时的温度要低的缘故。即当玻璃形成液体温度下降到熔点 T_m 以下时,首先出现生长速率的极大值,此时成核速率很小,还谈不上生长;而当温度继续下降到成核速率最大时,由于熔体的黏度已相当大,生长速率又变得很小。因此,只要冷却速率足够快,就可以抑制晶体的成核与生长,在玻璃转变温度 T_g 固化成为非晶体。

Tamman 模型提出以后的若干年,实验和理论工作都有了很大进展,人们对玻璃形成条件的认识不断深入,并形成了相应的动力学理论、热力学理论和结构化学理论。

2.2.1   动力学理论

物质能否形成非晶固体,这与结晶动力学条件有关。已经发现,除一些纯金属、稀有气体和液体外,几乎所有的熔体都可以冷凝为非晶固体。只要冷却速率大于 $10^5℃/s$ 或取适当值,就可以使熔体的质点来不及重排为晶体,从而得到非晶体。Turnbull 首先发现,在由共价键、离子键、金属键、范德瓦尔斯键和氢键结合起来的物质中,都可以找到玻璃形成物。他认为液体的冷却速率和晶核密度及其他一些性质是决定物质形成玻璃与否的主要因素。他强调,非晶固体的形成问题,并非讨论物质从熔体冷却下来能不能形成非晶态固体的问题,而是为了使冷却后的固体不至出现可被觉察到的晶体而需要什么样的冷却速率问题。后来,Uhlmann 根据结晶过程中关于晶核形成与晶体生长的理论及相变动力学的形成理论,发展了可以定量判断物质的熔体冷却为玻璃的方法,估算了熔体形成玻璃所需要的最小冷却速率。

1. 成核速率

对于单组分的物质或一致熔融的化合物,忽略转变时间的影响,均相成核速率为

$$I_V^{H_0} = N_V^0 \gamma \exp\left[-\frac{1.229}{\Delta T_r^2 T_r^3} \right] \tag{2-1}$$

式中,N_V^0 为单位体积的分子数;$T_r = T/T_m$;$\Delta T_r = \Delta T/T_m$;$T_m$ 为熔点;$\Delta T = T_m - T$ 为过冷度。

式(2-1)是对均匀成核按结晶势垒 $\Delta G^* = 60kT$ 和 $\Delta T_r = 0.2$ 作为标准处理而推导的。频率因子 $\gamma = kT/(3\pi a_0^3 \eta)$，其中 a_0 为分子直径，η 为黏度。

如果考虑杂质对结晶的影响，则成核速率 I_V 可表示为

$$I_V^{HE} = A_V N_S^0 \gamma \exp\left[\left(-\frac{1.229}{\Delta T_V^2 T_V^3}\right)f(\theta)\right] \tag{2-2}$$

式中，A_V 为单位体积杂质所具有的表面积；N_S^0 为单位面积基质上的分子数。$f(\theta)$ 可表示为

$$f(\theta) = \left[(2 + \cos\theta)(1 - \cos\theta)^2\right]/4 \tag{2-3}$$

式中，θ 为接触角，$\cos\theta = (V_{HC} - V_{HL})/V_{CL}$。这里 V_{CL}，V_{HL}，V_{HL} 分别为晶体 – 液体、杂质 – 液体和杂质 – 晶体的界面能。

计算杂质的情况下，总的成核速率 I_V 为

$$I_V = I_V^{h0} + I_V^{HE} \tag{2-4}$$

2. 晶体生长速率

若熔体结晶前后的组成和密度不变，则晶体生长速率为

$$\mu = f \cdot \gamma a_0 \left[1 - \exp\left(-\frac{\Delta H_{fM} \Delta T_r}{RT}\right)\right] \tag{2-5}$$

式中，f 为界面上生长点与总质点之比；ΔH_{fM} 为摩尔分子熔化热。对于熔化熵小的物质（$\Delta H_{fM}/T_m < 2R$），如金属、SiO_2、GeO_2 等，$f \approx 1$；对于熔化熵大的物质（$(H_{fM}/T_m > 4R)$，如 Si，Ge 和金属间化合物，大多数有机或无机化合物和硅酸盐与硼酸盐，$f = 0.2\Delta T_r$。

3. 熔体形成非晶态固体所需冷却速率

Uhlmann 在估算熔体形成非晶体所需要的冷却速率时，考虑了两个问题。其一是非晶固体中析出多少体积率的晶体才能被检测出；其二是如何将这个体积率与关于成核及晶体生长过程的公式联系起来。他假定当结晶体积率 V_c/V 为 10^{-6} 时，可以觉察非晶态结晶的晶体浓度，并假定晶核形成速率和晶体生长速度不随时间变化，则得到 t 时间内结晶的体积率为

$$\frac{V_c}{V} = \frac{\pi}{3} \cdot I_V u^3 t^4 \tag{2-6}$$

式中，I_V 为单位体积的成核速率；u 是晶体生长速率；t 为时间。

取 $V_c/V = 10^{-6}$，将 I_V 和 u 值代入式(2-6)，就可以得到析出该指定数量晶体的温度与时间关系式，并作出时间、温度和转变的 $3T$ 曲线，从而估算出避免析出指定数量晶体所需的冷却速率。

对于 SiO_2，利用式(2-6)和 $3T$ 曲线，可求出形成非晶固体熔体冷却速率，即

$$R_c = (\mathrm{d}T/\mathrm{d}t) \approx \Delta T_N/\tau_N \tag{2-7}$$

式中，$\Delta T_N = T_M - T_N$，T_N 和 τ_N 分别为 $3T$ 曲线头部处的温度和时间。

事实上，形成非晶态所需的冷却速率 R_c 与所选用的 V_c/V 的关系并不大，而与成核势垒、杂质浓度和接触角有关。

此外，非晶固体形成的动力学理论还可用来估算从熔体制得的非晶固体的厚度。

$$y_a \approx (D_{TH}\tau_N)^{1/2} \tag{2-8}$$

式中，D_{TH} 为熔体的热扩散系数；τ_N 为 $3T$ 曲线头部处的温度。

4. 非晶固体的形成条件

综合分析非晶固体的动力学理论，可以将形成条件概括为以下四点：

① 晶核形成的热力学势垒 ΔG^* 要大，液体中不存在成核杂质；

② 结晶的动力学势垒要大，物质在 T_m 或液相温度处的黏度要大；

③ 在黏度与温度关系相似的条件下，T_m 或液相温度要低；

④ 原子要实现较大的重新分配，达到共晶点附近的组成。

2.2.2　结构化学理论

任何动力学过程的进行都需要克服一定的能量，这个能量就是通常所说势垒或激活能。动力学的研究表明，形成玻璃要求晶核形成的热力学势垒 ΔG^* 及结晶的动力学势垒都要大。而对于非晶态固体，往往要求其形成过程中结晶势垒要比热能大得多。这里所说的结晶势垒，就是描述物质由非晶态（液、气、固相）转变成晶态所需要克服的能量。这就需要从物质的结构化学方面进行分析。

1. 键性

化学键特性是决定物质结构的最主要因素之一。化学键表示原子间的作用力。化学键的类型有离子键、共价键、金属键、范德瓦尔斯键和氢键等。其中，离子键是由正离子与负离子通过静电作用力结合起来而构成的。离子键无饱和性、方向性，它们倾向于紧密堆积，所以配位数高，极易使物质形成晶体。共价键有方向性与饱和性，作用范围小，其键长及键角不易改变，原子不易扩散，有阻碍结晶的作用。

在金属中存在着电子气及沉浸在其中的正离子，其结合取决于正离子与电子库仑作用力。金属结构倾向于最紧密堆积，原子间的相互位置容易改变而形成晶体。在化合物中，电负性相差大的元素都以离子键结合，而电负性相差小的元素则以共价键结合，居于两者之间的是离子－共价混合键结合。

通常而言，随着原子量增加，电负性减小，共价化合物有向金属性过渡的趋势，形成玻璃的能力减弱。相反，由离子－共价混合键组成的物质，既有离子晶体容易变更键角，易造成无对称变形的趋势，又有共价键不易变更键长和键角的趋势，最容易成为玻璃。前者造成玻璃结构的长程无序，后者造成结构的近程有序。

2. 键强

当物质的组成和结构都相似时，键强将决定结晶的难易程度。通常用三个参量表征键强，即离解能、平均键能和力常数。其中，离解能是使某一化学键断裂所需要的能量；平均键能是指分子中所有化学键的平均键能之和，即化合物的生成热；力常数是指化学键对其键长变化的阻力，它描述了原子力场与化学键的性质，和分子的几何结构有关。

如果将结晶过程看作配位数、键长和键角的瞬时变化过程，将其变化过程中要克服的阻力用力常数表示比较方便。力常数大，相应的解离能一般也较大。对于共价大分子化合物而言，其化学键力常数大者形成玻璃倾向较大；对硫系半导体玻璃而言，随原子量增大，其原子电负性和化学键力常数下降，导致玻璃化倾向渐减。

3. 分子的几何结构

典型的玻璃熔体在转变点 T_g 附近常有大分子结构,即表现出较高的黏度、较低的扩散系数及软化点和沸点相差较大,这种状态在一定温度下呈平衡结构。随着温度下降,由于聚合而形成不同聚合度的大分子,这种大分子结构具有阻碍结晶的作用。某些低分子化合物的分子间有氢键作用,能形成缔合结构,在冷却时,由于温度不高,热能不大,也能形成玻璃。对于无机玻璃,凝固点比较高,黏度较大。也就是说,大分子结构应是形成玻璃的一个重要条件。下面以 A_xB_y 型二元化合物为例来说明从熔体冷却形成玻璃的结构化学理论。

对于 A_xB_y 型化合物形成玻璃问题,Stanworth 从离子半径、电负性和化合物的结构等提出推测:① 阳离子的化合价必须大于或等于 3;② 玻璃的形成与阳离子尺寸有关,随阳离子尺寸减小,形成玻璃的能力增强;③ 阳离子的电负性最好介于 1.5 ~ 2.1 之间;④ 能形成玻璃的化合物应能提供共价键结合的网络结构。

Stanworth 用一个称为占有空间分数的参量来表征准则 ④,即

$$f = \frac{2.523\rho}{M}\left[xA_r^3 + 0.216y \right] \tag{2-9}$$

式中,ρ 为密度;M 为分子量;A_r 为 A 原子的半径。对于氧化物,由于氧原子的半径为 0.6,故有 $(0.6)^3 = 0.216$。

根据原子半径与电负性的关系,A_xB_y 化合物形成玻璃时主要有以下情形:

(1)由半径大于 0.15 nm 的原子组成的氧化物不能形成玻璃。

(2)半径小于 0.13 nm,电负性介于 1.8 ~ 2.1 的原子组成的氧化物即为玻璃形成物,其结构都具有扩展的 $[AO_4]$ 四面体三维网络或 $[AO_3]$ 层状结构,以共价键方式结合。

(3)电负性为 1.8 ~ 2.1,原子半径稍大些时,采用特殊方法(如冲击淬冷)也可形成玻璃相。

(4)由电负性小于 1.8 的原子组成的氧化物不能形成玻璃(即使采用冲击淬冷也不行)。但是,这些非玻璃氧化物与其他一些非玻璃氧化物组成的二元或三元系统却照例能形成玻璃(如复杂的铝酸盐和镓酸盐玻璃就是靠这种方式形成的)。

(5)阳离子的电负性大于 2.1 的氧化物不能形成玻璃(这些氧化物存在较强的共价键而形成氧化物分子,没有形成扩展的三维氧化物),但是某些硒化物、硫化物、碳化物和氮化物系统却可以形成玻璃。当它们具有类 SiO_2 的四面体结构时,可以形成玻璃。

综上所述,一个主要由共价键组成的空旷的网络结构,可能最适合改变键角结构,形成非晶态网络结构。这就导致了在熔点附近具有较高的黏度,而且黏度随温度降低而迅速增大,造成了一个很大的晶体生长势垒,从而构成了 Uhlmann 的非晶态固体的形成条件。

2.2.3　非晶态的形成与稳定性理论

金属玻璃的形成与稳定性问题是研究者们十分关注的问题。自然,影响非晶态稳定性的因素也很多,诸如动力学因素、合金化效应、尺寸效应和位形熵。此外,还涉及一些化学因素。

1. 动力学因素

将 Turnbull 和 Uhlmann 发展起来的非晶固体形成动力学理论应用于金属玻璃系统，计算的形成玻璃所需要的冷却速率与实验结果吻合很好。当取晶体体积率为 10^{-6}，占有空间分数 f 为 $0.2\Delta T_r$ 时，得到了 $Au_{77.8}Ge_{13.8}Si_{8.4}$ 的黏度温度数据，由 $3T$ 曲线求得冷却速率 R_c 近似为 3×10^6 K/S；对应于 $Pd_{82}Si_{18}$，$Pd_{77.5}Cu_6Si_{16.5}$ 合金，R_c 值分别为 5×10^3 和 2×10^2 K/S。实验发现，它们的黏度随温度下降而急剧上升，特别是添加 Cu 时，可使 T_m 进一步下降，因而这些合金极易形成金属玻璃，说明动力学过程的稳定性。

Davies 将动力学理论应用于一般的金属系统，他假设 $\Delta H_m^f = 12.3$ kJ/mol，$a_0 = 0.26$ nm，$V = 7.8\times10$ cm^3，给出了黏度—温度关系的两种黏度模型。

(1)固定 T_g（约 714 K），改变 T_m 值，相应于 T_m 处的黏度用 Ni 的 Arhenuis 关系外推 T_m 值。

(2)固定 T_g（约 714 K），改变 T_m 值，T_m 处的黏度为恒定值，即熔体 Ni 在 T_m 处的黏度。

采用上述两种模型，分析 $R_c \sim T_g/T_m$ 关系，结果表明大多数合金的 R_c 值均位于两种模型预测的数据之间。

2. 合金化反应

在典型的形成金属玻璃的合金中，至少由一种过渡金属或贵金属与一种类金属元素（B，C，N，Si，P）构成。它们的组成通常位于低共熔点附近，并且在低共熔点处，其液相比晶体相更稳定，加之温度较低，因此容易形成稳定的金属玻璃。这种形成倾向与稳定性可用以下参量表征，即

$$\Delta T_g = T_m - T_g$$
$$\Delta T_c = T_c - T_g$$

式中，T_m，T_g 和 T_c 分别为熔化温度、玻璃转化温度和结晶温度。

对于一般的金属玻璃，$T_m > T_g$，T_c 接近于 T_g，$T_c - T_g \approx 50$ ℃。当温度从 T_m 下降时，结晶速率迅速增大，但在低于 T_g 时，结晶速率又变得很小，如图 2-1 所示。显然，若能将熔融合金迅速冷却到 T_g 以下，就能获得非晶态相，所以 ΔT_g 值小，容易形成非晶态，而提高 T_c 便可增加 ΔT_c，将使获得的非晶态具有更好的稳定性。

金属玻璃内各原子之间的相互作用通常随

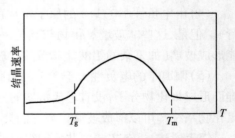

图 2-1　结晶速率与温度的关系

原子间电负性值的增加而增强。对于过渡族金属与类金属系统的金属玻璃来说，这种原子之间的相互作用存在于它们的熔体中。类轻金属的含量增加将增强金属玻璃的形成与稳定性。

通常，杂质的存在将显著地增强金属玻璃的形成与稳定。杂质的作用有三种原因：①气体杂质与元素的原子之间的强相互作用；②杂质的加入将降低熔化温度，使过冷度减小；③大小不同的原子造成结晶的动力学障碍。

3. 尺寸效应

一般说来,组元原子半径差大于 10% 都有利于金属玻璃的形成与稳定。虽然形成金属玻璃可能性并不完全取决于原子尺寸差,但是实验结果表明:大的原子尺寸差显著地增加了金属玻璃的形成能力及其稳定性。根据用半径不同的硬球所作的计算结果,半径不同的硬球混合比大小均匀的硬球相混具有较低的自由能,而且较小半径的原子填入这些无序堆积的硬球形成的间隙中可以导致更紧密的堆积。由此看来,不均匀的原子尺度在动力学上阻碍了晶体生长,使非晶态稳定。

应用自由体积模型,设 Φ 表示流动性参量,即

$$\Phi = A\exp(-K/V_f)$$

式中,A 和 K 为常数;V_f 为自由体积。

流体的流动性与自扩散常数大体上遵循 Stokes – Einstain 关系,即

$$D = (kT/3\pi r_0)\varphi$$

式中,r_0 为分子半径。

可以看出,由半径不同的原子构成的一个比较紧密的无序堆积,将导致自由体积的减少。流动性和扩散系数的减小,即增强了非晶态的形成与稳定。

4. 位形熵

Adam 和 Gibbs 发展了玻璃形成液体的统计力学熵模型,推导出平均的集聚转变概率为

$$W(T) = A\exp(-\Delta u S_c^*/kTS_c)$$

式中,A 为频率因子;Δu 为集聚转变的势垒高度;k 为波尔兹曼常数;S_c 为位形熵;S_c^* 为发生反应所需要的临界位形熵。

玻璃形成液的黏度反比于 $W(T)$,所以在温度 T 下的黏度可表示为

$$\eta = A\exp(\Delta u S_c^*/kTS_c)$$

可以看出,形成液黏度随 $\Delta u/S_c$ 指数增加。在 T_m 以下,位形熵 S_c 随温度下降呈指数下降规律。所以在 $T_g \sim T_m$ 范围内,决定 η 数值的主要是 S_c 而不是 Δu。但是,由于 S_c 在 T_g 处趋于零,T_g 以下 S_c 将为一常数。因而在玻璃转化温度 T_g 以下,Δu 对玻璃相的黏度起主要作用。Δu 不但与内聚能有关,而且还与玻璃形成液体以及非晶态的短程序有关。也就是说,阻碍原子结合与重排的势垒 Δu 对于金属玻璃的形成,特别是玻璃相的稳定性起着重大的影响作用。

应当指出,在讨论金属玻璃的形成和它们稳定性时,制得金属玻璃的难易程度并不总是与它们稳定性相联系。换句话说,稳定的金属玻璃和那些容易制得的金属玻璃之间没有直接的联系,这也暗示金属玻璃的形成和稳定性可能受略微不同的机理所支配。

综上所述,位形熵是讨论金属玻璃形成与稳定性的最佳参量,而组元原子势垒 Δu 则是对金属玻璃的形成与稳定性起着重要作用的因子。相应的作用优先序列应该是 Δu – 尺寸差效应 – 过冷度或冷却速率。

2.2.4　非晶态材料的结构模型

在前面的讨论中,已经或多或少介绍了非晶态的基本特征及非晶态模型的基本思想。事实上非晶态的结构模型归根结底要能和非晶态结构的基本特征相符合。下面对两种有

代表性的结构模型作简要介绍。

1. 微晶模型

该模型认为非晶态材料是由"晶粒"非常细小的微晶粒所组成,如图 2-2 所示。根据这一模型,非晶态结构和多晶体结构相似,只是"晶粒"尺寸只有一纳米到几十纳米,即相当于几个到几十个原子间距。微晶模型认为微晶内的短程序和晶态相同,但是各个微晶的取向是散乱分布的,因此造成长程无序,微晶之间原子的排列方式和液态结构相似。这个模型比较简单明了,经常被用来表示金属玻璃的结构。从微晶模型计算得到的分布函数和衍射实验结果定性相符,即 $g(r)$ 出现尖锐的第一个峰以及随后较弱的几个峰,但在定量上符合得并不理想。图 2-3 为假设微晶内原子按 hcp,fcc 等不同方式排列时,非晶 Ni 的双体分布函数 $g(r)$ 的计算结果,同时示出了实验结果,二者比较,可以看出在细节上有明显的差异。迄今所研究过的材料中,只有非晶态 $Ag_{48}Cu_{52}$ 和 $Fe_{75}P_{25}$ 合金的实验结果和微晶模型符合得最好。

微晶模型对于"晶界"区内原子的无序排列情况,即这些微晶是如何连接起来的,仍有诸多不明之处。有的材料例如 Ge-Te 合金,其晶态和非晶态的配位数相差很大,更无法应用微晶模型。此外,微晶模型中对于作为基本单元的微晶的结晶结构的选择及微晶大小的选择都有一定的任意性,同时,要保持微晶之间的取向差大,才能使微晶作无规的排列,以符合非晶态的基本特征。但这样一来,晶界区域增大,致使材料的密度降低,这又与非晶态物质的密度和晶态相近这一实验结果有矛盾。因此,人们对于微晶模型渐有持否定态度的趋势。

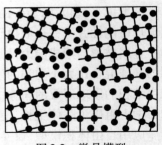

图 2-2　微晶模型

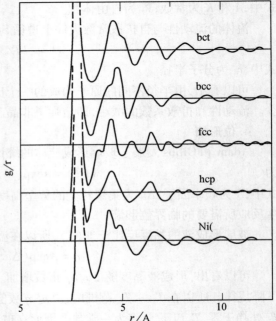

图 2-3　微晶模型得出的径向分布函数和非晶态 Ni 实验结果的比较

2. 拓扑无序模型

拓扑无序模型认为非晶态结构的主要特征是原子排列的混乱和随机性。这一模型可用图 2-4 表示。

所谓拓扑无序是指模型中原子的相对位置是随机地无序排列的,无论是原子间距或各对原子连线间的夹角都没有明显的规律性。因此,该模型强调结构的无序性,而把短程有序看作是无规堆积时附带产生的结果。

在这一前提下,拓扑无序模型有多种堆积形式,其中主要的有无序密堆硬球模型

（DRPHS）和随机网络模型。在无序密堆硬球模型中，把原子看作是不可压缩的硬球，"无序"是指在这种堆积中不存在晶格那样的长程序，"密堆"则是指在这样一种排列中不存在可以容纳另一个硬球那样大的间隙。这一模型最早是由贝尔纳（Bernal）提出，用来研究液态金属结构的。他在一只橡皮袋中装满了钢球，并进行搓揉挤压，使得从橡皮袋表面看去，钢球不呈现规则的周期排列。贝尔纳经过仔细观察，发现无序密堆结构仅由五种不同的多面体所组成，称为贝尔纳多面体，如图 2-5 所示。

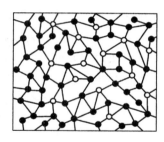

图 2-4　拓扑无序模型

多面体的面均为三角形，其顶点为硬球的球心。图中两种多面体分别是四面体和正八面体，这在密堆晶体中也是存在的。而后三种多面体只存在于非晶态结构中。在非晶态结构中，最基本的结构单元是四面体或略有畸变的四面体。这是因为构成四面体的空间间隙较小，因而模型的密度较大，比较接近实际情况。但若整个空间完全由四面体单元

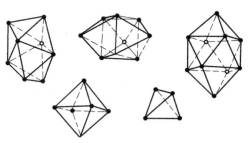

图 2-5　贝尔纳多面体

所组成，而又保留为非晶态，那也是不可能的，因为这样堆积的结果会出现一些较大的孔洞。有人认为，除四面体外，尚有 6% 的八面体，4% 的十二面体和 4% 的十四面体等。在拓扑无序模型中，认为图 2-5 所示的这些多面体作不规则的但又是连续的堆积。

无规网络模型的基本出发点则是保持最近原子的键长，键角关系基本恒定，以满足化学价的要求。在此模型中，用一个球来代表原子，用一根杆代表键，在保持最近邻关系的条件下无规地连成空间网络，例如帕尔克（Polk）用 440 个球组成了非晶态硅的无规网络，各杆之间的夹角为 $109°28'$，变化不超过 $10°$，杆长和结晶硅的平均原子间距的差别不超过 1%。这样构筑起来的模型的径向分布函数和实验结果符合得很好。无规网络模型常被用作四配位非晶态半导体（如 Si，Ge）模型的基础。

用手工方法来构筑模型，当原子数取得大时，工作量很大，因此都借助计算机来构筑，所得到的是代表原子位置的一组球心坐标，由这些坐标可以计算出模型的参数，如形状、体积、密度及分布函数等。用计算机还有一个优点，就是可以对结构进行弛豫或畸变处理，使之与实验结果符合得更好。

无序密堆硬球模型所得出的双体分布函数和实验结果定性相似，特别是第二个峰也出现分裂，但分裂出来的两个次峰的相对强度与实验结果相反。如果调整硬球尺寸参数，使第二个峰和实验结果一致，则第一个峰的位置又与实验值有偏离，这一矛盾还有待于解决。

对于金属-类金属二元合金，在无序密堆硬球模型中，可以认为金属原子位于贝尔纳多面体的顶点，而类金属原子则嵌在多面体间隙中。计算结果表明，如果所有的多面体间隙都被类金属原子所填充，则在非晶态合金中类金属原子的质量分数为 21%，这和大多数较易形成非晶态的金属-类金属合金的成分相一致。X 射线衍射结果也表明，在实际材料中，类金属原子是被金属原子所包围的，它们本身不能彼此互为近邻，这与模型结果也

是一致的。但应注意到,贝尔纳多面体的间隙较小,特别是当类金属的含量很高时,多面体会发生很大的畸变。

用上述模型还远不能回答有关非晶态材料的真实结构以及与成分有关的许多问题,但在解释非晶态的弹性和磁性等问题时,还是取得了一定的成功。随着对非晶态材料的结构和性质的进一步了解,结构模型将会进一步完善,最终有可能在非晶态结构模型的基础之上解释和提高非晶态材料的物理性能。

2.3 非晶态材料的制备原理与方法

2.3.1 非晶态材料的制备原理

要获得非晶态,最根本的条件就是要有足够快的冷却速率,并冷却到材料的再结晶温度以下。为了达到一定的冷却速率,必须采用特定的方法与技术,而不同的技术方法,其非晶态的形成过程又有较大区别。考虑到非晶态固体的一个基本特征是其构成的原子或分子在很大程度上的排列混乱,体系的自由能比对应的晶态要高,因而是一种热力学意义上的亚稳态。基于这样的特点,无论哪一类制备的方法都要解决如下两个技术关键:①必须形成原子或分子混乱排列的状态;②将这种热力学亚稳态在一定的温度范围内保存下来,并使之不向晶态发生转变。图 2-6 给出了制备非晶态材料的基本原理示意图。

可以看出,一般的非晶态形成存在气态、液态和固态三者之间的相互转变。图中粗黑箭头表示物态之间的平衡转变。但考虑到非晶态本身是非平衡态,因此非晶态的转变在图中用空心箭头表示,在箭头的旁边标出了实现该物态转变所采用的技术。

要得到大块非晶体,即在较低的冷却速率下也能制得非晶材料,就要设法降低熔体的临界冷却速率 R_c,使之更容易获得非晶相。这就要求从热力学、动力学和结晶学的角度寻找提高材料非晶形成能力、降低冷却速率的方法,图 2-7 给出了金属熔体凝固的 C 曲线示意图。

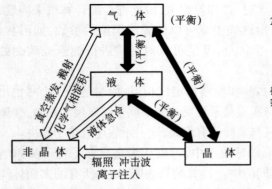

图 2-6　制备非晶态材料的基本原理示意图

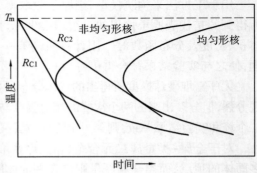

图 2-7　金属熔体凝固的 C 曲线示意图

通常,降低熔点可以使合金成分处于共晶点附近,由热力学原理,有

$$\Delta G = \Delta H - T\Delta S \qquad (2\text{-}10)$$

式中，ΔG 为相变自由能差；ΔH 和 ΔS 为焓变和熵变。

在熔点处，即 $T = T_m$ 时，有

$$\Delta G = 0 \qquad T_m = \Delta H / \Delta S \qquad (2\text{-}11)$$

可见，要降低熔点，就要减小焓变或提高熵变。而增加合金中的组元数可以有效提高 ΔS，降低熔点 T_m。也就是说，多元合金比二元合金更容易形成非晶态。

在某些材料的热容 —— 温度曲线上，随着温度升高，热容值有一急剧大的趋势，该点为玻璃化温度 T_g，表现在 DSC 曲线上是在 T_g 处向吸热方向移动。由于过冷金属液的结晶发生在 T_m 和 T_g 之间，因此，提高 T_g 或 T_{rg} (T_g / T_m) 值，则金属更容易直接过冷到 T_g 以下而不发生结晶。

表 2.4 列出了一些非晶合金的临界冷却速度 R_c 和玻璃化温度值。图 2-8 是铁基、铝基、镁基和锆基合金以及氧化物玻璃的 R_c 及 T_g 范围。目前研究较多的具有极低临界冷却速率的合金主要有：ZrATM，ZrTiTM（TM 为过渡族元素），ALnNi（Ln 为镧系元素），MgLnTM，PdNiP，PdCuSi 等。对于这些合金系，用常规的凝固工艺即可获得大块非晶体。

表 2.4　几种非晶合金的临界冷却速度 R_c 和玻璃化温度 T_g（或比玻璃化温度 $T_{rg} = T_g/T_m$）

合金成分 $/x\%$	$R_c/(\text{℃} \cdot \text{s}^{-1})$	$T_g(T_g/T_m)/\text{K}$
$Fe_{82}B_{18}$	10^6	710
$Fe_{40}Ni_{40}P_{14}B_6$	8 000	670(0.57)
$Pd_{40}Ni_{40}P_{20}$	0.75 ~ 1	590
$Pd_{82}Si_{18}$	$1.1 \sim 8.5 \times 10^4$	617
$Pd_{77.5}Cu_6Si_{16.5}$	221	620
$MgY(Ni,Cu)$	87 ~ 115	398 ~ 568(> 0.6)
$Zr_{65-x}Al_{7.5}Cu_{17.5}Ni_{10}Be_x$	1.5	650
$Zr_{60}Al_{20}Ni_{20}$	150	

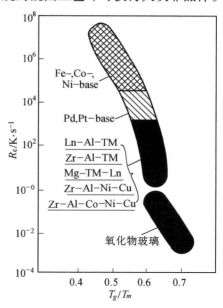

图 2-8　各种非晶合金和氧化物玻璃的临界冷却速度 R_c 及比玻璃化温度 T_g/T_m

2.3.2　非晶态材料的制备方法

制备非晶态材料的方法有很多，除传统的粉末冶金法和熔体冷却以外，还有气相沉积法、液相沉积法、溶胶 – 凝胶法和利用结晶材料通过辐射、离子渗入、冲击波等方法。

1. 粉末冶金法

粉末冶金法是一种制备非晶态材料的早期方法。首先用液相急冷法获得非晶粉末或将用液相粉末法获得的非晶带破碎成粉末，然后利用粉末冶金方法将粉末压制或黏结成型，如压制烧结、爆炸成型、热挤压、粉末轧制等。但是，由于非晶合金硬度高，粉末压制的

致密度受到限制。压制后的烧结温度又不能超过其粉末的晶化温度(一般在 600 ℃ 以下),因而烧结后的非晶材料整体强度无法与非晶颗粒本身的强度相比。黏结成型时,由于黏结剂的加入使大块非晶材料的致密度下降,而且粘结后的性能在很大程度上取决于黏结剂的性质。这些问题都使得粉末冶金大块非晶材料的应用遇到很大困难。

2. 气相直接凝聚法

由气相直接凝聚成非晶态固体,采取的技术措施有真空蒸发、溅射、化学气相淀积等。蒸发和溅射可以达到极高的冷却速度(超过 10^8 K/s),因此许多用液态急冷方法无法实现非晶化的材料如纯金属、半导体等均可以采用这两种方法。但在这些方法中,非晶态材料的凝聚速率(生长速率)相当低,一般只用来制备薄膜。同时,薄膜的成分、结构、性能和工艺参数及设备条件有非常密切的关系。

(1) 溅射

与通常制备晶态薄膜的溅射方法基本相同,但对底板冷却要求更高。一般先将样品制成多晶或研成粉末,压缩成型,进行预烧,以作溅射用靶,抽真空后充氩气到 1.33×10^{-1} Pa 左右进行溅射。大部分含稀土元素的非晶态合金大都采用这种方法制备,同时也用于制备非晶态的硅和锗。因为是采用氩离子轰击,所以样品中常含有少量的氩,通常薄膜厚度约在几十微米以下。

(2) 真空蒸发沉积

与溅射法相近,同为传统的薄膜工艺。1954 年,西德哥廷根大学的 Buckel 和 Hilsch 就是采用这种方法,辅之液氦冷底板,首先获得具有超导特性的非晶态金属铋和镓的薄膜。由于纯金属的非晶薄膜晶化温度很低,因此,常用真空蒸发配以液氦或液氢冷底板加以制备,并在原位进行观测。为减少杂质的掺入,常在具有 1.33×10^{-8} Pa 以上的超真空系统中进行样品制备,沉淀速率一般为每小时几微米,膜厚为几十微米以下,过厚的样品因受内应力的作用而破碎。此外,这种方法也常用来制备非晶态半导体和非晶态合金薄膜。

(3) 电解和化学沉积法

这种方法和上述两种方法相比,工艺简便、成本低廉,适用于制备大面积非晶态薄层。1947 年,美国标准计量局的 A. Brenner 等人,首先采用这种方法制备出 Ni – P 和 Co – P 的非晶态薄层,并将此工艺推广到工业生产。20 世纪 50 年代初,G. Szekely 又采用电解法制备出非晶态锗,其后,J. Tauc 等人加以发展,他们用铜板作为阴极,$GeCl_4$ 和 $C_3H_6(OH)_2$ 作为电解液,获得了厚约 30um 非晶薄层。

(4) 辉光放电分解法

这是用于制备非晶半导体锗和硅的最常见的方法,首先是被 R. C. Chittick 等人发展起来的。将锗烷或硅烷放进真空室内,用直流或交流电场加以分解。分解出的锗或硅原子沉积在加热的衬底上,快速冷凝在衬底上而形成非晶态薄膜。这种方法与一般的方法相比,其突出特点是:在所制成的非晶态锗或硅样品中,其电性活泼的结构缺陷低得多。1975 年英国敦提大学的 Spear 及其合作者又掺入少量磷烷和硼烷,成功地实现了非晶硅的掺杂效应使导电率增大了 10 个数量级,从而引起了全世界的广泛注意。

除了上述几种方法以外,近年来也有用激光加热和离子注入法使材料表面形成非晶态的。前者是以高度聚焦的激光束使材料表面在瞬间加热熔化,激光移去后即快速急冷(对导热性能良好的金属和合金,冷却速率可达到 10^{9-15} ℃/s),而形成非晶态表面层。W. A. Elliott 等美国联合技术研究中心正试图用这种技术在合金表面形成非晶态的耐蚀层,以提高合金的防腐能力。用离子注入不仅可以注入金属元素,而且可以注入类金属或非金属元素,这是一种探索新型非晶态表面层的好方法。

3. 液体急冷法

如果将液体金属以大于 10^5 ℃/s 的速度急冷,使液体金属中比较紊乱的原子排列保留到固体,则可获得金属玻璃。为提高冷却速度,除采用良好的导热体作基板外,还应满足下列条件:①液体必须与基板接触良好;②液体层必须相当薄;③液体与基板从接触开始至凝固终止的时间需尽量缩短。从上述基本条件出发,已研究出多种液体急冷方法。

（1）喷枪法

如上所述,Duwez 最早发展出喷枪技术。此方法的要点是:将少量金属装入一个底部有一直径约 1 mm 小孔的石墨坩埚中,由感应加热或电阻加热,并在惰性气体中使之熔化,因为金属的表面张力高,故不至于从小孔中溢出。随后用冲击波使溶体由小孔中很快的喷出,在铜板上形成薄膜。如果有需要,可将基板浸入液氮中。冲击波由于高压室内惰性气体的压力增加到某一定值时冲破塑料薄膜而产生,波速为 150 ~ 300 m/s。后来,Willens 和 Takamori 等曾对喷枪法装置进行了改进,将金属材料悬浮熔融。这样提高了熔化速度,并减少了熔体的污染。喷枪法的冷却速度很高,可达到 10^6 ~ 10^8 ℃/s,由此法制得的样品,宽约 10 mm,长为 20 ~ 30 mm,厚度为 5 ~ 25 μm。但所得的样品形状不规则,厚度不均匀,且疏松多孔,所以它不适用于测量物理性质和力学性质。

（2）锤砧法

如果用两个导热表面迅速的相对运动而挤压落入它们之间的液珠,则此液珠将被压成薄膜,并急冷成金属玻璃。锤砧法就是按此原则提出来的。用此法制得的薄膜要比用喷枪法制得的均匀,且两面光滑。但冷却速率不及喷枪法的高,一般为 10^5 ~ 10^6 ℃/s。后来又发展出一种锤砧法与喷枪法相结合的装置。它综合了上述两种方法的优点,所制得的薄膜厚度均匀,且冷却速率又快,这样获得的薄膜宽约为 5 mm,长约为 50 mm,厚度约为 70 μm。

以上两种方法均属于不连续过程,近能断续的工作。后来发展出一些能连续制备玻璃条带的方法,图 2-9 为液体急冷连续制备方法示意图。其基本特征如上所述的急冷喷铸,液体金属的射流喷到高速运动着的羁绊表面,熔层被拉薄而凝成条带。

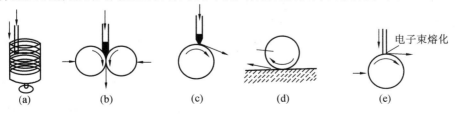

图 2-9　液体急冷连续制备方法示意图
（a）离心法　（b）压延法　（c）单辊法　（d）熔体沾出法　（d）熔滴法

（3）离心法

如图2-9（a）所示,将0.5 g左右的合金材料装入石英管,并用管式炉或高频感应炉熔化。随即将石英管降至旋转的圆筒中,并通入高压气体迫使熔体流经石英管底部的小孔（直径0.02 ~ 0.05 cm）。喷射到高速旋转的圆筒内壁,同时缓慢提升石英管从而可得螺旋状条带。此法的特点是,由旋转筒产生的离心力给予熔体一个径向加速度,使之与圆筒接触良好。因此,此法最易形成金属玻璃,而且可获得表面精度很高的条带,但条带的取出较困难。本法冷却速率可达到10^6 ℃/s。

（4）压延法

压延法又称双辊法,如图2-9（b）所示。将熔化的金属流经石英管底部小孔喷射到一对高速旋转的辊子之间而形成金属玻璃条带。由于辊间有一定的压力,条带从两面冷却,并有良好的热接触,故条带两面光滑,且厚度均匀,冷却速度约为10^6 ℃/s。然而此法工艺要求严格,射流应有一定长度的稳流;射流方向要控制准确;流量与辊子转数要匹配恰当,否则不是因凝固太早而产生冷轧,就是因凝固太晚而部分液体甩出。关于辊子的选材,既要求导热性能良好,又要求表面硬度高,而且还要适当考虑有一定的耐热蚀性。

（5）单辊法

如图2-9（c）所示,熔体喷射到高速旋转的辊面上而形成连续的条带。此法工艺较易控制,熔体喷射温度可控制在熔点以上的10 ~ 200 ℃/s;喷射压力为0.5 ~ 2 kg/cm²（表压）;喷管与辊面的法线成14°角;辊面线速度一般为10 ~ 35 m/s。当喷射时,喷嘴距离辊面应尽量小,最好小到与条带的厚度相近。辊子材料最好采用铍青铜,也可用不锈钢或滚珠钢。通常用石英管做喷嘴,如熔化高熔点金属,则可用氧化铝或碳、氮化硼管等。由于离心力的作用,熔体与辊面的热接触不理想,因此,条带的厚度和表面状态不及上述两种方法。此法的冷却速度约为10^6 ℃/s,若需制备活性元素（如 Ti, Re 等）的合金条带,则整个过程应在真空或惰性气氛中进行。对工业性连续生长,辊子应通水冷却。

条带的宽度可通过喷嘴的形状和尺寸来控制。若制备宽度小于2 mm的条带,则喷嘴可用圆孔、若制备大于2 mm的条带,则应采用椭圆孔、长方孔或成排孔,如图2-10所示。条带的厚度与液体金属的性质及工艺参数有关。

（6）熔体沾出法

如图2-9（d）所示,当金属圆盘紧贴熔体表面高速旋转时,熔体被圆盘沾出一薄层,随之急冷而成条带。此法不涉及上述几种方法中的喷嘴的孔型问题,可以制备不同断面的条带。其冷却速度不及上述方法的高,所以很少用于制备金属玻璃,而常用于制备急冷微晶合金。

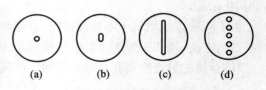

图 2-10　喷嘴形状示意图

（a）圆孔　（b）椭圆孔　（c）长方孔　（d）成排孔

（7）熔滴法

如图2-9（e）所示,合金棒下端由电子束加热熔化,液滴接触到转动的辊面,随即被拉长,并凝固成丝或条带。这种方法的优点是:不需要坩埚,从而避免了坩埚的沾污;不存在喷嘴的孔型问题,适合于制备高熔点的合金条带。

4.其他方法

（1）结晶材料转变法

由结晶材料通过辐照，离子注入，冲击波等方法制得非晶态固体，而离子注入技术在金属材料改性及半导体工艺中用得很普遍，通常是利用注入层的非晶态本质。高能注入粒子被注入材料（靶）中的原子核及电子碰撞时，能量损失，因此注入离子有一定的射程，只能得到一薄层非晶态材料。激光或电子束的能量密度较高（ ~ 100 kW/cm²），用它们来辐照金属表面，可使表面局部熔化，并以 4×10^4 ~ 5×10^6 K/s 的速度冷却，例如，对 $Pd_{91.7}Cu_{4.2}Si_{5.1}$ 合金，可在表面上产生 $400 \mu m$ 厚的非晶层。

（2）磁悬浮熔炼法

当导体处于图 2-11 所示的线圈中时，线圈中的高频梯度电磁场将使导体中产生与外部电磁场相反方向的感生电动势，该感生电动势与外部电磁场之间的斥力与重力抵消，使导体样品悬浮在线圈中。同时，样品中的涡流使样品加热熔化，向样品吹入惰性气体，样品便冷却、凝固，样品的温度可用非接触法测量。由于磁悬浮熔炼时样品周围没有容器壁，避免了引起的非均匀形核，因而临界冷却速度更低。该方法目前不仅用来研究大块非晶合金的形成，而且广泛用来研究金属熔体的非平衡凝固过程中的热力学及动力学参数，如研究合金溶液的过冷，利用枝晶间距来推算冷却速度，均匀形核率及晶体长大速率等。

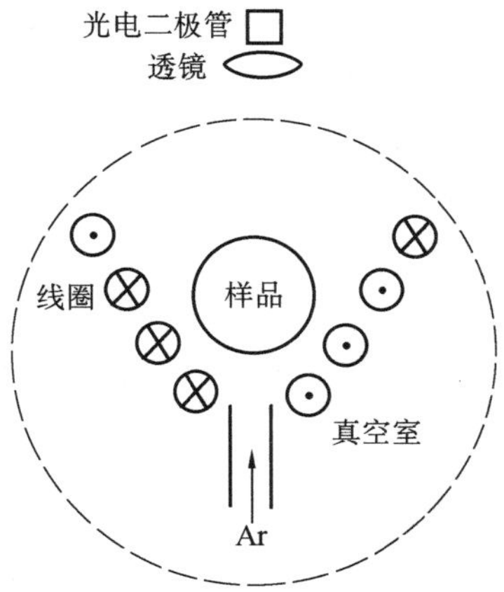

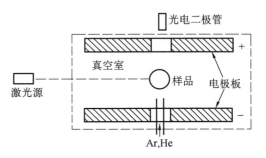

图 2-11　磁悬浮熔炼装置原理图

（3）静电悬浮熔炼

将样品置于图 2-12 所示的负电极板上，然后在正负电极板之间加上直流高压，两电极板之间产生一梯度电场（中央具有最大电场强度），同时样品也被充上负电荷。当电极板间的电压足够高时，带负电荷的样品在电场作用下将悬浮于两极板之间。用激光照射样品，便可将样品加热熔化。停止照射，样品便冷却。该方法的优点在于样品的悬浮和加热是同时通过样品中的涡流实现的。样品在冷却时也必需处于悬浮状态，所以样品在冷却时还必须克服悬浮涡流给样品带来的热量，冷却速度不可能很快。

图 2-12　静电悬浮熔炼设备原理图

（4）落管技术

将样品密封在石英管中，内部抽成真空或保护气。先将样品在石英管上端熔化，然后让其在管中自由下落（不与管壁接触），并在下落中完成凝固过程如图 2-13 所示。与悬浮法相类似，落管法可以实现无器壁凝固，可以用来研究非晶相的形成动力学，过冷金属熔体的非平衡过程等。

（5）低熔点氧化物包裹

如图 2-14 所示，将样品用低熔点氧化物（如 B_2O_3）包裹起来，然后置于熔器中熔炼，氧化物的包裹起到两个作用：一是用来吸取合金熔体中的杂质颗粒，使合金熔化，这类似于炼钢中的造渣；二是将合金熔体与器壁隔离开来，由于包覆物的熔点低于合金熔体，因而合金凝固时包覆物仍处于熔化状态，不能作为合金非均匀形核的核心。这样，经过熔化、纯化后冷却，可以最大限度地避免非均匀形核。

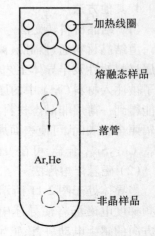

图 2-13　落管法制取大块非晶合金原理图

5. 大块非晶态材料制备的新方法

关于具有极低临界冷却速度和宽过渡区合金系列非晶态的研究可以追溯到 20 世纪 80 年代发现合金的过冷区 $\Delta T_x = T_x - T_g$（T_x 为晶化温度）可达 70 K。80 年代末 A. Inoue 等开发了临界冷却速度在 10 ～ 100 K 之间的镁基、锆基合金。国外关于大块非晶合金的研究主要集中在日本，尤其是日本东北大学材料研究所的井上明久研究小组，他们做了大量工作。合金系列涉及过渡金属 – 类金属系，锆基、铝基、镁基等，研究方法覆盖了从粉末冶金法到水淬，模铸区域熔炼等多种方法。例如，将 ZrAlNiCu 合金在石英管中熔化，然后将石英管淬入水中，得到了直径达 30 mm 的非晶棒；用单向区域熔炼方法获得了尺寸为 10 mm × 12 mm × 300 mm 的 ZrAlNiCuPd 合金棒材；用模铸方法制取了 ZrAlNiCu 合金棒材与板材。高压模铸还可以制造出表面光滑的非晶合金微型齿轮；用水淬的方法得到的 PdNiCuP 合金

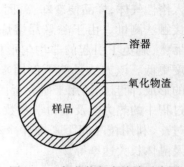

图 2-14　氧化物包裹熔炼示意图

棒的直径达 40 mm。此外，He 等用传统的单辊急冷方法制取了厚度达 0.25 mm 的铝基 AlNiFeGd 合金带材，其拉伸强度为 1 280 MPa，杨氏模量为 75 GPa。Diefenbach 等分别用磁悬浮、落管、氧化物包裹等技术研究了 Al 基、Co 基、Ni 基及其他合金的非晶形成情况和平衡凝固过程中的枝晶生长。

国内关于大块非晶合金的研究开展不多，工作集中于中科院物理所的许应凡、王文魁研究小组。他们常利用落管、氧化物包裹、磁悬浮等技术主要对 PdNiP 系合金的非晶形成动力学进行了研究，在实验室中制出了直径达 4 mm 的非晶小球，并对非晶形成动力学及其稳定性进行了研究。

虽然具有极低冷却速度的合金系列仅仅发现几年，但研究却进展迅速。尽管研究工作都集中在大块非晶体的制造，非晶形成动力学等方面，关于这些材料的性能及应用尚无专门报道，但随着该领域的发展，必将开发出更多的可形成大块非晶的合金系列。

2.3.3　非晶态材料制备技术举例

1. 急冷喷铸技术

（1）急冷喷铸技术与装置原理

所谓"急冷喷铸"就是将熔体喷射到一块运动着的金属基板上进行快速冷却,从而形成条带的这样一个过程。此过程的特征为:线速度高,流量大和急冷速度高(对金属来说,一般为 $10^5 \sim 10^8\ ℃/s$)。尽管有不少学者对此工艺进行了研究,但还有许多基本问题和应用问题尚未解决,如条带怎么样形成? 在其形成的过程中能、热和流体力的限制是什么? 条带的尺寸和喷铸工件之间的基本关系等。Mobley 曾具体地描述了急冷喷铸工艺。借助于气体压力使熔体流经喷嘴而形成射流,它射到运动着的基板上即凝固成条带。关于条带形成的示意图如图 2-15 所示。射流的半径为 $a(cm)$,它与急冷表面所形成的倾角为 θ。射流冲到急冷表面上铺开的熔层(Puddle)宽度为 $w(cm)$,急冷速率为 $v(cm/s)$,得到的条带厚度为 $t(cm)$,其宽度与熔层的宽度相同。如图 2-16 所示。

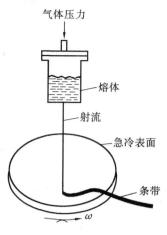

图 2-15　急冷喷铸简图

(2)非晶态形成热力学与动力学

由于动量和热量在熔层和急冷表面传递而使熔体金属形成条带。这里有两种极限情况和一种混合情况:① 由热传递控制;② 由动量传递控制;③ 由热的和流体力学的状态联合控制。

就能量平衡来说,熔体因附着基板而形成条带。熔体的熔层尺寸(即条带的尺寸)取决于动能、表面能和射流的黏滞耗散之间的平衡等诸因素。

在喷嘴的熔层区是一种复杂的流体力学

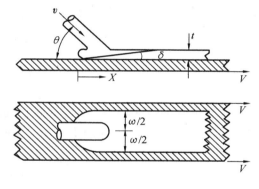

图 2-16　急冷喷铸形成条带

和热的状态,但可以利用 Schlichting 的界面层概念来简化。如果条带的形成主要是由热传递控制,即热传递比动量传递快,则固体界面层将靠近急冷面形成,并向熔层扩散而形成条带。"冷冻"(frozen 能)层中的料将随急冷表面的速度运动。这时冷却层外有个速度陡变区,其宽度与合金中的黏度 – 温度特征有关。在外部区的熔体也将随之冷却,但仅有稍许的动量传递,如图 2-17 所示。如果条带的形成主要是由动量传递控制的,即从急冷表面的动量传递快于热传递,则液体界面层将由运动着的基板从熔层中拉出而进一步凝固,其速度梯度将继续穿过熔层深度。

Schilichting 进一步指出,在靠近固体界面的流体中,热的和动量的影响深度可表示为

$$\frac{\delta_{\mathrm{T}}}{\delta_{\mathrm{M}}} \sim (P_{\mathrm{r}})^{-1/2} \tag{2-12}$$

式中,P_{r} 为液体的 Prandtl 数,$P_{\mathrm{r}} = C_{\mathrm{p}} u / K$ 是无量纲;δ_{T} 是热的界面层厚度,cm;δ_{m} 是动量的界面层厚度,cm。

表 2.5 给出几种金属熔体传递性质的参数。

表 2.5　几种金属熔体传递性质的参数

金　　属	$T/$ ℃	$C_p/$ $[4.187\mathrm{J}\cdot(\mathrm{g}\cdot℃)^{-1}]$	$\mu/$ P	$K/$ $[4.187\mathrm{J}\cdot(\mathrm{s}\cdot\mathrm{cm}\cdot℃)^{-1}]$	P_r	$R_r^{-1/2}$
铝	600	0.259	0.029	0.247	0.030 4	5.7
	1 000	0.259	0.014	0.290	0.012 5	8.9
锡	300	0.058	0.019	0.08	0.013 8	8.5
锌	450	0.12	0.032	0.138	0.027 8	6.0
铁	1 600	0.189	0.056	0.075	0.141	2.7
$Fe_4ONi_4OP_{14}B_6$	1 000	0.13	0.03	0.05	0.078	3.6

从表中可以看出,对于液体金属来说,热的传递要比动量传递约快 3 ~ 9 倍。因此可以预料,在急冷喷铸过程中,金属玻璃的形成受控于凝固界面层在急冷表面的形成和生长。

关于条带尺寸与喷铸条件之间的关系,Kavesh 曾推导出条带的宽度(w)、平均厚度($\bar{t}$)与熔体喷铸时的体积流动速度(Q)、急冷表面的运动速度(v)之间的关系

$$w = C'' \frac{Q^n}{v^{1-n}} \tag{2-13}$$

$$\bar{t} = \frac{1}{C''} \frac{Q^{1-n}}{v^n} \tag{2-14}$$

式中,n 值约为 0.75;因子 C'' 包含凝固系数,且与熔层形状有关。在恒定的热状态下,C'' 主要取决于 θ(图 2-16),即有 $C'' \sim (1 - \cos\theta)^n$。

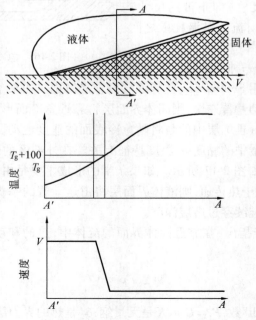

图 2-17　通过熔层的温度和速度分布

众所周知,急冷基板的材料性质对玻璃的形成有很大影响。一般采用热导率、密度和热容量之积($K_\rho C_p$)来衡量基板材料的优劣,如铜的($K_\rho C_p$)积值较高,故它确系一种典型的基板材料。

2. 自由喷纺技术

(1)喷纺技术与装置原理

熔体喷纺技术包括熔体自由射流的形成及其凝固。对于聚合物和玻璃(液态时黏度高而表面张力低),一般易于喷射而形成细丝。相反,熔融金属黏度低而表面自由能高,因此,其圆柱形的射流是不稳定的。熔体从喷嘴射出经很短的距离就断开而形成小滴。为能制备连续的细丝,有不少学者曾用化学法和静电法来稳定射流。

喷纺金属玻璃用的实验装置如图2-18所示。将所要喷纺的原料装入陶瓷坩埚中熔化。在坩埚底部有一个或几个喷孔,其直径与所需的细丝直径相当(0.002 ~ 0.02 cm)。坩埚放在与惰性气体相连的熔化室中,并由高频电源加热。熔化室位于储存流体淬火介质的容器上面。对于熔点低于 700 ℃的材料(如 Al,Zn,Pb,Sn,Bi,Cd 等),0 ~ 20 ℃的水就是满意的介质;对于金属玻璃,其熔点一般高于 700 ℃(有的可达 1 300 ℃),致冷的盐水就是满意的介质。

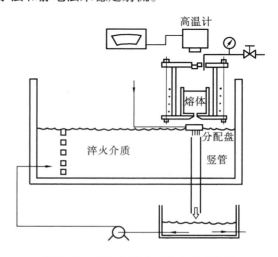

图 2-18　喷纺金属玻璃的实验室装置

(2)喷纺技术参数

流体介质的水平面控制在熔化室底板下 0.25 ~ 0.50 cm。在流体介质容器里并在喷嘴下方垂直放置石英竖管。流体介质由容器的一端流入,水平地通过减震器,垂直地流经竖管而进入储存槽,最后借助于水泵将介质打回容器里。介质在竖直管中的流速应与射流速度相匹配,两者的速度一般应相近。如果所制备的细丝呈波状,则表明射流速度超过竖直管中介质的流速,这时惰性气体的压力应减低些;如果所制得的细丝不连续,且端部呈锥状,则表明射流速度远低于竖管中介质的速度,这时就应升高惰性气体的压力。介质在竖管中的流速取决于如下诸因素:竖管的直径和长度,介质的粒度和密度,介质在竖管上面的高度以及介质喷入竖管中的速度和体积等。自由喷纺技术参数见表 2.6。

表 2.6　自由喷纺技术参数表

竖管尺寸/ (cm)	介质黏度/ ($C_{p_{厘泊}}$)	介质密度/ (g/cm³)	喷射速率/ (cm·s⁻¹)	喷管距淬火介质 液面高度(d/cm)
$r=1.4, l=40$	1.0	1.0	200	0.25 ~ 0.50

3. 真空蒸发技术

用真空蒸发的方法来制备元素或合金的非晶态薄膜已经有很长的历史了,真空蒸发沉积的实验装置图如图 2-19 所示。蒸发时,在真空中将预先配制好的材料加热,并使从表面上蒸发出来的原子淀积在衬底上。原料加热可以采用电阻加热、高频加热或电子束轰击等方法。衬底可根据用途选用适当的材料,如玻璃,金属,石英,蓝宝石等。当然,在蒸发前,衬底都要进行仔细的清洗。蒸发出来的原子在真空中可以不受阻挡地前进而凝聚在衬底表面。但是,即使在 $1.33×10^{-4}$ Pa 的真空下,在蒸发原子向衬底运动的过程中,也不可避免地夹带着若干杂质,这对于淀积膜的性质会有很大的影响。在蒸发生长非晶态半导体 Si,Ge 的时候,衬底一般保持在室温或高于室温的温度;但在蒸发晶化温度很低的过渡金属 Fe,Co,Ni 时,一般要将衬底降温,例如保持在液氮温度,才能实现非晶化。蒸发制备合金膜时,大都用各组元素同时蒸发的方法。因为合金的晶化温度一般较高,例如纯铁的晶化温度为 3 K,当 Ge 的质量分数为 10% 时,晶化温度提高到 130 K。只要保持衬底温度低于晶化温度,一般都可获得非晶态。

真空蒸发方法的缺点是合金的品种受到限制,成分很难调节,特别是当合金各组元的蒸气压相差很大时,合金成分的控制相当困难,必须能够单独调节各组元的蒸发速度才行。为此,可采用计算机控制。蒸发时的淀积速率与蒸发台的结构、真空度及蒸发材料有关,一般为 $0.5 \sim 1$ nm/s。蒸发方法的优点是适用于制备薄膜,操作简单方便,衬底容易冷却,很适用于制作非晶态纯金属或半导体,但膜的质量一般不十分好。

4. 辉光放电技术

(1)辉光放电技术与装置原理

辉光放电法是利用反应气体在等离子体中发生分解而在衬底上淀积成薄膜,实际上是在等离子体帮助下进行的化学气相淀积。等离子体是由高频电源在真空系统中产生的。根据在真空室内施加电场的方式,可将辉光放电法分为直流法、高频法、微波法及附加磁场的辉光放电。

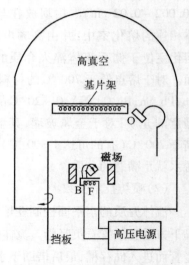

图 2-19 真空蒸发沉积

在直流辉光放电中,在两块极板之间施加电压,产生辉光,辉光区包含有电子、离子、等离子体、中性基及中性分子等物质。在阴极上安放衬底,用 Ar 稀释的硅烷作反应气体通入辉光放电区,就可以在衬底上淀积非晶硅。高频辉光放电方法目前用得最普遍,又可分为电解耦合式和电容耦合式,使用的频率一般为 $1 \sim 100$ MHz,常用 13.56 MHz。其特点是反应室的形状和尺寸可以根据需要进行设计。

如图 2-20 所示,在电感耦合式辉光放电淀积装置中,气体 G(纯硅烷或经过稀释的硅烷)通入石英反应管,石英管的直径约为 $5 \sim 10$ cm。石英管中的压强为 $13.3 \sim 133$ Pa,气

体流速为 $0.1 \sim 10 \, \text{cm}^3/\text{s}$。用机械泵 RP 来保持石英中的气流和压强。衬底 S 置于基座 H 上,基座放在辉放电离子区 P 的下部,辉光是用连接在 13.56 MHz 的射频电源上的耦合线圈来激发的。线圈绕在石英管的外面,线圈的匝数根据电源的输出特性及反应器结构而定,一般只需要 3~5 匝,甚至 1~2 匝即可。这种系统比较简单,但只要有严格控制工艺参数,样品的质量才能得到保证。薄膜的质量与含氢量和系统的几何尺寸也有密切的关系。一般说来,感应线圈与衬底的相对位置、衬底温度和射频功率是非常重要的因素。

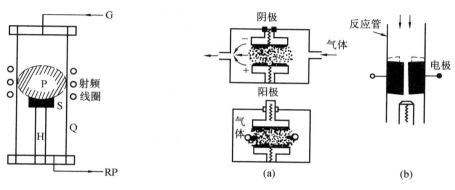

图 2-20　电感耦合式辉光放电淀积装置　　　图 2-21　电容耦合式辉光放电装置

　　图 2-21 为电容耦合式辉光放电装置。电容耦合式装置有两种类型,一种是将平行平板电极置于反应器内,反应室可用金属材料如不锈钢制成,阳极和反应室等电位,而阴极和反应室绝缘。气体从一端输入,通过电极间的放电区后从反应室的另一端抽出。也可以从电极中心处通入气体,而从极板的四周抽出,如图 2-22 所示。图中衬底置于下极板上,下极板用一电机通过磁铁驱动旋转,从而可以提高淀积膜厚度均匀性。

　　另一类是将电极置于绝缘反应室的外面,如图 2-21 所示。反应器常用石英玻璃制成。在这种系统中,因为电极放在反应室外面,因此淀积膜不会受到电极金属材料的污染,此外,还可以灵活地调节辉光区和衬底的相对位置,从而改变薄膜的淀积条件。

　　近年来还发展了 $0.1 \sim 10 \, \text{GHz}$ 的超高频辉光放电技术,辉光比较均匀,引起了人们的兴趣。

　　上述种种辉光放电淀积装置大都用于研究单位,用以制备实验用的样品,但显然不适宜于大规模工业应用。近年来,随着非晶硅在太阳电池上的迅速发展,辉光放电淀积技术开始步入工业化阶段。1981 年日本三洋公司发表了第一套制作太阳电池用的工业规模的非晶硅淀积系统,如图 2-23 所示。这个系统包括五个连成一线但可单独密封的真空室,衬底先在右边第一个真空室内抽成真空,然后连续地通过中央的三个真空室,分别生长掺硼的、本征的和掺磷的非晶硅,因而形成 p-i-n 结构。衬底可以是片状,也可以用成卷的不锈钢带。用这样一条生产线,电池年产量可以达到 6 MW 以上。图 2-24 示出了一种生长可掺杂非晶硅膜的辉光放电装置。淀积反应室内的工作压力为 $13.3 \sim 133 \, \text{Pa}$,常用机械泵抽气,控制抽气速率,可调节反应室真空度和气体流量。

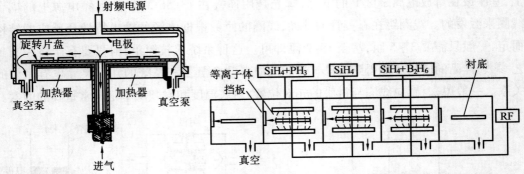

图 2-22 中心进气的等离子增强 CVD 装置　　图 2-23 工业用辉光放电淀积装置(三洋公司)

（2）辉光放电工艺参数控制

虽然辉光放电装置并不复杂,但要生长出优质的非晶硅膜并非易事,因为从设备、材料到操作过程,影响薄膜质量的因素很多。表 2.7 列出了影响非晶硅质量的各种工艺参数。其中一些重要的参数将在下面作简要讨论。

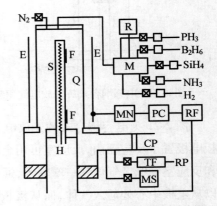

图 2-24 辉光放电淀积装置

S—样品架；H—加热元件；Q—石英管；E—外电极；F—可旋转挡板；M—混气包；R—配气罐；MN—匹配网络；PC—功率控制器；RF—射频源；CP—泵；TF—管状炉；R—机械泵；MS—质谱仪

①反应器设计。设计反应室时,特别要注意气体在反应室中流动的方向。设计的原则是力求避免硅烷等反应气体在电极的局部区域过剩,而在另一些部位上枯竭。否则,不仅非晶硅膜的厚度不均匀,而且结构和性能也不均匀。气体可以从与极板平行的侧向通入,这样容易在进气端和出气端造成气体浓度同辉光区一样。反应气体也可以从极板中心通入,再从极板外缘排出,这时随着气流下游反应气体浓度的耗竭,淀积面积反而增大,造成不均匀生长。如果气体从极板外缘通入,而从极板中心抽出,则可以避免这一弊端。衬底经常放在下极板上,但硅烷气相分解生成的小颗粒以及上极板上的淀积物容易掉在样品上,造成针孔及小丘,损害样品的质量,因此最好把衬底放在固定的极板上。

表 2.7　影响 GDa-Si:H 质量的各种工艺参数

设　备	材　料	工艺参数
①反应器的类型和尺寸	①反应气体的种类和纯度	①气体的流量和反应室的压强
②反应气体的流动状态	②混合气体的纯度和混合方式	②衬底温度
③供电方式及频率	③衬底的种类、成分和厚度	③功率密度
④衬底的位置	④反应器及电极的材料	④衬底清洗

②杂质及安全性控制。反应气体的纯度和气体的种类对于非晶硅膜的质量有着决定

性的影响。硅烷是基本的反应气体,最好采用未经稀释的高纯硅烷,其中含的杂质应最少。表2.8 为高纯硅烷中的杂质含量,可供参考。

表 2.8　高纯硅烷中的杂质含量

杂　　质	含量(体积分数)/×10^{-6}	杂　　质	含量(体积分数)/×10^{-6}
H_2	<1	H_2O	<3
N_2	<1	Fe	<1
O_2	<1	Cu	<1
Ar	<1	Ni	<1
CH_4	<0.1	Na	<1
C_2H_6	<0.1	Zn	<1
C_3H_8	<0.1		
C_4H_{10}	<0.1		
CO	<1		
CO_2	<1		

使用硅烷时要注意安全,因为高浓度的硅烷遇到空气就会起火燃烧。由机械泵排出的尾气中含有未经反应的硅烷,往往在排气口燃烧,生成的氧化硅粉末容易使排气口堵塞,使机械泵不能正常工作。为了避免这一情况发生,可以在排气管路中充氮气以稀释,或者将排气口接入一敞开的水池,令硅烷在水面燃烧。

稀释至 3% ~ 5% 的硅烷使用时非常安全。通常认为用 5% ~ 10% 的稀释硅烷生长出的非晶硅膜,质量较用纯硅烷时差,但对此并无可靠的实验证据。如果工艺参数选择得当,用稀释的硅烷生长的薄膜质量并不见得差。但是对稀释用的气体的种类和纯度必须非常注意。常用的稀释剂有 Ar,H_2 和 He。一般的规律是用分子量小的气体稀释时,所得的非晶硅质量较好,无柱状结构,即组织比较均匀。但并非每个实验室都有条件获得高纯氦,而且其价格昂贵,故大都用 H_2 将硅烷稀释到 5% ~ 10%。超纯氢也容易获取。氢容易自燃,为保证安全操作,应使尾气的排出通畅,并在出气口点燃。使用 Ar 非常安全,但如果工艺参数调节不当,容易得到柱状结构。此外,氩中的含水量和含氧量一般较高,而高纯氩的价格也比较贵。

为了获得 P 型和 N 型的 a-Si:H,必须将掺杂气体乙硼烷和磷烷分别通入反应室。二者都是剧毒气体,一定要采用严格的安全措施,整个气路系统的渗漏应最小,操作环境应有良好的排风装置,尾气应经过高温热分解后方可排入大气,以免污染环境。同时,B_2H_6 和 PH_3 都要用氢稀释到 1% 左右才能使用。B_2H_6 和 PH_3 的管路系统应该分开,以免相互玷污。为了控制 B_2H_6/SiH_4 或 PH_3/SiH_4 之比,最好用混气包,先后充以 SiH_4 和 $B_2H_6(PH_3)$,用质量流量计或分压比定出掺杂比,淀积时则使用混气包中预先配制好的气体。

在薄膜生长之前,在反应室及电极板上不可避免地会吸附有空气、水及其他玷染物,非晶硅中常有氧、氮、碳杂质就是由这些玷染物引入的。因此,要获得质量较高的薄膜,在淀积前应将反应室预抽真空至 $1.33×10^{-3}Pa$,并同时进行长时间的烘烤。

用作薄膜衬底的材料根据非晶硅的用途而定。例如,用于电导率测试的样品要求用绝缘衬底如石英、蓝宝石或 7095 玻璃;用于红外透过测试的样品要求淀积在红外透明的衬底上,如两面抛光的高阻硅片。批量生产的太阳电池则制作在抛光的不锈钢带或生长有透明导电膜(如 ITO 膜)的玻璃上。用 Cr,Ti,V,Nb,Ta,Mo 等金属作衬底,对 a-Si:H 的性质都没有太大的影响,因为在 400 ℃ 以下,它们在 a-Si:H 中的扩散系数都很小,如 Mo 在 450 ℃ 时的扩散系数约为 10^{-18} $cm^{-2}s^{-1}$。Al,Au 在 a-Si:H 中的扩散系数较大,一般用于 300 ℃ 以下,Al 表面上的氧化层可能会改变接触电阻或形成硅化物,而 Ag,Cu 等金属即使在室温也会生成金属硅化物,同时它们和 a-Si:H 膜的结合不坚固,不宜用作衬底。含有碱的玻璃可使 a-Si:H 膜内掺有碱杂质,作为施主。石英是比较理想的绝缘材料。但无论何种衬底,表面都要经过仔细的抛光,并经化学清洗,或者在淀积前在原位进行等离子刻蚀,以清洗表面沾污物。

③反应流量及衬底温度控制。淀积时衬底的温度 T_s 应保持在 200～400 ℃ 的范围内。衬底温度太低,则膜的柱状结构明显,组织疏松,在大气中容易吸水。衬底温度太高,则膜中的含氢量偏低,性能恶化,且容易形成微晶或多晶膜。衬底温度的直接测量比较困难,通常在反应室外面测量极板的温度,衬底的实际温度一般要比测量值低 30～50 ℃。

淀积时硅烷的流量可取 20～30 cm^3/s。淀积时的功率密度可取 0.02～2.0 W/cm^2。功率、流量和衬底温度是影响 a-Si:H 膜质量的三个最主要的因素,必须注意控制。

④生长过程描述。在辉光放电装置中,非晶硅膜的生长过程就是硅烷在等离子体中分解并在衬底上淀积的过程,对这一过程的细节目前了解得还很不充分,但这一过程对于膜的结构和性质有很大的影响。硅烷是一种很不稳定的气体,在 650 ℃ 以上即以显著的速率分解。在等离子体气氛中,由于电子温度可能高达 10 000 K,因此可以在较低的衬底温度下发生分解。

粗略地说,非晶硅的生长过程可以分为以下三个阶段:(a)硅烷在等离子体中分解。硅烷分解的全反应为

$$SiH_4 \longrightarrow Si + 2H_2$$

实际上,在反应过程中生成许多中间产物。因此,在辉光区包含有 H,Si-H,Si-H_2 等活性物质。(b)H,Si-H,Si-H_2 等向衬底表面扩散输运,并吸附在衬底表面上。(c)吸附

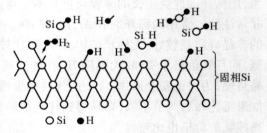

图 2-25 非晶硅的生长过程

物在表面上发生反应。反应过程往往是不完全的,可形成 H,Si-H 等中性基,吸附在表面,然后发生类似的反应,放出氢气。图 2-25 所示为这一过程。因此,在非晶硅膜中包含有不同数量的 Si-H,Si-H_2 以及聚合 (Si-H_2)n,各自的含量随生长条件而异。

$$SiH + H \longrightarrow Si + H_2$$

5. 溅射技术

(1)二极管溅射装置

溅射是比较成熟的薄膜淀积技术,简单地说,溅射就是在 0.133～13.3 Pa 的 Ar 气氛中,在靶上施加高电场,产生辉光放电,生成的高能 Ar 离子轰击靶材料的表面,使构成靶材料的原子逸出,淀积在置于电极上的衬底上。在用溅射法淀积非晶硅时,大都用多晶硅作靶,并用 13.56 MHz 的高频电源。

用溅射法制备非晶硅早已为人们所
知。但自从用辉光放电法制备了含氢的
非晶硅，使之具有广泛的应用前景之后，
人们得到了启发，设法在溅射过程中往
反应室内通氢气，同样可以制得含氢的 a
–Si:H 膜，并制成了肖特基二极管和 P–
N 结。因此，溅射就成了制备非晶硅膜
的主要方法之一。这种在溅射气氛中通
以化学活性气体的溅射也称为反应溅
射。图2-26为射频二极管溅射装置示意图。

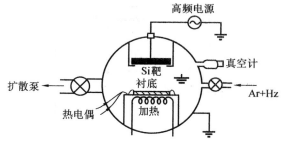

图 2-26　射频二极管溅射装置示意图

（2）溅射工艺参数

溅射过程也包括很多工艺参数，如氩分压 p_{Ar}，氢分压 p_H，衬底温度 T_s，溅射功率 P_{rt}，衬底偏压 V_{SB} 及系统的形状和尺寸等，它们对 a–Si:H 膜的结构和性能都有显著的影响。

图 2-27 为在 $T_s = 200$ ℃ 时，氢分压 p_H 对 a–Si:H 膜中含氢量 C_H，自旋密度 N_S（表示膜中未补偿的硅悬挂键浓度），光吸收限 E_{04}（吸收系数 $a = 10^4$ cm^{-1} 时的光子能量）及电导激活能 E_σ 的影响的趋势。可以看出，随着 p_H 的增大，膜中的含氢量增加，悬挂键得到补偿，使自旋密度下降，同时，由于含氢量增加使光吸收限即禁带宽度增大。

氩分压 p_{Ar} 对 a–Si:H 膜的性质也有明显的影响，图 2-28 示出了 p_{Ar} 对光电导率的影响。光电导测量时用的可见光波长为 0.63 μm，光强为 $1 \times 10^{15} h\nu J/(cm^2 \cdot s)$。可见，随着 p_{Ar} 的增大，光电导开始急剧增大，然后下降。

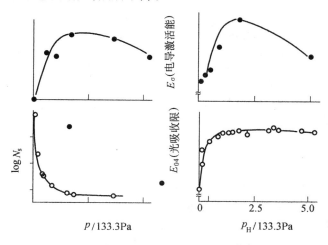

图 2-27　氢分压对 C_H，N_S，E_{04} 和 E_σ 的影响

实际上，常用 H_2 在 $H_2 + Ar$ 中所占的体积分数（φ%）来表示溅射室气氛中的含氢量。图 2-29 ~ 2-31 所示为 C_H，暗电导率 σ_d 及光电导率 σ_d 与 $\varphi(H_2)$ 及衬底温度的关系，可见工艺条件对膜的性质有很大的影响，如图 2-30 中，在不同的制膜条件下暗电导率可以有10 个数量级的变化。

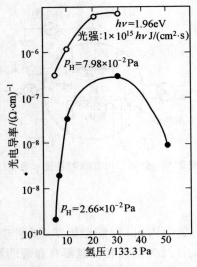

图 2-28　光电导率和氩压的关系

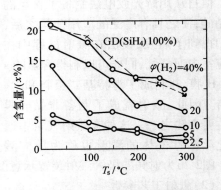

图 2-29　含氢量和衬底温度的关系

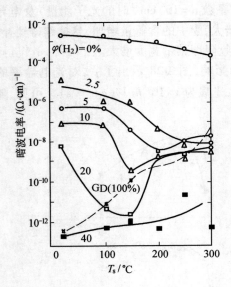

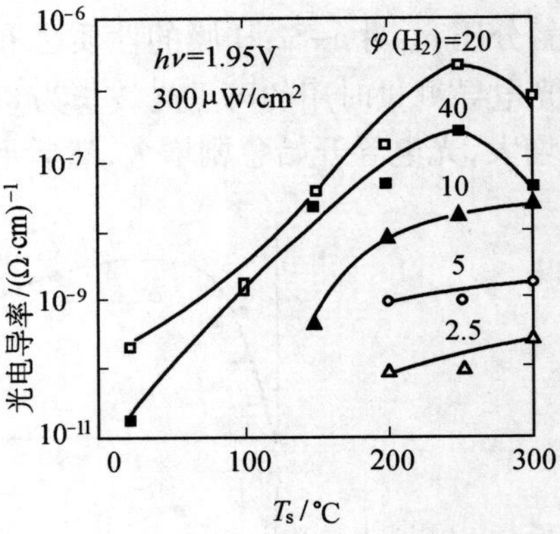

图 2-30　暗电导率和衬底温度及气氛含氢量的关系

图 2-31 光电导率和衬底温度的关系

制膜工艺的选择根据 a-Si:H 膜的使用要求而定。在典型的应用条件下,可选用表 2.9 推荐的参数。

表 2.9　溅射法制备 a-Si:H 的参考工艺

气　　　体	Ar+H₂,质量分数为 5% ~35%
总压强 $p_H + p_{Ar}$	1.33 Pa
衬底温度 T	200 ~ 300 ℃
电极间距 d	55 mm
放电功率 P	150 W(靶直径 125 mm)

（3）技术特点

与辉光放电法相比,溅射技术有以下几个特征:

①膜中的含氩量较高,可达 6% ~7% ,而在 Gda-Si:H 中,所含的氩量极少,即使用氩来稀释硅烷,膜中的含氩量也不会超过 1% 。

②溅射时,高能粒子对膜表面的轰击比较严重,这有利于除去表面上结合较弱的原子,但也造成了膜表面的轰击损伤,产生缺陷。

③溅射制备工艺参数调节范围比辉光放电法大,但设备比较复杂,产量低,比较适合于实验室条件下使用。

④用掺杂的多晶硅作靶,可以生长 P 型或 N 型的非晶硅膜,不必像辉光放电那样采用剧毒的硼烷或磷烷,操作比较安全。

6. 化学气相淀积(CVD)技术

（1）CVD 反应装置

图 2-32(a)是一种常压 CVD 反应器示意图,衬底置于用高频线圈加热的石墨基座上,反应在石英钟罩内进行。为了提高气体的扩散速率,改善淀积均匀性,常用低压化学气相淀积(LPVCD)的方法,如图 2-32(b)所示。石英管反应器置于电阻炉内(故为热壁反应器),衬底平行排列在石英管内的支架上,反应气体从石英管一端进入,另一端用机械泵抽气,保持反应器内为低真空。

（2）HOMOCVD 装置

为了改善 CVD 非晶硅膜的质量,新近发展了一种均匀反应 CVD 方法(HOMOCVD法),就是将加热至 600 ℃左右的热硅烷通过低温(≤300 ℃)衬底,在衬底上淀积的非晶硅膜中包含了较多的硅烷分解的中间产物,因而膜中的含氢量大大提高。图 2-33 为 HO-MOCVD 装置的示意图。

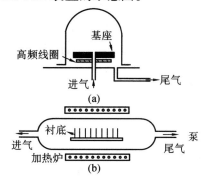

图 2-32CVD 反应器示意图

（a)冷壁管常压反应器

（b)热壁管 LPCVD 反应器

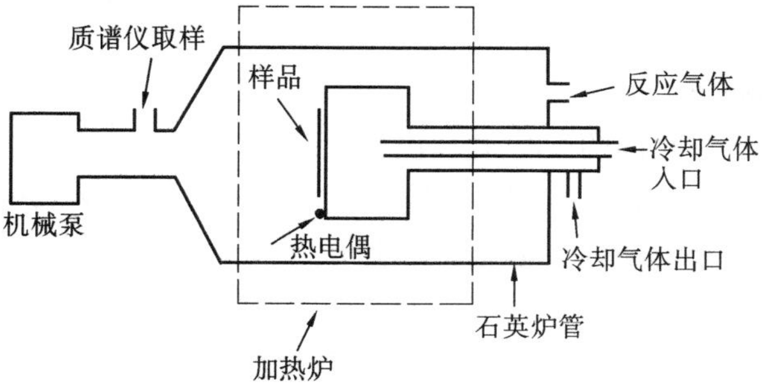

图 2-33　HOMOCVD 装置示意图

（3）CVD 反应参数控制

①CVD 参数控制。与辉光放电法不同之处是,经典的 CVD 法是热分解过程。CVD法生长非晶硅是利用硅的气体化合物(主要是硅烷)的热分解。在电子工业中,CVD 法广泛地应用在单晶硅膜的外延生长和多晶硅膜淀积中,这时生长温度一般为 900 ~

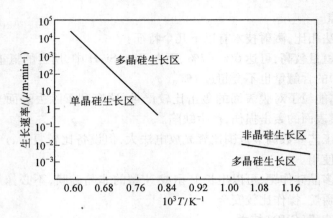

图 2-34　单晶、多晶和非晶硅膜生长的速率和温度倒数的关系

1 100 ℃。在同样的淀积系统中,降低生长温度,即可得到非晶硅膜。图 2-34 为单晶、多晶和非晶硅膜生长的速率和温度倒数的关系,图中标出了反应气体为硅烷,并用超纯氢稀释至 3% 左右,生长温度约为 600 ℃,这时可达到 1 μm/h 的生长速率。也可以用其他的反应气体如氯硅烷或氟硅烷,但分解比较困难,故用得不多。高硅烷如 Si_2H_6,Si_3H_8 等很不稳定,生长温度可降至 450 ℃ 以下,能完全避免非晶膜晶化。反应气体用载气(如氢)送入反应器,载气亦可用于淀积前或淀积后冲洗反应器及管道。根据需要,可以将 PH_3 或 B_2H_6 混入硅烷中,一同送入反应器,生长 P 型或 N 型非晶硅膜。

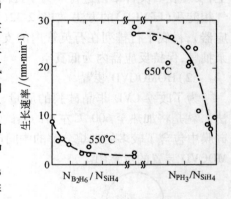

图 2-35　生长速率和掺杂量的关系

　　非晶硅的生长速率决定于硅烷的分压和生长温度。生长速率随进入反应器的硅烷的分压的增大而增大。而生长温度与生长速率 R 的关系可用 Arhenius 方程表示,即

$$R = R_0 \exp(-E_a/kT) \tag{2-15}$$

式中,T 为绝对温度;k 为玻尔兹曼常数;E_a 为生长激活能;R_0 为常数。

　　式(2-15)在图2-34的坐标上表示为一直线,对于非晶硅生长,由直线的斜率可得到生长激活能约为0.4 eV。但掺杂气体对生长速率有较大影响,掺磷使生长速率下降,而掺硼时生长速率略有上升,如图 2-35 所示,故生长 N 型非晶硅时取较高的生长温度(≈ 650 ℃);而生长掺硼的非晶硅时,生长温度较低(≈ 550 ℃)。

　　非晶硅的化学气相淀积过程式可表示为

$$SiH_4(g) = SiH_2(g) + H_2(g)$$

$$SiH_2(g) + Si(s) = 2Si(s) + 2H^*$$

$$2Si(s) + 2H^* = 2Si(s) + H_2(g)$$

式中,g,s 分别表示气体和固体;* 表示吸附态。其中第 1 式的反应是最慢的反应,因而是控制整个反应速率的过程,故生长速率和 $[p_{SiH_4}]^{1/2}[p_{H_2}]^{-1/2}$ 成比例,p_{SiH_4} 和 p_{H_2} 分别是系统内硅烷和氢的分压。硅烷分压越高,氢分压越低,则生长得越快。由于 CVD 温度大大高于辉光放电法及溅射法,因此膜中氢的质量分数很低,一般为 0.3% ~ 0.5%。由于含氢量低,非晶硅中的悬挂键没有被充分补偿,或者网络的畸变很大,因此 CVD 法生长的非晶硅的禁带态密度约比辉光放电法得到的非晶硅膜高一个数量级,这严重地影响了薄膜的质量。为了弥补这一缺陷,可用几种方法在已生长成的膜内加入氢,这称为后氢化,以区别于辉光放电时在生长过程中加入氢。其中一种方法是进行氢离子注入,如在加速电压为 20 keV,以 $(5×10^{16})$ cm^{-2} 的 H$^+$ 注入后经 300 ℃ 退火,膜中氢的质量分数可达 1.5%,暗电导率、光电导率都有明显的改善,掺杂非晶硅膜的性能改善更大。但离子注入后造成的辐照损伤,应用退火的方法消除。另一种更为简便且有效的方法是等离子体氢化。这时,将 CVD 法生长的非晶硅膜置于直流、射频或微波等离子体系统中,在氢气氛中加热到 400 ℃,经过 15 ~ 30 min 后,就可达到氢化的目的。所用的系统和一般辉光放电生长非晶硅膜所用的系统相似。经过这种后氢化处理的 CVD 膜中的含氢量虽仍比辉光放电非晶膜中的含氢量低,但补偿悬挂键的效率较高。对非掺杂的本征非晶硅膜,氢化处理后,悬挂键密度可由 10^{19} cm^{-3} 降至 10^{17} cm^{-3} 左右,光电性质也有显著的改善,几乎和 Gda-Si:H 不相上下。

②HOMOCVD 参数控制。均匀反应 CVD 技术通常可以改善非晶硅膜的质量。在这类技术中反应气体为硅烷,当需要掺杂时,可以混以 B$_2$H$_6$ 或 PH$_3$。主要控制参数如下。

衬底置于支座上,支座用氮气冷却。硅烷通入反应器后被加热到 $T_g ≥ 550$ ℃,而衬底温度则保持在 $T_s ≤ 400$ ℃。衬底温度用热电偶测定,整个反应器用石英管制成,并用机械泵保持低压。这种热气体、冷衬底 CVD 方法和一般的 CVD 方法不同,气体在衬底上方的气相区发生均匀分解,分解产物淀积在冷衬底上。

HOMOCVD 法的典型工艺是 25 ℃ $≤ T_s ≤$ 350 ℃,反应器压强 $p = 1.3$ kPa,硅烷流量 $F = 22$ cm^3/s。在此工艺下,生长速率约为 3 nm/min。衬底温度升高时,生长速率较高。

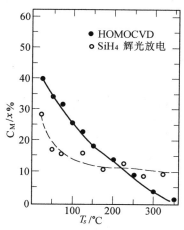

图 2-36　含氢量和衬底温度 T_s 的关系

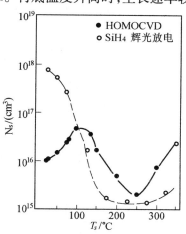

图 2-37　a-Si:H 中的 (N_s) 和 (T_s) 的关系

与一般的 CVD 非晶硅膜不同,用 HOMOCVD 法生长的非晶硅膜中氢的质量分数为 5%~20%。衬底温度越低,氢质量分数越高,如图 2-36 所示。图中同时画出 GDa-Si:H 的数据,进行比较。可以看出,在 T_s < 200 ℃时,HOMOCVD 法的氢质量分数较高,而在 200 ℃时,氢质量分数比 GDa-Si:H 中低;在 T_s 为 200~300 ℃时,氢的质量分数为 5% 左右。由于 HOMOCVD 非晶硅膜耦合有相当数量的氢,因此膜中悬挂键的密度与 GDa-Si:H 不相上下。图 2-37 为对自旋密度测定的结果。在 $T_s \geqslant 100$ ℃时,自旋密度随衬底温度的上升而下降。但 T_s > 250 ℃时,自旋密度反而随 T_s 的增大而增大,这是因为发生了释氢的缘故。因此,在结构上,HOMOCVD 法生长的非晶硅和 GDa-Si:H 相接近,在性质上,两者也是相当接近的见表 2.4。

表 2.4　非晶硅的化学性质

制备方法	T_s/℃	$\log\sigma_p/\Omega \cdot cm^{-1}$	$\log\sigma_d/\Omega \cdot cm^{-1}$	E_σ/eV
HOMOCVD	160	−4.50	−8.23	0.70
HOMOCVD	264	−5.80	−9.26	0.83
GD	300	−4.51	−7.90	0.75

7. 液体急冷技术

将液体金属或合金急冷,从而把液态的结构冻结下来以获得非晶态的方法称为液体急冷法,可用来制备非晶态合金的薄片、薄带、细丝、粉末,适宜于大批量生产,是广为流行的非晶态合金制备方法。急冷装置有多种类型,其中喷枪法、活塞法及抛射法都只能得到数百毫克重的非晶态薄片,而离心法、单辊法及双辊法都可用来制作连续的薄带,适合于工业生产。

(1)薄膜的制备

用急冷法制备非晶态薄片所用的设备如图 2-38 所示。喷枪法是用高压气体将熔化金属的液滴喷在热导率很高的基板表面上,使之高速冷却。活塞法是在熔融液滴下落的过程中,在活塞和砧板之间高速压制以获得极高的冷却速度。抛射法则是将液滴高速抛射到冷却基板上。上述几种方法所得到的非晶态材料量很少,一般只适于实验室研制新材料之用。

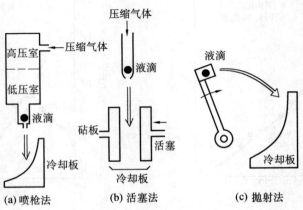

(a) 喷枪法　　(b) 活塞法　　(c) 抛射法

图 2-38　液体淬火法制备非晶态合金薄片

此外,所得样品形状不规则,厚度不均匀,作性能测试有一定的困难,对于需要较大样品的力学性能测试困难更大。但上述方法有一个很大的优点,即冷却速度相当高,可达 109 K/s,很适于新材料的研制。还有一点值得注意的是,样品可以制得很薄,可直接用作透射电镜的样品进行观察而不必减薄,避免了在减薄过程中可能发生的结构变化。

（2）薄带的制备

图 2-39 是三种制备非晶态薄带的方法和设备示意图,分别为离心法,单辊法和双辊法。它们的主要部分是一个熔融金属液熔池和一个旋转的冷却体。金属或合金用电炉或高频炉熔化,并用惰性气体加压使熔料从坩埚的喷嘴中喷到旋转冷却体上,在接触表面凝固成非晶态薄带。在实际使用的设备上,当然还要附加控制熔池温度、液体喷出量及旋转体转速等的装置。图 2-39 所示的三种方法各有优缺点:在离心法和单辊法中,液体和旋转体都是单面接触冷却,故应注意产品的尺寸精度及表面光洁度。双辊法是两面接触的,尺寸精度较好,但调节比较困难,只能制作宽度在 10 mm 以下的薄带。目前在生产中大都采用单辊法,薄带的宽度可达 100 mm 以上,长度可达 100 mm 以上。

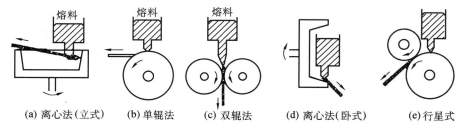

(a) 离心法（立式）　(b) 单辊法　(c) 双辊法　(d) 离心法（卧式）　(e) 行星式

图 2-39　液体淬火法制备非晶态合金薄带

用上述方法制备非晶态合金薄带时,辊子的转速、材料、熔料的性质和喷出量等因素对于薄带的形状和性能都有很大的影响。有人分析了薄带的宽度 W、厚度 t、熔料的喷出量 Q 及辊子线速度 V 之间的关系,得到以下的关系式

$$W = c(Q^n/V^{1-n}) \tag{2-16}$$

$$t = (Q^{1-n}/V^n)/c \tag{2-17}$$

式中,c, n 是和薄带及辊子材料有关的常数。对于 $Fe_{40}Ni_{40}P_{14}B_6$ 合金,用铜作冷却体时,若取 $c = 0.625, n = 0.83$,实验结果与上式一致。

随着金属玻璃进入工业生产,已经发展了包括后续工序的联机系统,但基本原理仍然是一样的。图 2-40 为非晶态合金生产线示意图。其特点是对熔料的喷出量可进行自动控制,并可用反馈系统调节薄带的尺寸。此外,还附有理带和卷带装置,最终提供成卷的金属玻璃商品。

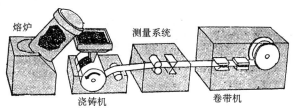

图 2-40　非晶态合金生产线示意图

（3）细丝的制备

非晶态合金丝有独特的用途，但圆形断面的细丝用辊面冷却很难制作，一般用液态金属在水中铸造的方法，图2-41中的两种方法都是将液体金属料连续地流入冷却介质中。冷却介质可用蒸馏水或食盐水，冷却速度约为 $10^4 \sim 10^5$ K/s，因此无法控制铁基金属玻璃丝。但若选择适当的类金属元素含量，仍有可能获得直径为 $100 \sim 150$ μm 的 Fe，Co，Ni 基金属玻璃丝。

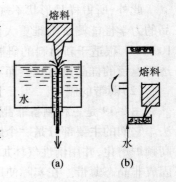

图 2-41　非晶态合金细丝制备方法

（4）粉末的制备

利用非晶态合金粉末的活性，可以制成催化剂或储氢材料，因此对于制备金属玻璃粉末也有浓厚的兴趣。特别是，用液体急冷法制造出的非晶态薄带的厚度和宽度都较小，因而在工程上应用受到限制，例如制造低磁滞变压器铁芯就有困难。而用非晶态粉末压结的方法就有可能实现制造大块非晶态材料这一迫切愿望。非晶粉末的制备方法可分为两大类，即雾化法和破碎法。下面主要介绍雾化法。

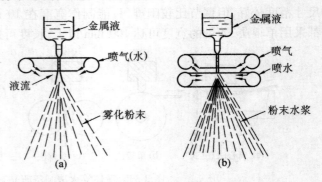

图 2-42　非晶态合金粉末的制作方法

雾化法是用超声气流将金属液吹成小滴而雾化，如图2-42所示，而气流本身又起到淬火冷却剂的作用。超声频率为 80 kHz 左右。冷却速度决定于金属液滴的尺寸和雾化用气体的种类。用氦气雾化的效果比用氩气好。曾用压力为8.1 MPa 的氦气制成了 $Cu_{60}Zr_{40}$ 粉末，颗粒为球状，直径小于 50 μm，完全是非晶态。当颗粒尺寸增大到 125 μm 时，则颗粒内包含有部分结晶区。当颗粒尺寸超过 125 μm 时，则得到结晶粉末。估计当颗粒尺寸为 20 μm 时，冷却速度为 10^5 K/s。

也可用液体（如水）代替气体作为淬火介质，这样冷却速度较高，但得到的颗粒形状不很规则。曾用这种方法制成了 $Fe_{69}Si_{17}B_{14}$ 及 $Fe_{74}Si_{15}B_{11}$ 非晶粉，颗粒尺寸小于 20 μm，但尺寸不均匀。如果同时使用气体和液体喷流，如图2-42（b）所示，气体将小颗粒（10 ~ 15 μm）淬火，而大颗粒则由高速喷射的液体提供较高的冷却速度，平均淬火冷却速率可达 $10^5 \sim 10^6$ K/s，用 4.2 MPa 的氩和 1.6 MPa 的水雾化淬火，已得到 $Cu_{60}Zr_{40}$，$Fe_{75}Si_{15}B_{10}$，$Fe_{81.5}Si_{14.5}B_4$ 非晶粉。由于气-液雾化时的冷却速率较高，因此，大尺寸颗粒仍可保持非晶态。这种方法还有另外一个优点，即可以改变气、液流的相对喷出量，以控制颗粒的形状。

思考题

1. 试说明非晶态的概念与特性。
2. 试说明常见非晶态的分类。
3. 试说明非晶态材料的形成条件和结构模型。
4. 试说明非晶态材料的制备原理。

第3章　薄膜的制备

薄膜制备是一门迅速发展的材料技术,薄膜的制备方法综合了物理、化学、材料科学以及高科技手段。本章将简要介绍薄膜制备的基本方法和几类典型的高科技制膜技术,主要内容有:真空蒸镀、溅射成膜、化学气相沉积、三束技术、溶胶–凝胶法及纳米薄膜的制备。

3.1　物理气相沉积——真空蒸镀

真空蒸镀是将待成膜的物质置于真空中进行蒸发或升华,使之在工件或基片表面析出的过程。图 3-1 为真空蒸镀设备,主要包括真空系统、蒸发系统、基片撑架、挡板和监控系统。

3.1.1　蒸发的分子动力学基础

当密闭容器内存在某种物质的凝聚相和气相时,气相蒸气压 p 通常是温度的函数,表 3.1 是部分材料的蒸气压与温度的关系。在凝聚相和气相之间处于动态平衡时,从凝聚相表面不断向气相蒸发分子,同时也会有相当数量的气相分子返回到凝聚相表面。根据气体分子运动论,单位时间内气相分子与单位面积器壁碰撞的分子数,即气相分子的流量 J 表示为

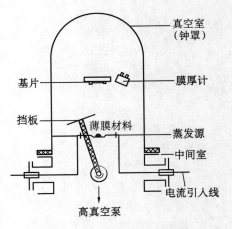

图 3-1　真空蒸镀设备的实例

$$J = \frac{1}{4}n\overline{V} = p(\pi mkT)^{-1/2} = \frac{A \cdot p}{(2\pi MRT)^{1/2}} = 4.68 \times 10^{24}\frac{2p}{\sqrt{MT}} \quad (cm^2 \cdot s) \quad (3\text{-}1)$$

式中,n 为气体分子的密度;$\overline{V}$ 为分子的最概然速率;m 为气体分子的质量;k 为玻尔兹曼常数;A 为阿伏加德罗常数;R 为普适常数;M 为相对分子质量。

由于气相分子不断沉积于器壁与基片上,为保持热平衡,凝聚相不断向气相蒸发,若蒸发元素的分子质量为 m,则蒸发速率的计算公式为

$$\Gamma = mJ \approx 7.75(\frac{m}{T})^{1/2}p \quad (kg/m^2 \cdot s) \quad (3\text{-}2)$$

从蒸发源蒸发出来的分子在向基片沉积的过程中,还不断与真空中残留的气体分子相碰撞,使蒸发分子失去定向运动的动能,而不能沉积于基片。若真空中残留气体分子越多,即真空度越低,则沉积于基片上的分子越少。设蒸发源与基片间距离为 x,真空中残

留的气体分子平均自由程为 L,则从蒸发源蒸发出的 N_0 个分子到达基片的分子数为

$$N = N_0 \exp\left(-\frac{x}{L}\right) \tag{3-3}$$

可见,从蒸发源发出的分子是否能全部达到基片,与真空中的残留气体有关。为了保证 80% ~ 90% 的蒸发元素到达基片,一般要求残留气体的平均自由程是蒸发源至基片距离的 5 ~ 10 倍。

事实上,两种不同温度的混合气体分子的平均自由程的计算比较复杂。假设蒸发元素与残留气体的温度相同,设蒸发气体分子半径为 r,残留气体分子半径为 r',残留气体压力为 p,则根据气体分子运动论,其平均自由程 L 为

$$L = \frac{4kT}{2\pi(r+r')^2 p} \tag{3-4}$$

式中,$k = 1.38 \times 10^{-24}$ J/K,压力以 Pa 计,原子半径以 m 计,则有

$$L = 3.11 \times 10^{-24} \frac{T}{(r+r')^2 p} \tag{3-5}$$

3.1.2　蒸发源

1. 蒸发源的组成

蒸发源一般有三种形式,如图 3-2 所示。一般而言,蒸发源应具备三个条件:能加热到平衡蒸气压在 1.33 ~ 1.33 × 10^{-2} Pa 时的蒸发温度;要求坩埚材料具有化学稳定性;能承载一定量的待蒸镀原料。应该指出,蒸发源的形状决定了蒸发所得镀层的均匀性。

(a) 克努曾盒型　　(b) 自由挥发　　(c) 坩埚型

图 3-2　三种典型的蒸发源

从理论上分析,蒸发源有两种类型,即点源和微面源。点源可以向各方向蒸发,如图 3-3 所示。若某段时间内蒸发的全部质量为 M_0,则在某规定方向的立体角 $d\omega$ 内,物质蒸发的质量为

$$dm_0 = \frac{M_0 d\omega}{4\pi} \tag{3-6}$$

若基片离蒸发源的距离为 r,蒸发分子运动方向与基片表面法向的夹角为 θ,则基片上单位面积附着量 m_d 可表示为

$$m_d = S \cdot \frac{M_0 \cos\theta}{4\pi r^2} \tag{3-7}$$

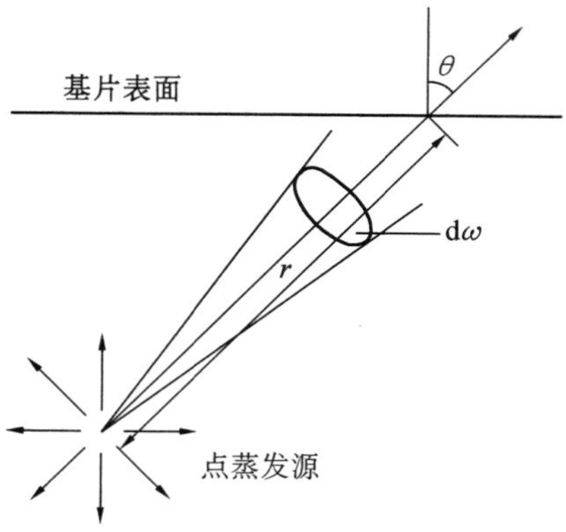

式中,S 为附着系数。它表示蒸发后冲撞到基片上的分子中,不被反射而遗留于基片上的比率,即化学吸附比率。

图 3-3　点蒸发源的蒸发计算

克努曾盒(Knudsencell)蒸发源可以看作微面源,此时蒸发分子从盒子表面的小孔飞

出,如图 3-4 所示。将此小孔看作平面,设在规定的时间内从小孔蒸发的全部质量为 M_0,则在与小孔所在平面的法线构成 φ 角方向的立体角 $d\omega$ 中,物质蒸发的质量 dm 为

$$dm = \frac{M_0 \cos\varphi \, d\omega}{\pi} \qquad (3\text{-}8)$$

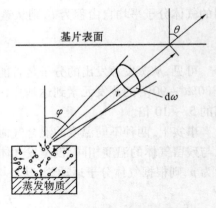

图 3-4　微面蒸发源的蒸发计算

设基片离蒸发源的距离为 r,蒸发分子的运动方向与基片表面法线的夹角为 θ,则基片上单位面积上附着的物质 m_e 为

$$m_e = S \cdot \frac{M_0 \cos\varphi \cos\theta}{\pi r^2} \qquad (3\text{-}9)$$

显然,欲实现在大基片上蒸镀,薄膜的厚度就要随位置而变化。假如,把若干个小基片放置在蒸发源的周围,一次性蒸镀多片薄膜,就可以知道附着量随着位置的不同而变化。对微小点源,其等厚膜是以点源为圆心的等距球面,所有方向都均匀蒸发;而对微面源,只是平面蒸发,并非所有方向上均均匀蒸发。即在垂直于小孔平面的上方蒸发量最大时,在其他方向蒸发量只有此方向的 $\cos\varphi$ 倍,即式 (3-8) 给出的蒸发余弦关系。

若基片与蒸发源距离为 h,基片中心处的膜厚为 t_0,则距中心为 δ 距离的膜厚为 t。于是

点源 $$\frac{t}{t_0} = \left[1 + \left(\frac{\delta}{h}\right)^2 \right]^{-\frac{3}{2}} \qquad (3\text{-}10)$$

微面源 $$\frac{t}{t_0} = \left[1 + \left(\frac{\delta}{h}\right)^2 \right]^{-2} \qquad (3\text{-}11)$$

图 3-5 给出了两种蒸发源所得薄膜的均匀性关系曲线(t/t_0)与 δ/h 比值的关系。可见,为了将 t/t_0 控制在 5% 以内,δ 大时,蒸发源与基片之间的距离 h 也就越大。然而,h 太大时,蒸发源效率很低。

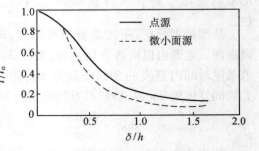

图 3-5　点源与微面源的膜厚分布的比较

2. 蒸发源的加热方式

真空中加热物质的方法主要有:电阻加热法、电子束加热法、高频感应加热法、电弧加热法、激光加热法等几种。

（1）电阻加热法

电阻加热法是将薄片或线状的高熔点金属,如钨、钼、钛等做成适当形状的蒸发源,装上蒸镀材料,让电流通过蒸发源加热蒸镀材料,使其蒸发。采用电阻加热蒸发法时通常要考虑的问题是蒸发源的材料及其形状。其中,蒸发源材料的熔点和蒸气压、蒸发原料与薄膜材料的反应以及与薄膜材料之间的湿润性等,都是选择蒸发源材料时要考虑的问题。

薄膜材料的蒸发温度(平衡蒸气压为 1.33 Pa 时的温度)多数在 1 000 ~ 2 000 K 之

间,所以蒸发源材料的熔点必须高于这一温度。在选择蒸发源材料时还必须考虑蒸发源材料大约有多少随之蒸发而成为杂质进入薄膜。因此,必须了解有关蒸发源常用材料的蒸气压,表 3.1 给出了电阻加热法中常用做蒸发源材料的金属熔点和达到规定的平衡蒸气压时的温度。为了限制蒸发源材料的蒸发,蒸发温度应低于表中蒸发源材料平衡蒸气压 1.33 Pa 时的温度。在杂质较多,薄膜性能不受影响的情况下,也可以采用与 1.33×10^{-6} Pa 对应的温度。欲定量计算杂质原子数的比值,则要采用式(3-2)进行计算。

表 3.1　系统在平衡蒸气压时的温度

蒸发源材料	熔点/K	平衡温度/K(蒸气压 133Pa)		
		10^{-8}	10^{-5}	10^{-2}
W	3 683	2 390	2 840	3 500
Ta	3 269	2 230	2 680	3 330
Mo	2 890	1 865	2 230	2 800
Nb	2 741	2 035	2 400	2 930
Pt	2 045	1 565	1 885	2 180
Fe	1 808	1 165	1 400	1 750
Ni	1 726	1 200	1 430	1 800

应当指出,根据蒸气压选择蒸发源材料只是一个必要条件。电阻加热蒸发法中的关键性问题是高温时某些蒸发源材料与薄膜材料会发生反应和扩散而形成化合物或合金,特别是形成合金是一个比较麻烦的问题。高温时铝、铁、镍、钴等也会与钨、钼、钛等常用蒸发材料形成合金,一旦形成合金,熔点就会下降,蒸发源也就容易烧损。

此外,薄膜材料对蒸发源材料的润湿性也不能忽视,这种润湿性与材料表面的能量有关。通常高温熔化的薄膜材料在蒸发源材料上有扩散倾向时,就容易产生湿润,而有凝集接近于形成球形倾向时,就难以润湿,如图 3-6 所示。

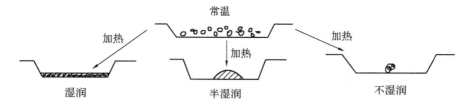

图 3-6　蒸发源材料和薄膜材料湿润状态示意

(2)电子束加热法

在电阻加热蒸发法中,薄膜原料与蒸发源材料是直接接触的,由于蒸发源材料的温度高于薄膜材料,会导致杂质混入薄膜中,使薄膜材料与蒸发源材料发生反应。为了克服电阻加热法的技术缺陷,可以采用电子束加热法。

如图 3-7 所示,在电子束加热装置中,把被加热的物质放置在水冷坩埚中,电子束只轰击其中很小的一部分,而其余部分在坩埚的冷却作用下处于很低的温度。因此,电子束加热蒸发沉积可以做到避免坩埚材料污染。通常阳极材料轰击法是电子束加热法中比较简单的一种。

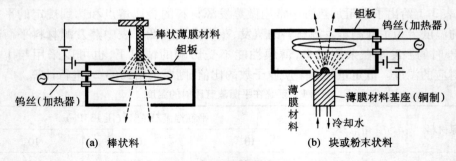

(a) 棒状料

(b) 块或粉末状料

图 3-7　阳极材料轰击法的电子轰击加热装置

若使电子束聚焦,可以提高加热效率。电子束聚焦通常用静电聚焦和磁场聚焦两种方式,如图 3-8 所示。

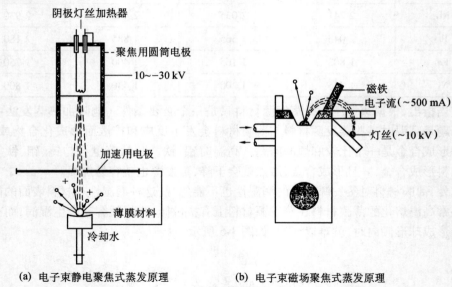

(a) 电子束静电聚焦式蒸发原理

(b) 电子束磁场聚焦式蒸发原理

图 3-8　电子束聚焦式蒸发装置原理

3.1.3　合金、化合物的蒸镀方法

当制备两种以上元素组成的化合物或合金薄膜时,仅仅使材料蒸发未必一定能获得与原物质具有同样成分的薄膜,此时需要通过控制原料组成制作合金或化合物薄膜。

对于 SiO_2 和 B_2O_3 而言,蒸发过程中相对成分难以改变,这类物质从蒸发源蒸发时,大部分是保持原物质分子状态蒸发的。蒸发 MgF_2 时,它们一般是以 MgF_2,$(MgF_2)_2$,$(MgF_2)_3$ 分子或分子团的形式从蒸发源蒸发的,也可以形成成分基本不变的薄膜。然而蒸发 ZnS,CdS,PdS 等硫化物时,这些物质的一部分或全部发生分解而飞溅,在蒸发物到达基片时又重新结合,只是大体上形成与原来组分相当的薄膜材料。实验结果也证实,这些物质的蒸镀膜与原来的薄膜材料并不完全相同。

1. 合金的蒸镀——闪蒸法和双蒸法

（1）合金蒸镀条件

合金蒸发时，一般认为合金中各成分蒸发方式近似服从稀溶液的拉乌尔（Raoult）定律，即某种成分 j 单独存在时，在温度为 T 的平衡蒸气压为 p_{j0}，成分的摩尔分数为 C_j，在合金状态下成分 j 的平衡蒸气压为 p_j，则

$$p_j = C_j p_{j0} \tag{3-12}$$

从入射于基片上的第 j 种成分的分子所占的比例通过式（3-1）计算，可得

$$J_j = 3.52 \times 10^{22} \frac{p_j}{\sqrt{M_j T}} \tag{3-13}$$

设蒸发分子在基片上的附着率为 1，则 J_j 直接关系到薄膜的成分，也就是说蒸发由 j 与 j′ 这两种成分分别以摩尔分数 C_j 和 C'_j 混合组成的合金时，从式（3-12）和（3-13）可求得达基片的分子数之比

$$\varphi_{jj} = \frac{J_j}{J'_j} = \frac{p_j}{\sqrt{M_j}} \cdot \frac{\sqrt{M'_j}}{p_j} = \frac{p_{j0}}{p'_{j0}} \cdot \frac{C_j}{C'_j} \cdot \frac{\sqrt{M'_j}}{\sqrt{M_j}} \tag{3-14}$$

要得到与原料组成相同的薄膜，就要使 $\varphi'_{jj} = C_j / C'_j$，即

$$\frac{p_{j0}}{M_j} = \frac{p'_{j0}}{M_j}$$

一般而言，如果使合金按这种方式蒸发，就能得到与式（3-14）所示的组成非常相近的薄膜。

（2）闪蒸蒸镀法

闪蒸蒸镀法就是把合金做成粉末或微细颗粒，在高温加热器或坩埚蒸发源中，使一个一个的颗粒瞬间完全蒸发。在这种方法中，每个颗粒都是按式（3-14）关系蒸发的，对于微细颗粒，这种近似更准确。图 3-9 为闪蒸蒸镀法试验装置。

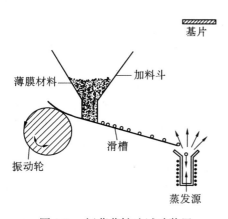

图 3-9　闪蒸蒸镀法试验装置

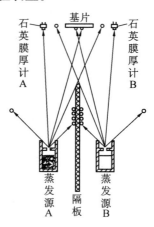

图 3-10　双蒸发源蒸镀法原理

（3）双蒸发蒸镀法

双蒸发蒸镀法就是把两种元素分别装入各自的蒸发源中，然后独立地控制各蒸发源的蒸发过程，该方法可以使到达基片的各种原子与所需要薄膜组成相对应。其中，控制蒸

发源独立工作和设置隔板是关键技术,在各蒸发源发射的蒸发物到达基片前,绝对不能发生元素混合,如图3-10所示。

2. 化合物蒸镀方法

化合物薄膜蒸镀方法主要有电阻加热法、反应蒸镀法、双蒸发源蒸镀法 —— 三温度法和分子束外延法。

(1)反应蒸镀法

反应蒸镀即在充满活泼气体的气氛中蒸发固体材料,使两者在基片上进行反应而形成化合物薄膜。这种方法在制作高熔点化合物薄膜时经常被采用。例如,在空气或氧气中蒸发 SiO_2 来制备 SiO_2 薄膜;在氮气气氛中蒸发 Zr 制备 ZrN 薄膜;由 C_2H_4–Ti 系制备 TiC 薄膜等。

图 3-11 是反应蒸镀 SiO_2 薄膜的原理,即在普通真空设备中引入 O_2。要准确地确定 SiO_2 的组成,可从氧气瓶引入 O_2,或对装有 Na_2O 粉末的坩埚进行加热,分解产生 O_2 在基片上进行反应。由于所制备的薄膜组成与晶体结构随气氛压力、蒸镀速度和基片温度三个参量而改变,所以必须适当控制着三个参量,才能得到优良的 SiO_2 薄膜。

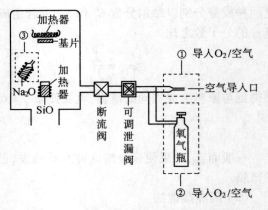

图 3-11　SiO–O_2–空气反应制备 SiO_2 膜原理

(2)双蒸发源蒸镀——三温度法

三温度–分子束外延法主要是用于制备单晶半导体化合物薄膜。从原理上讲,就是双蒸发源蒸镀法。但也有区别,在制备薄膜时,必须同时控制基片和两个蒸发源的温度,所以也称三温度法。三温度法是制备化合物半导体的一种基本方法,它实际上是在 V 族元素气氛中蒸镀 III 族元素,从这个意义上讲非常类似于反应蒸镀。图3-12 就是典型的三温度法制备 GaAs 单晶薄膜原理,实验中控制 Ga 蒸发源温度为 910 ℃,As 蒸发源温度为 295 ℃,基片温度为 425 ~ 450 ℃。

所谓分子束外延法实际上为改进型的三温度法。当制备 $GaAs_xP_{1-x}$ 之类的三元混晶半导体化合物薄膜时,再加一蒸发源,即形成了四温度法。相应原理如图3-13 所示。由于 As 和 P 的蒸气压都很高,造成这些元素以气态存在于基片附近,As 和 P 的量难以控制。为了解决上述困难,就要设法使蒸发源发出的所有组成元素分子呈束状,而不构成整个腔体气氛,这就是分子束外延法的思想。技术特点是采用克努曾盒型蒸发源,并使基片周围保持低温,再蒸发 V 族元素,使其凝结在基片上,相应的工艺见表3.2。

表3.2　三温度法典型工艺参数

Ga 蒸发源	950 K	GaAs 基片	>700 K
As 蒸发源($GaAs{\rightarrow}As_2$)	1 100 ~ 1 250 K	GaP 基片	>870 ~ 900 K
P 蒸发源($GaP{\rightarrow}P_2$)	1 100 ~ 1 250 K	生长速度	0.2 ~ 0.3 nm/s

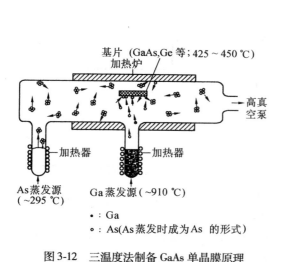

图 3-12　三温度法制备 GaAs 单晶膜原理

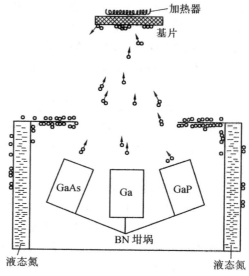

图 3-13　分子束外延原理

3.2　溅射成膜

溅射是指荷能粒子(如正离子)轰击靶材,使靶材表面原子或原子团逸出的现象。逸出的原子在工件表面形成与靶材表面成分相同的薄膜。这种制备薄膜的方法称为溅射成膜。

溅射现象于 1842 年由 Grove 提出,1870 年开始将溅射现象用于薄膜的制备,但真正达到实用化却是在 1930 年以后。进入 20 世纪 70 年代,随着电子工业中半导体制造工艺的发展,需要制备复杂组成的合金。而用真空蒸镀的方法来制备合金膜或化合物薄膜,无法精确控制膜的成分。另一方面,蒸镀法很难提高蒸发原子的能量从而使薄膜与基体结合良好。例如,加热温度为 1 000 ℃时,蒸发原子平均动能只有 0.14 eV 左右,导致蒸镀膜与基体附着强度较小;而溅射逸出的原子能量一般在 10 eV 左右,为蒸镀原子能量的 100 倍以上,与基体的附着力远优于蒸镀法。随着磁控溅射方法的采用,溅射速度也相应提高了很多,溅射镀膜得到了广泛应用。

3.2.1　溅射的基本原理

1. 气体放电理论

溅射通常采用的是辉光放电,利用辉光放电时正离子对阴极溅射。当作用于低压气体的电场强度超过某临界值时,将出现气体放电现象。气体放电时在放电空间会产生大量电子和正离子,在极间的电场作用下它们将作迁移运动形成电流。图 3-14 和图 3-15 分别为稳定放电测量回路和气体放电伏安特性。图 3-15 中 I 区为非自持放电(Townsend 放电),即外界条件作用下导致气体放电;当电压超过 B 点后,电流迅速增大,管电压稍有降低,即进入 II 区,该区放电不取决于外界条件而能够持续,并发出暗光,称为自持暗放电;自持放电时若负载足够大则是稳定的,否则为不稳定的,导致电压降低而电流增加经 III

区过渡而进入辉光放电区 V,在该区域内,电压降基本上保持不变,并发出一定颜色的辉光,VI 区为反常辉光区,当电压超过 G 点时,即进入弧光放电过渡区 VII,并迅速转入低电压大电流的弧光放电区 VIII。

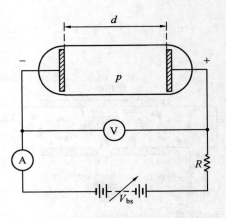

图 3-14 稳定测量回路

低压气体放电是指由于电子获得电场能量,与中性气体原子碰撞引起电离的过程,Townsend 引入三个系数来分别表征放电管内存在的三个电离过程。

（1）电子的电离系数 α

在电场作用下,电子获得一定能量,在从阴极到阳极运动过程中与中性气体原子发生非弹性碰撞,使中性原子失去外层电子变成正离子和新的自由电子,这种现象会增殖而形成电子崩,电子电离系数就是表示自由电子经单位距离,由于碰撞电离而增殖的自由电子数目或产生的电离数目。设单位时间由阴极表面逸出电子的面密度为 n_0,则阴极的电子电流密度 J_0 为

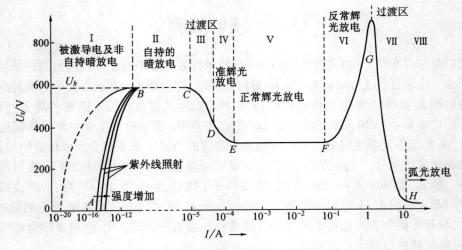

图 3-15 放电过程的伏安特性

$$J_0 = en_0 \tag{3-15}$$

距阴极为 x 处的电流密度 J 为

$$J = J_0 e^{ax} \tag{3-16}$$

当极间距离为 d 时,达到阴极的电子电流密度 J_d 为

$$J_d = J_0 e^{ad} \tag{3-17}$$

α 值与气体压力 p、电场强度 E 有关,经验公式为

$$\frac{\alpha}{p} = A\exp\left(-\frac{B}{E/p}\right) \tag{3-18}$$

式中 A,B 为实验常数,表 3.3 列出了几种气体的实验常数。

表 3.3　几种气体的实验常数 A 和 B

气体	$A/(\mathrm{cm} \cdot \mathrm{Pa})^{-1}$	$B/(\mathrm{V} \cdot \mathrm{cm}^{-1} \cdot \mathrm{Pa}^{-1})$	$E \cdot p^{-1}/[\mathrm{V} \cdot (\mathrm{cm} \cdot \mathrm{Pa})^{-1}]$
N_2	0.09	2.57	0.75 ~ 4.5
H_2	0.037	0.98	1.125 ~ 4.5
空气	0.113	2.74	0.75 ~ 6.0
CO_2	0.15	3.5	3.75 ~ 7.5
Ar	0.09	1.35	0.75 ~ 4.5
He	0.023	0.255(0.187)	0.15 ~ 1.125(0.023 ~ 0.075)
Hg	0.15	2.78	1.5 ~ 4.5

（2）正离子电离系数 β

正离子从阴极向阳极运动过程中，与中性分子碰撞而使分子电离，单位距离由于正离子碰撞产生的电离系数用 β 表示。与电子相比正离子引起的电离作用是较小的。考虑到正离子的电离作用，到达阳极的电子电流密度 J_d 为

$$J_d = J_0 \frac{(\alpha - \beta)\exp[(\alpha - \beta)d]}{\alpha - \beta \exp[(\alpha - \beta)d]} \tag{3-19}$$

（3）二次电子发射系数

每个击中阴极靶面的正离子使阴极逸出的二次电子数称为二次电子发射。一般而言，气体的电离电位较高，阴极靶的电子逸出功较低时，则系数 γ 就越大，表 3.4 为几种靶材料的二次电子发射系数。

表 3.4　二次电子发射系数

靶	入射离子	入射离子能量 /eV		
		200	600	1 000
W	He^+	0.524	0.24	0.258
	Ne^+	0.258	0.25	0.25
	Ar	0.1	0.104	0.108
	Kr^+	0.05	0.054	0.058
	Xe^+	0.016	0.016	0.016
Mo	He^+	0.215	0.225	0.245
	Ne^+	0.715	0.77	0.78
Ni	He^+	——	0.6	0.84
	Ne^+	——	——	0.53
	Ar^+	——	0.09	0.156

由于二次电子的发射，增加了阴极附近的电子数量，则阴极的放电电流密度为

$$J_d = J_0 \frac{\mathrm{e}^{ad}}{1 - \gamma(\mathrm{e}^{ad} - 1)} \tag{3-20}$$

由非自持放电转化为自持放电的条件为

$$1 - \gamma(\mathrm{e}^{ad} - 1) = 0 \quad 或 \quad \gamma(\mathrm{e}^{ad} - 1) = 1 \tag{3-21}$$

若从非自持放电转化为自持放电的点燃电场为 E_s，则点燃电压为

$$V_S = E_s \cdot d \tag{3-22}$$

将自持放电条件式（3-21）代入式（3-18）得

$$V_S = \frac{Bpd}{\ln\left[Apd/\ln\dfrac{(1+\gamma)}{\gamma}\right]} \tag{3-23}$$

即自持放电的点燃电压取决于 p 和 d 的乘积，在 V_S 和 pd 关系曲线上具有一个极小值，理论上和实验上都可以找出极值点。即在一定的 pd 值时点燃电压最小，称为巴欣（Padchen）定律，下面给出理论证明。

电子从阴极到阳极的全部路程 d 所引起的总碰撞次数 N_d 为

$$N_d = \frac{d}{\lambda e} \propto pd \tag{3-24}$$

而电子在一个单位自由程内，从电场获得的能量为

$$\varepsilon = eE\lambda e = e\frac{U}{d} \cdot \lambda e \propto \frac{1}{pd} \tag{3-25}$$

当 pd 值很小时，电子从阴极到阳极的全部路程上所引起的总碰撞次数 N_d 较少，而电子在每个自由程上获得的能量最大；随着 pd 值增加，N_d 将增加，所以点燃电压 V_S 随 pd 值的增加而降低。

当 pd 值很大时，由于电子在每个自由程中及从电场获得的能量减少，低能电子与中性原子的碰撞并不一定都能有效地碰撞电离，电离概率降低。因此需要给予电子更大的能量才能促使其电离，即使点燃电压升高。当然随着 pd 值增加，总碰撞次数也增加，但结合结果是使点燃电压增加。

对式（3-23）求导，可得巴欣曲线的极值点参数

$$V_{S\min} = 2.72\frac{B}{A}\ln\left(1+\frac{1}{r}\right) \tag{3-26}$$

$$(pd)_{\min} = 2.72\frac{\ln\left(1+\dfrac{1}{r}\right)}{A} \tag{3-27}$$

表 3.5 列出了几种气体及靶材的最小点燃电压及相应的 pd 值，影响气体放电的点燃电压除了与气体种类（A、B 参数）以及阴极材料及表面状态有关以外，还与正离子电离、光电离、空间电场分布以及掺入气体等多种因素有关，它是一个由多种因素影响的复杂的量，但其主要因素则由巴欣定律给出。

2. 辉光放电

当低压放电管外加电压超过点燃电压后，放电管只能自持放电，并发出辉光，这种放电现象称为辉光放电。从阴极到阳极可将辉光放电分成三个区域，即阴极放电区、正柱区及阳极放电区三个部分。其中阴极放电区最复杂，可分成阿斯顿（Aston）暗区、阴极辉光、克鲁斯（Crookes）暗区、负辉光区以及法拉第暗区几个部分，如图 3-16 所示。

（1）阿斯顿暗区

该区紧靠阴极表面一层，由于电子刚刚从阴极表面逸出，能量较小，还不足以使气体激发电离，所以不发光，但电子在该区可获得激发气体原子所必须的能量。

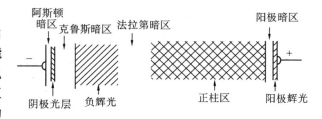

图 3-16　正常辉光放电的外貌示意

（2）阴极辉光层

电子获得足够的能量后，能使气体原子激发而发光，形成阴极辉光层。

（3）克鲁斯暗区

随着电子在电场中获得的能量不断增加，使气体原子产生大量的电离，在该区域内电子的有效激发电离随之减小，发光变得微弱，该区域称为克鲁斯暗区。

（4）负辉光区

由于从阴极逸出的电子经过多次非弹性碰撞，大部分电子能量降低，加上阴极暗区电离产生大量电子进入这一区域，导致负空间电荷堆积而产生光能，形成负辉光区。

（5）法拉第暗区

法拉第暗区即负辉光区至正柱区的中间过渡区，电子在该区内由于加速电场很小，继续维持其低能状态，发光强度较弱。

（6）阳极暗区

阳极暗区是正柱区和阳极之间的区域，它是一个可有可无的区域，取决于外电路电流大小及阳极面积和形状等因素。

以上辉光放电区域虽然具有不同的特征，但紧密联系，其中阴极区最重要，当阴极和阳极之间距离缩短时，首先消失的是阳极区，接着是正柱区和法拉第区。此外，极间距进一步缩小，则不能保证原子的离子化，辉光放电终止。

3. 溅射机制

（1）溅射蒸发论

蒸发论由 Hippel 于 1926 年提出，后由 Sommereyer 于 1935 年进一步完善。基本思想是：溅射的发生是由于轰击离子将能量转移到靶上，在靶上产生局部高温区，使靶材从这些局部区域蒸发。按这一观点，溅射率是靶材升华热和轰击离子能量的函数，溅射原子成膜应该与蒸发成膜一样呈余弦函数分布。早期的实验数据支持这一理论。然而进一步的实验证明，上述理论存在严重缺陷，主要有以下几点：（a）溅射粒子的分布并非余弦规律；（b）溅射量与入射离子质量和靶材原子质量之比有关；（c）溅射量取决于入射粒子的方向。

（2）动量转移理论

动量转移论由 Stark 于 1908 年提出，Compton 于 1934 年完善。这种观点认为，轰击离子对靶材轰击时，与靶材原子发生了弹性碰撞，从而获得了与入射原子相反方向的动量，撞击表面而形成溅射原子，如图 3-17 所示。

由于溅射是由碰撞机制产生，因而溅射原子分布不同于蒸发原子的分布，图 3-18 是不同能量 Hg 离子对多晶钼靶轰击后,不同方向的溅射离子分布。显然,它是非余弦分布。然而,当轰击离子能量增加时,其角度分布逐渐趋于余弦分布。

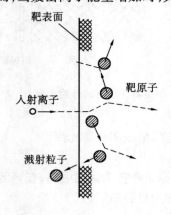

图 3-17　入射离子与靶材原子碰撞示意

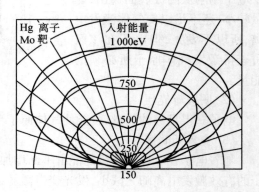

图 3-18　多晶靶溅射离子分布

这里,高能离子与靶材表面原子碰撞,表面原子获得的最大能量可以写成

$$w_2 = 4 \cdot \frac{m_1 m_2}{(m_1 + m_2)^2} w_1 \tag{3-28}$$

式中,m,w 分别为高能离子质量与能量。然而应该指出,由于经过多次表面原子的碰撞,真正变成溅射离子的能量要远小于上式的理论值,图 3-19 是溅射离子平均能量与入射离子能量的关系。可以看出,随着入射离子能量增加,溅射粒子能量也随之增加。当斜入射时,溅射粒子能量更大。一般而言,溅射粒子的能量符合波尔兹曼分布,并且绝大部分溅射粒子能量为 0 ~ 10 eV。

4. 溅射率及其影响因素

通常,一个入射于靶面的离子,使靶面溅射出来的原子数称为溅射率,用 S 表示。可

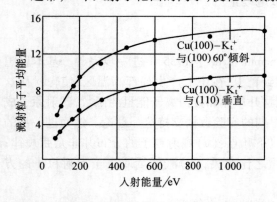

图 3-19　溅射离子平均能量与入射离子的关系

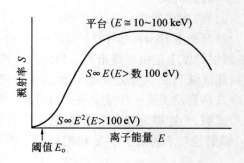

图 3-20 溅射率与入射离子能量的关系

见,溅射率是决定溅射成膜快慢的主要因素之一。影响溅射率大小的主要因素有入射离子能量、入射角度、靶材及表面晶体结构。其中入射离子能量起决定性的作用,图 3-20 是溅射率和入射离子能量的关系。可以看出,离子轰击存在阈值 E_0,只有 $E > E_0$ 时,才会产

生溅射粒子。表 3.5 列出了各种靶材的阈值能量。从动量传递理论推算,在入射离子与靶面原子发生碰撞过程中,当获得传递能量的溅射粒子大于靶材的升华热时,靶材原子可以从靶面飞出,所以阈值能量与升华热具有相同的数量级。

表 3.5　某些气体 – 阴极的 Vs_{min} 和 $(pd)_{min}$ 值

气体	阴极	Vs_{min}/V	$(pd)_{min}/Pa \cdot m$
He	Fe	150	33.3
Ne	Fe	244	40
Ar	Fe	265	20
N₂	Fe	275	10
O₂	Fe	450	9.3
空气	Fe	330	76
Hg	W	425	24
Hg	Fe	520	26.7
Hg	Hg	330	——
Na	Fe	335	0.53

从图 3-20 还可以看出,入射离子能量在 100 eV 以下时,$S \propto E_0^2$;入射离子能量为 100 ~ 400 eV 时,$S \propto E_0$;入射离子能量为 400 ~ 500 eV 时,$S \propto \sqrt{E_0}$;入射离子能量为 10 ~ 100 keV 时,溅射率出现平台。

事实上,溅射率 S 的大小还取决于正离子的种类,靶材为 Ag,加速电压为 45 kV 时,溅射率随正离子原子序数呈周期变化,而惰性气体呈现出峰值。所以通常溅射时多用 Ar。此外,靶材不同对溅射影响也较大,随着原子序数增大,溅射率也周期性变化,如 Cu,Ag,Au 都具有最大的溅射率。表 3.6 给出了各种物质的溅射率。

表 3.6　各种物质的溅射率　　　　　　　　　　　　　　　原子/离子

靶	Ne⁺				Ar⁺			
	100 eV	200 eV	300 eV	600 eV	100 eV	200 eV	300 eV	600 eV
Be	0.012	0.1	0.26	0.56	0.074	0.19	0.29	0.80
Al	0.031	0.024	0.43	0.83	0.11	0.35	0.65	1.24
Si	0.034	0.13	0.25	0.54	0.07	0.18	0.31	0.53
Ti	0.008	0.22	0.30	0.45	0.081	0.22	0.33	0.58
V	0.006	0.17	0.36	0.55	0.11	0.31	0.41	0.70

3.2.2　溅射设备

1. 直流溅射

典型的二极直流溅射设备原理如图 3-21 所示,它由一对阴极和阳极组成的二极冷阴极辉光放电管组成。阴极相当于靶,阳极同时起支撑基片作用。Ar 气压保持在13.3 ~

0.133 Pa 之间,附加直流电压在千伏数量级时,则在两极之间产生辉光放电,于是 Ar^+ 由于受到阴极位降而加速,轰击靶材表面,使靶材表面溢出原子,溅射出的粒子沉积于阳极处的基片上,形成与靶材组成相同的薄膜。

影响直流溅射成膜的主要参数有阴极位降、阴极电流、溅射气体压力等。随着溅射气压升高,两极间距的增加,从靶材表面到基片飞行中的溅射粒子因不断与气体分子或离子碰撞损失动能而不能到达基片,所以到达基片的物质总量可折算为

$$Q = k_1 Q_0 / pd \tag{3-29}$$

式中,Q_0 为靶材表面溅射飞出原子的总量,可写为

$$Q_0 \approx (I_i / e) St(A / N_0) \tag{3-30}$$

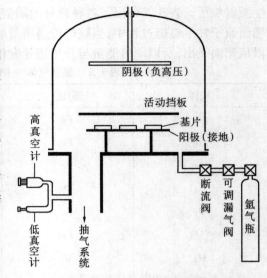

图 3-21 典型的二极直流溅射设备原理

式中,I_i 为轰击靶材的离子流;A 为溅射粒子的原子量;N_0 为阿伏加德罗常数;t 为溅射时间。通常情况下,近似地有 $I_s = L_i(I_s$ 为放电电流),S 正比于 V(放电电压),所以

$$Q_0 \approx K_2 V_0 I_s t \tag{3-31}$$

式中,K_2 也取决于溅射物质。最后有

$$Q \cong K_1 K_2 V I_s t / pd \tag{3-32}$$

从上式可以看出,溅射的物质量 Q 正比于溅射装置所消耗的电功率 I_s,反比于气压和极间距。

二极直流溅射是溅射方法中最简单的,然而有很多缺点,其中最主要是放电不够稳定,需要较高起辉电压,并且由于局部放电常会影响制膜质量。此外,二极溅射以靶材为阴极,所以不能对绝缘体进行溅射。

2. 高频溅射

采用高频电压时,可以溅射绝缘体靶材。由于绝缘体靶表面上的离子和电子的交互撞击作用,使靶表面不会蓄积正电荷,因而同样可以维持辉光放电。与直流相比,高频放电管的点燃电压(巴欣电压)可以写成以下形式

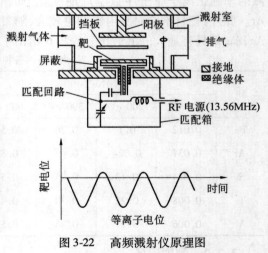

图 3-22 高频溅射仪原理图

$$V_s = f(pd, w) \tag{3-33}$$

一般而言,高频放电的点燃电压远低于直流或低频时的放电电压。图 3-22 为高频溅射仪原理图,与直流溅射相比,区别在于附加了高频电源。

3. 磁控溅射

与蒸镀法相比,二极或高频溅射的成膜速率都非常小,大约 50 nm/min,这个速率约为蒸镀速度的 1/5 ~ 1/10,因而大大限制了溅射技术的推广应用。为了提高溅射速度,后来又发展了磁控溅射。在溅射装置中附加磁场,由于洛仑兹力作用,可以使溅射速度成倍提高。当电场与磁场方向平行时,电子运动方向决定了其两种运动倾向。其一是不受洛仑兹力作用,此时电子速度平行于磁场方向;其二是做螺旋运动,此时电子速度与磁场成 θ 角。无论哪种情形,在磁场作用下,电子的运动被封闭在电极范围内,大大减少了电子与腔体的复合损耗,同时电子的螺旋运动增加了电子从阴极到阳极的运动路程,有效地增加了气体的电离。当磁场与电场正交时,电子在阴极附近作摆线运动,而后返回到阴极,增加了碰撞电子数量,从而有效增加了气体分子的电离。这刚好与增加反应室气体压力具有相同的效果。设工作室实际气压为 p,附加正交磁场后有效气压为 p_e,则有

$$p_e/p = \{[1 + (\omega\tau)^2]\}^{1/2} \tag{3-34}$$

式中,ω 为电子角速度;τ 为电子平均碰撞时间。由式(3-34)可见,$\omega\tau \gg 1$ 时,正交磁场的作用明显。

4. 反应溅射

在溅射中,如果将靶材做成化合物来制备化合物薄膜,则薄膜的成分一般与靶材化合物的成分偏差较大。为了溅射化合物薄膜,通常在反应气氛下来实现溅射,即将活性气体混入放电气体中,就可以控制成膜的组成和性质,这种方法叫反应溅射方法。

反应溅射装置中一般设有引入活性气体的入口,并且基片应预热到 500 ℃ 左右的温度。此外,要对溅射气体与活性气体的混合比例进行适当控制。通常情况下,对于二极直流溅射,氩气加上活性气体后的总压力为 1.3 Pa,而在高频溅射时一般为 0.6 Pa 左右。表 3.7 为反应溅射法制备薄膜的常用工艺参数。

表 3.7　反应溅射法制备薄膜的工艺参数

目标薄膜	方　　法	阴极材料	放电气体压力/Pa	基片温度/ ℃
AlN	高频	Al	Ar:0.53　N$_2$:0.26	~250
NbN	非对称交流	Nb	Ar:4　N$_2$:0.27	~600
PtO$_2$	两极直流	Pt	O$_2$:0.67	~400
TaC	两极直流	Ta	Ar:0.4 CH$_4$:5×10^{-3}	~400
			CO:2.6×10^{-3}	

5. 离子镀

溅射法是利用被加速的正离子的撞击作用,使蒸气压低而难蒸发的物质变成气体。这种正离子若打到基片上,还会起到表面清洗的作用,提高薄膜质量。然而,这样又带来一个新的的问题,就是成膜速度受到一定限制。为了解决这一难题,将真空蒸镀与溅射结合起来,利用真空蒸镀来镀膜,利用溅射来清洗基片表面,这种制膜方法被称为离子镀膜。图

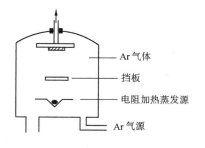

Ar 气体
挡板
电阻加热蒸发源
Ar 气源

图 3-23　离子镀膜装置

3-23 为离子镀膜装置原理。

将基片放在阴极板上,在基片和蒸发源之间加上高电压,真空室内充入 $1.3 \sim 1.3 \times 10^{-2}$ Pa放电气体。与放电气体成比例的蒸发分子,由于强电场作用而激发电离,离子加速后打到基片上,而大部分中性蒸发分子不能加速而直接到达基片上。采用这种方法制备的薄膜与基体结合强度大。若加之磁场控制溅射,或在两极间加高频电场或混入反应性气体,可以制备多种单质或化合物薄膜。

3.3 化学气相沉积(CVD)

当形成的薄膜除了从原材料获得组成元素外,还在基片表面与其他组分发生化学反应,获得与原成分不同的薄膜材料,这种存在化学反应的气相沉积称为化学气相沉积(CVD)。采用 CVD 法制备薄膜是近年来半导体、大规模集成电路中应用比较成功的一种工艺方法,可以用于生长硅、砷化镓材料、金属薄膜、表面绝缘层和硬化层。

3.3.1 CVD 反应原理

应用 CVD 方法原则上可以制备各种材料的薄膜,如单质、氧化膜、硅化物、氮化物等薄膜。根据要形成的薄膜,采用相应的化学反应及适当的外界条件,如温度、气体浓度、压力等参数,即可制备各种薄膜。

1. 热分解反应法制备薄膜材料

典型的热分解反应薄膜制备是外延生长多晶硅薄膜,如利用硅烷 SiH_4 在较低温度下分解,可以在基片上形成硅薄膜,还可以在硅膜中掺入其他元素,控制气体混合比,即可以控制掺杂浓度,相应的反应为

$$SiH_4 \xrightarrow{\triangle} Si+2H_2$$

$$PH_3 \xrightarrow{\triangle} P+\frac{3}{2}H_2$$

$$B_2H_6 \xrightarrow{\triangle} 2B+3H_2$$

2. 氢还原反应制备薄膜材料

氢还原反应制备外延层是一种重要的工艺方法,可制备硅膜,反应式为

$$SiCl_4+2H_2 \xrightarrow{\triangle} Si+4HCl$$

各种氯化物还原反应有可能是可逆的,取决于反应系统的自由能、控制反应温度、氢与反应气的浓度比、压力等参数,对于正反应进行是有利的。如利用 $FeCl_2$ 还原反应制备 $\alpha-Fe$ 的反应中,需要控制以下参数,即

$$FeCl_2+H_2 \xrightarrow{\triangle} Fe+2HCl$$

3. 氧化反应制备氧化物薄膜

氧化反应主要用于在基片表面生长氧化膜,如 SiO_2, Al_2O_3, TiO_2, TaO_5 等。使用的原料主要有卤化物、氯酸盐、氧化物或有机化合物等,这些化合物能与各种氧化剂进行反应。

为了生成氧化硅薄膜,可以用硅烷或四氯化硅和氧反应,即

$$SiH_4 + O_2 \xrightarrow{\triangle} SiO_2 + 2H_2$$

$$SiCl_4 + O_2 \xrightarrow{\triangle} SiO_2 + 2Cl_2$$

为了形成氧化物,还可以采用加水反应,即

$$SiCl_4 + 2H_2O \xrightarrow{\triangle} SiO_2 + 4HCl$$

$$2AlCl_3 + 3H_2O \xrightarrow{\triangle} Al_2O_3 + 6HCl$$

4. 利用化学反应制备薄膜材料

利用化学反应可以制得氮化物、碳化物等多种化合物覆盖层薄膜,相应的化学反应式为

$$TiCl_4 + 2H_2 + \frac{1}{2}N_2 \xrightarrow{\triangle} TiN + 4HCl$$

$$TiCl_4 + CH_4 \xrightarrow{\triangle} TiC + 4HCl$$

$$SiH_2Cl_2 + \frac{4}{3}NH_3 \xrightarrow{\triangle} \frac{1}{3}Si_3N_4 + 2HCl + 2H_2$$

$$SiH_4 + \frac{4}{3}NH_3 \xrightarrow{\triangle} \frac{1}{3}Si_3N_4 + 4H_2$$

5. 物理激励反应过程

利用外界物理条件使反应气体活化,促进化学气相沉积过程,或降低气相反应的温度,这种方法称为物理激励,主要方式有:

(1)利用气体辉光放电

将反应气体等离子化,从而使反应气体活化,降低反应温度。例如,制备 Si_3N_4 薄膜时,采用等离子体活化可使反应体系温度由 800 ℃ 降低至 300 ℃ 左右,相应的方法称为等离子体强化气相沉积(PECVD)。

(2)利用光激励反应

光的辐射可以选择反应气体吸收波段,或者利用其他感光性物质激励反应气体。例如,对 $SiH_4 - O_2$ 反应体系,使用水银蒸气为感光物质,用紫外线辐射,其反应温度可降至 100 ℃ 左右,制备 SiO_2 薄膜;用于 $SiH_4 - NH_3$ 体系,同样用水银蒸气作为感光材料,经紫外线辐照,反应温度可降至为 200 ℃,制备 Si_3N_4 薄膜。

(3)激光激励

同光照射激励一样,激光也可以使气体活化,从而制备各类薄膜。

3.3.2　影响 CVD 薄膜的主要参数

1. 反应体系成分

CVD 原料通常要求室温下为气体,或选用具有较高蒸气压的液体或固体等材料。在室温蒸气压不高的材料也可以通过加热,使之具有较高的蒸气压。表 3.8 为 CVD 法制膜的几种原料。

表 3.8　CVD 法制膜的几种原料

材　　料	化合物原料	CVD 薄膜
氢化物	SiH_4,PH_3,B_2H_6	Si,P,B
氧化物	SiH_4O_2	SiO_2
卤化物	$SiCl_4$	
	SiH_2Cl_2　$-H_2$	Si
金属有机化合物	$Fe(CO)_5$	Fe
	$Fe(CO)_5—O_2$	Fe_2O_3
金属有机化合物	$Al_2(C_2H_5)_3—O_2$	Al_2O_3

2.气体的组成

气体成分是控制薄膜生长的主要因素之一。对于热解反应制备单质材料薄膜,气体的浓度控制关系到生长速度。例如,如果采用 SiH_4 热分解反应制备多晶硅,700 ℃时可获得最大的生长速度。加入稀释气体氧,可阻止热解反应,使最大生长速度的温度升高到 850 ℃左右;当制备氧化物和氮化物薄膜时,必须适当过量附加 O_2 及 NH_3 气体,才能保证反应进行。用氢还原的卤化物气体,由于反应的生成物中有强酸,其浓度控制不好,非但不能成膜,反而会出现腐蚀。

可见,当 HX 浓度较高时,后两种反应会显露出来,一直使 Si 的成膜速度降低,甚至为零。

3.压力

CVD 制膜可采用封管法、开管法和减压法三种。其中封管法是在石英或玻璃管内预先放置好材料以便生成一定的薄膜;开管法是用气源气体向反应器内吹送,保持在一个大气压的条件下成膜。由于气源充足,薄膜成长速度较大,但缺点是成膜的均匀性较差;减压法又称为低压 CVD,在减压条件下,随着气体供给量的增加,薄膜的生长速率也增加。

4.温度

温度是影响 CVD 的主要因素。一般而言,随着温度升高,薄膜生长速度也随之增加,但在一定温度后,生长即增加缓慢。通常要根据原料气体和气体成分及形膜要求设置 CVD 温度。CVD 温度大致分为低温、中温和高温三类,其中低温 CVD 反应一般需要物理激励,表 3.9 为 CVD 法膜形成的温度。

表 3.9　CVD 法膜形成的温度

成长温度		反应系统	薄　　膜
低温	室温 ~200 ℃	紫外线激励 CVD	SiO_2　Si_3N_4
	~400 ℃	等离子体激励 CVD	SiO_2　Si_3N_4
	~500 ℃	$SiH_4—O_2$	SiO_2
中温	~800 ℃	$SiH_4—NH_3$	Si_3N_4
		$SiH_4—CO_2—H_2$	SiC_2
		$SiCl_4—CO_2—H_2$	
		$SiH_2Cl_2—NH_3$	Si_3N_4
		SiH_4	多晶硅
高温	~1 200 ℃	$SiH_4—H_2$	
		$SiCl_4—H_2$	Si 外延生长
		$SiH_2Cl_2—H_2$	

3.3.3　CVD 设备

CVD 设备一般分为反应室、加热系统、气体控制和排气系统等四个部分,下面分别作简要介绍。

1. 气相反应室

反应室设计的核心问题是使制得的薄膜尽可能均匀。由于 CVD 反应是在基片的表面进行的,所以也必须考虑如何控制气相中的反应,及对基片表面能充分供给反应气。此外,反应生成物还必须能方便放出。表 3.10 为各种 CVD 装置的形式。

从表 3.10 可以看出,气相反应器有水平型、垂直型、圆筒型等几种。其中,水平型的生产量较高,但沿气流方向膜厚及浓度分布不太均匀;垂直型生产的膜均匀性好,但产量不高;后来开发的圆筒状则兼顾了二者的优点。

表 3.10　各种 CVD 装置的形式

形　式	加热方法	温度范围/ ℃	原 理 简 图
水 平 型	板状加热方式 感应加热 红外辐射加热	≈ 500 $\left.\right\}\approx 1\ 200$	
垂 直 型	板状加热方式 感应加热	≈ 500 $\approx 1\ 200$	
圆 筒 型	诱导加热 红外辐射加热	$\left.\right\}\approx 1\ 200$	
连 绕 型	板状加热方法 红外辐射加热	$\left.\right\}\approx 500$	
管状炉型	电阻加热 (管式炉)	$\approx 1\ 000$	

2. 加热方法

CVD 装置的加热方法见表 3.11 中的四类。常用的加热方法是电阻加热和感应加热,其中感应加热一般是将基片放置在石墨架上,感应加热仅加热石墨,使基片保持与石墨同一温度。红外辐射加热是近年来发展起来的一种加热方法,采用聚焦加热可以进一步强化热效应,即使基片或托架局部迅速加热。激光加热是一种非常有特色的加热方法,其特点是在基片上微小的局部使温度迅速升高,通过移动束斑来实现连续扫描加热的目的。

表 3.11　CVD 装置的加热方法

加热方法	原　理　图	应　用
电阻加热	板状加热方式 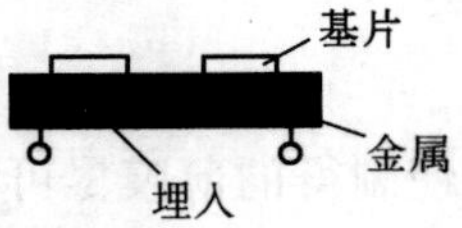　基片　金属　埋入	低于 500 ℃时的绝缘膜,等离子体
	管状炉 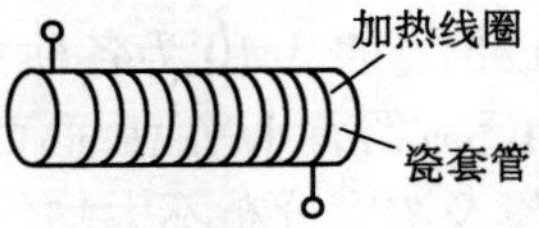　加热线圈　瓷套管	各种绝缘膜,多线（低压 CVD）
高频感应加热	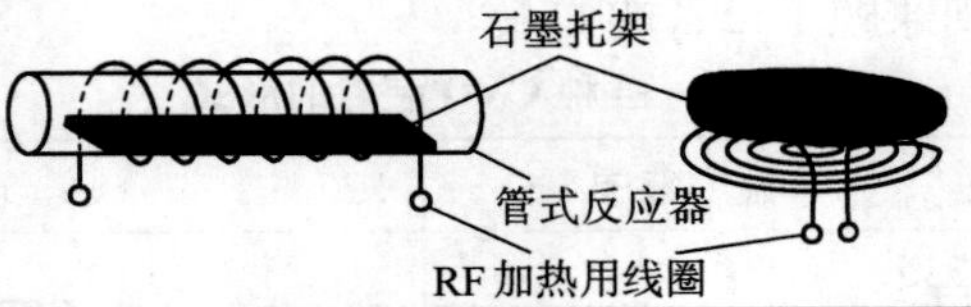 石墨托架　管式反应器　RF 加热用线圈	硅外运及其他
红外辐射加热（用灯加热）	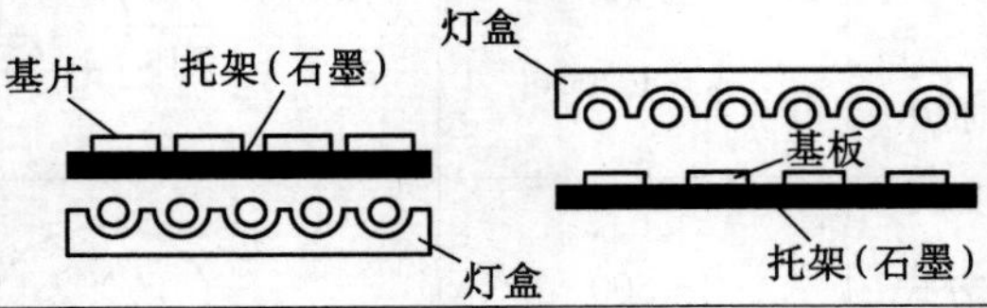 基片　托架(石墨)　灯盒　基板　托架(石墨)　灯盒	硅外运及其他
激光束加热		选择性 CVD

3. 气体控制系统

在 CVD 反应体系中使用了多种气体,如原料气、氧化剂、还原剂、载气等,为了制备优质薄膜,各种气体的配比应予以精确控制。使用的监控元件主要有质量流量计和针型阀。

4. 排气处理系统

CVD 反应气体大多有毒性或强烈的腐蚀性,因此需要经过处理才可以排放。通常采用冷吸收,或通过淋水水洗后,经过中和反应后排出。随着全球环境恶化,排气处理系统在先进 CVD 设备中已成为一个非常重要的组成部分。

3.4　三束技术与薄膜制备

20 世纪 60 ~ 70 年代,激光束、等离子体束和离子束或电子束(简称"三束")技术逐步进入薄膜制备和表面加工领域,并发挥着其特有的功能。下面就分别介绍三束技术的原理及在薄膜制备方面的应用。

3.4.1　激光辐照分子外延(LaserMBE)

1. 激光分子束外延的基本原理

分子束外延(MBE)已有 20 多年的研究历史。外延成膜过程在超高真空中实现束源流的原位单原子层外延生长,分子束由加热束源得到。然而,早期的分子束外延不易得到高熔点分子束,并且在低的分压下也不适合制备高熔点氧化物、超导薄膜、铁电薄膜、光学晶体及有机分子薄膜。

1983 年,J. T. Cheng 首先提出激光束外延概念,即将 MBE 系统中束源炉改换成激光靶,采用激光束辐照靶材,从而实现了激光辐照分子束外延生长。1991 年,日本 M. Kanai 等人提出了改进的激光分子束外延技术(L-MBE),被誉为薄膜研究中重大突破。

图 3-24 为计算机控制的激光分子束外延系统示意图。系统的主体是一个配有反射式高能电子衍射仪(RHEED)、四极质谱仪和石英晶体测厚仪等原位监测的超高真空室(10^{-8} Pa)。脉冲激光源为准分子激光器(ArF 或 KrF),其脉冲宽度约 20～40 ns,重复频率 2～30 Hz,脉冲能量大于 200 mJ。真空室由生长室、进样室、涡轮分子泵、离子泵、升华泵等组成。生长室配有可旋转的靶托架和基片加热器。进样室内配有样品传递装置。靶托架上有 4 个靶盒,可根据需要随时换靶。

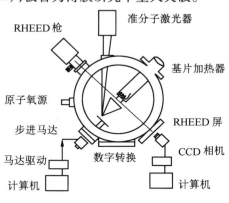

图 3-24　激光分子束外延系统示意图

加热器能使基片表面温度达到 850～900 ℃。整个 L-MBE 系统均可由计算机精确控制,并可实时进行数据采集与处理。

2. L-MBE 生长薄膜的基本过程

L-MBE 生长薄膜的基本过程是,一束强激光脉冲通过光学窗口进入生长室,入射到靶上,使靶材局部瞬间加热。当入射激光能量密度为 1～5 J/cm^2 时,靶面上局部温度可达 700 至 3 200 K,从而使靶面融熔蒸发出含有靶材成分的原子、分子或分子团簇;这些原子、分子团簇由于进一步吸收激光能量而立即形成等离子体羽辉。通常,羽辉中物质以极快的速度($\sim 10^5$ cm/s)沿靶面法线射向基片表面并淀积成膜,通过 RHEED 的实时监测等,实现以原子层或原胞层的精确控制膜层外延生长。若改换靶材、重复上述过程,就可以在同一基片上周期性地淀积成膜或超晶格。对不同的膜系,可通过适当选择激光波长、光脉冲重复频率与能量密度、反应气体的气压、基片的温度和基片与靶材的距离等,得到合适的淀积速率及成膜条件,辅以恰当的退火处理,则可以制备出高质量的外延薄膜。

3. L-MBE 生长薄膜的机理

L-MBE 方法的本质是在分子束外延条件下实现激光蒸镀,即在较低的气体分压下使激光羽辉中的物质的平均自由程远大于靶与基片的距离,实现激光分子束外延生长薄膜。目前,日本、美国等先进国家已开始对 L-MBE 方法成膜机理进行研究。

高质量的 L-MBE 膜的主要特征是它们的单相性、表面平滑性和界面完整性。这"三性"在很大程度上决定了外延薄膜的结构,也影响薄膜的性能。采用多种分析手段原位监测薄膜的生长过程,精确控制薄膜以原子层尺度外延,有利于对形膜动态机理进行研究。目前的研究结果表明,RHEED 条纹图案的清晰和尖锐程度反应了膜层表面的平滑性,条纹越清晰、尖锐,则膜层的表面越平滑。形膜过程中,基片温度、工作气压、淀积速率和基片表面的平整度等都能影响外延膜表面的平滑性。已经发现,在 $Co_{1-x}Sr_xCuO_2$ 外延生长中 RHEED 强度随时间呈周期性振荡,表明膜系中存在原胞层的逐层生长结构,并且随着淀积膜厚的增加,膜的粗糙度增加。此外,RHEED 强度振荡也向人们暗示,成膜过程中存在晶格再造过程,即经过形核和表面扩散,膜层有从粗糙到平坦转变的生长过程。如果能结合成膜过程对激光羽辉物质进行实时光谱、质谱和物质粒子飞行速度与动能分布监测分析,将会更加深入地了解成膜的动态机理。

4. L–MBE 方法的技术特点

L–MBE 方法集中了 MBE 和 PVD 方法的优点,具有很大的技术优势。综合分析,该方法有以下技术特点:

(1)可以原位生长与靶材成分相同的化学计量比的薄膜,即使靶材成分比较复杂,如果靶材包含 4 种、5 种或更多的元素,只要能形成致密的靶材,就能够制成高质量的 L–MBE薄膜。

(2)可以实时原位精确地控制原子层或原胞层尺度的外延膜生长,适合于进行薄膜生长的人工设计和剪裁,从而有利于发展功能性的多层膜、结型膜和超晶格。

(3)由于激光羽辉的方向性好,污染小,便于清洗处理,更适合在同一台设备上制备多种材料薄膜,如超导薄膜、各类光学薄膜、铁电薄膜、铁磁薄膜、金属薄膜、半导体薄膜,甚至是有机高分子薄膜等,特别有利于制备各种含有氧化物结构的薄膜。

(4)由于系统配有 RHEED 质谱仪和光谱仪等实时监测分析仪器,便于深入研究激光与物质的相互作用动力学过程和成膜机理等物理问题。

5. L–MBE 方法应用举例

T. Frey 等人用 L–MBE 方法在 SiTiO$_3$ 基片上以原胞层的精度制备了 PrBa$_2$Cu$_3$O$_7$/YBa$_2$Cu$_3$O$_7$/PrBa$_2$Cu$_3$O$_7$ 多层膜,获得了零电阻温度为 T_c=86 K 的高温超导多层薄膜。主要工艺控制参数为生长气氛、基片温度、激光的热温度等,表 3.12 为 L–MBE 方法制备超导多层膜的工艺参数。

表 3.12　L–MBE 方法制备超导多层膜的工艺参数

基片温度/ ℃	激光加热温度/ ℃	氧分压/×133.3Pa
730～750	2 000～3 000	10^{-10}

关于准分子激光蒸发镀膜方法。

1. 蒸镀原理及典型工艺

准分子激光频率处于紫外波段,许多材料,如金属、氧化物、陶瓷、玻璃、高分子、塑料等都可以吸收这一频率的激光。1987 年,美国贝尔实验室用准分子激光蒸发技术淀积高温超导薄膜。其原理类似于电子束蒸发法。主要区别是用激光束加热靶材,图 3-25 为激光蒸发淀积系统示意,系统主要包括准分子激光器、高真空腔,涡轮分子泵。

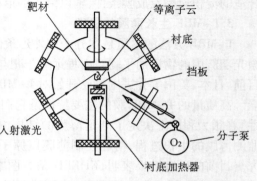

图 3-25　准分子激光蒸发镀膜原理

靶材　等离子云　衬底　挡板　入射激光　O$_2$　分子泵　衬底加热器

表 3.13 为准分子激光蒸镀的工艺参数,其蒸镀主要过程是,激光束通过石英窗口入射到靶材表面,由于吸收能量,靶表面的温度在极短时间内升高到沸点以上,大量原子从靶面蒸发出来,以很高的速成度直接喷射于衬底上凝结成膜。利用准分子激光蒸镀可以制备 $YBa_2Cu_3O_{7-x}$,$Bi_2Sr_2Ca_2Cu_3O_{10+x}$,$Tl_2Ba_2Ca_2Cu_3O_{10+x}$ 等高温超导薄膜。

表 3.13　准分子激光蒸镀的工艺参数

入射能量密度/$(J \cdot cm^{-2})$	脉冲频率/Hz	靶材原子比	氧分压/×0.133 Pa	衬底温度/℃	退火温度/℃
1~3	5~20	Y：Ba：Cu＝1：2：3	100~200	400(一次膜) 600~800(二次膜)	450~850

2. 准分子激光蒸镀的工艺特点

准分子激光蒸镀与传统的热蒸发和电子束蒸发相比具有许多优点,归纳起来有以下几点。

①激光辐照靶面时,只要入射激光的能量超过一定阈值,靶上各种元素都具有相同的脱出率,也就是说薄膜的组分与靶材一致,从而克服了多元化合物镀膜时成分不易控制的难点。

②蒸发粒子中含有大量处于激发态和离化态的原子、分子,基本上以等离子体的形式射向衬底。从靶面飞出的粒子具有很高的前向速度(约 $3×10^5$ cm/s),大大增强了薄膜生长过程中原子之间的结合力,特别是氧原子的结合力。

③在激光蒸发过程中,粒子的空间分布与传统的热蒸发不同,激光蒸镀中,绝大多数粒子都具有前向速度,即沿靶面的法线方向运动,与激光束入射角无关,所以只要衬底位于靶的正前方,就能得到组分正确且均匀的薄膜。

④激光蒸镀温度较高,而且能量集中,淀积速率快,通常情况下每秒沉积数纳米薄膜。

⑤由于在激光蒸发过程中,各种元素主要以活性离子的形式射向衬底,所以生长出的薄膜表面光洁度高。

3. 准分子激光蒸发的动力学过程

虽然准分子激光蒸发镀膜技术已被广泛用于制备高温超导薄膜,但对其成膜机理还没有完全了解。事实上激光蒸镀的成膜机理远比人们想象的要复杂。下面从动力学过程简要介绍激光蒸镀的机理。

(1)激光束与靶的相互作用

光辐照靶面时产生的热效应,主要是由光子与靶材中的载流子的相互作用引起的。靶子表面在准分子激光辐照下迅速被加热,从靶面喷出的原子、分子由于进一步吸收激光能量会立即转变为等离子体,靶面附近产生的高压使处于激发态和电离态的原子、分子以极快的速度沿靶面法线方向向前运动,形成火焰状的等离子体云。如果靶子是半导体、绝缘体或陶瓷,则激光的吸收取决于束线载流子,当激光光子能量大于靶材某带宽度 E_g 时,同样有强吸收作用。此时,在激光辐射作用下,价电子跃迁到导带,自由光电子浓度逐渐增大,并将其能量迅速传递给晶格。

(2)高温等离子体的形成

当入射激光能量被靶面吸收时,温度可达 2 000 K 以上,从靶面蒸发出的粒子中有中性原子、大量的电子和离子,在靶面法线方向喷射出火焰。可以把准分子激光的蒸发过程在脉冲持续时间内看成是一个准静态的动力学过程。由于靶表面的加热层很薄,所含热量也只占整个入射激光脉冲能量很小一部分,因此认为入射激光能量全部用于靶物质的蒸发、电离或加速过程。若入射激光能量密度超过蒸发阀值,蒸发温度可以相当高,足以使更多的原子被激发和电离,导致等离子体进一步升温。但这种效应并不能无限制地进行下去,因为等离子体吸收的能量越多,入射到靶上的激光能量就越少,从而使蒸发率降低。这两种动态平衡决定了整个过程的动力学特征。此外,等离子体吸收能量后,会以很高的速度向前推移膨胀,其密度也随离开靶面的距离增加而急剧下降,最终将达到自匹配的准静态分布。这种过程可以用热扩散和气体动力学中的欧拉方程来描述。

(3)等离子体的绝热膨胀过程

当激光脉冲停止后,蒸发粒子的数目将不再增加,也不能连续吸收能量。此时蒸发粒子的运动可以看作是高温等离子体的绝热膨胀过程。实验发现,在膨胀过程中,等离子体的温度有所下降。由于各种离子的复合又会释放能量,所以等离子体温度下降并不剧烈。当各种原子、分子和离子喷射到加热衬底表面时,仍具有较大的动能,使得原子在衬底表面迁移并进入晶格位置。

3.4.2　等离子体法制膜技术

1.等离子体增强化学气相淀积薄膜

20 世纪 70 年代末和 80 年代初,低温低压下化学气相沉积金刚石薄膜获得突破性进展。最初,原苏联科学家发现在由碳化氢和氢的混合气体低温、低压下沉积金刚石的过程中,若利用气体激活技术(如催化、电荷放电或热丝等),则可以产生高浓度的原子氢,从而可以有效抑制石墨的淀积,导致金刚石薄膜淀积速率提高。此后,日、英和美等国广泛开展了化学气相淀积金刚石薄膜技术和应用研究。目前,已发展了热丝辅助 CVD、高频等离子体增加 CVD、直流放电辅助 CVD 和燃烧焰法等金刚石膜的淀积技术。

(1)高频等离子体增强 CVD 技术

产生的等离子体激发或分解碳化氢和氢的混合物,从而完成淀积。图 3-26(a)给出的是微波产生的筒状 CVD 系统。在这种技术中,矩形波导将微波限制在发生器与薄膜生长之间,衬底被微波辐射和等离子体加热。图 3-26(b)给出的是钟罩式微波等离子体增强 CVD 系统。该设备中增加了圆柱状对称谐振腔,能独立对衬底进行温度控制,具有均匀和大面积沉积的特点。表 3.14 为高频等离子体增强 CVD 制膜的典型工艺条件。

表 3.14　高频等离子体增强 CVD 制膜的典型工艺条件

等离子体源 H_2	等离子体温度/℃	衬底温度/℃	混合气体 CH_2 体积分数/%	薄膜生长速率/($\mu m \cdot h^{-1}$)
2.45	2 000 ~ 3 000	800 ~ 1 100	0.1 ~ 2	1 ~ 5

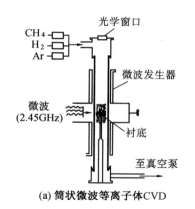

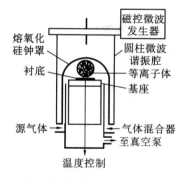

（a）筒状微波等离子体CVD　　　（b）钟罩式微波等离子体增强CVD

图 3-26　等离子体增强 CVD 系统原理

（2）直流等离子体辅助 CVD 技术

直流等离子体喷射淀积也是近年来发展起来的一种 CVD 制膜技术。在这种技术中，由于碳化氢和氢气的混合物先进入圆柱状的两电极之间，电极中快速膨胀的气体由喷嘴直接喷向衬底，因而可以得到较高的淀积速率。图 3-27 为直流等离子体喷射 CVD 原理。

（3）电子回旋共振微波等离子体 CVD 技术

电子回旋共振微波等离子体 CVD 技术，简称 ECRPCVD。由于该技术淀积速率快，淀积的薄膜质量好，已经引起人们的普遍重视。图 3-28 为一种典型的 ECRPCVD 系统。它包括放电室、淀积室、微波系统、磁场线圈、气路与真空系统等几个主要部分。其中，放电室也是微波谐振腔，淀积室内的样品可由红外灯加热，微波由矩形波导通过石英窗口引入放电室，反应气体分两路分别进入放电室和淀积室。CVD 生长过程中，进入放电室的气体在微波作用下电离，产生的电子和离子在静磁场中作回旋运动，当微波频率与电子回旋运动频率相同时，电子发生回旋共振吸收，可获得 5 eV 的能量。此后，高能电子与中性气体分子或原子碰撞，化学键被破坏发生电离或分解，形成大量高活性的等离子体。进入淀积室的气体与等离子体充分作用并发生多种反应，如电离、聚合等，从而实现薄膜的淀积。表 3.15 为 ECRPCVD 的典型工艺条件。

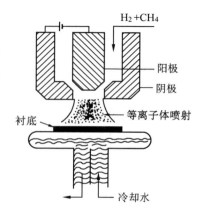

图 3-27　直流等离子体喷射 CVD 原理

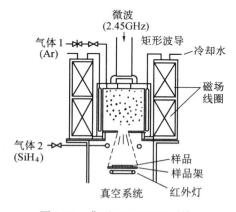

图 3-28　典型 ECRPCVD 系统

与其他等离子体 CVD 技术相比，处于回旋共振条件下的电子能有效地吸收微波能量，能量转换效率高，因此电子回旋共振微波等离子 CVD 制膜具有以下技术优势。

（a）可获得大于 10% 的等离子体电离度和约 10^{13} cm^{-3} 的电子密度,而通常 REP-CVD 电离度仅为 10^{-4},电子密度仅为 10^{11} cm^{-3}。

（b）工作气体的离解效率大,可在低压下获得较高的淀积速率,并且无需对衬底加热。

（c）垂直于样品表面的发散磁场使离子向样品作加速运动,增强了离子对样品表面的轰击能量,促进了薄膜的生长,同时也使膜与衬底结合力提高。

（d）由于淀积与放电分室设置,样品直接处于等离子体区,高能粒子对样品表面的损伤大大减少。

2. 微波 ECR 等离子体辅助物理气相沉积法制膜

一般的蒸发镀膜原理是在真空室中加热膜料使之气化,然后气化原子直接沉积到基片。这种工艺最大的缺点是膜层的附着力低,致密性很差。而采用弱等离子体介入蒸发镀,附着力和致密性都有很大改善,但仍然不能满足技术发展的要求。后来,有人研究开发了微波电子回旋共振(ECR)等离子体蒸发镀膜装置来实现蒸发镀。如图 3-29 所示为微波 ECR 蒸发镀膜原理。

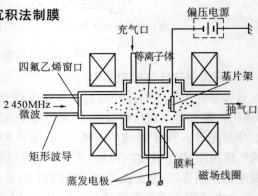

图 3-29　微波 ECR 蒸发镀膜原理

表 3.15　微波 ECR 蒸发镀参考工艺条件(Ti、Cu 膜)

波源频率/GHz	微波功率/kW	Ar 气压/Pa	基片温度/℃	等离子体温度/℃	沉积率/nm·min^{-1}
2.45	0~2	0.01	50~150	2 000	50

微波电子回旋共振等离子体辅助物理气相沉积的主要过程是:一台磁控管发射机将 0~2kW 的微波功率通过标准波导管传输至磁镜的端部,经聚四氟乙烯窗口入射至真空室中。在适当磁场下,波与自由电子共振,被电子加速,自由电子与充入真空室的 Ar 气原子碰撞,形成高密度等离子体。待蒸镀的膜料通过加热蒸发气化,进入 ECR 放电区,形成含膜料成分的等离子体。膜料离子被磁力线约束,在基片电压的作用下打上基片,形成被镀膜层。

3. 微波电子回旋共振等离子体溅射镀

蒸发镀膜具有一定的局限性,难以用于高熔点、低蒸气压材料和化合物薄膜的制作,而溅射镀刚好弥补了蒸发镀的缺点。但是传统溅射镀技术仍存在不足之处,即在薄膜形成过程中,反应所需能量不能被恰当地选择和控制。特别是在金属和化合物薄膜形成过程中,经典溅射膜层形成速度慢。基于此,中国科学院等离子体物理研究所阮兆杏等人开发了微波电子回旋共振等离子体溅射镀新技术。图 3-30 为微波 ECR 溅射镀膜原理。该技术的基本过程如下:微波由矩形波导管传输,经石英窗口入射到作为微波共振腔的等离

子体室,其周围的磁场线圈提供了
ECR 共振所需的磁场,使等离子体
能在约 0.05 Pa 气压下有效地吸收
微波能量。溅射靶放置在等离子体
流的引出口。在等离子室内充 Ar
气,在样品室内充反应气体(O₂,
N₂,CH₄ 等),在溅射靶上加负偏置
高压(0~1 kV),使 Ar 离子在负偏
置压的作用下轰击靶上产生溅射。
溅射出来的靶原子进入等离子体
中,被作回旋运动的电子碰撞电离。

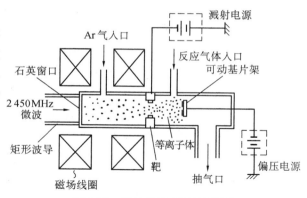

图 3-30 微波 ECR 溅射镀膜原理

离子在磁场的约束下,受到基片电场的加速,被吸收到基片表面。而 Ar 也同样以离子态
打到基片。由于较高的电离度和离子轰击效应,增强了溅射和薄膜形成中的反应,因而该
技术可以在低温下成膜,而且薄膜的性能远优于其他溅射镀和蒸发镀。

通过调整工艺参数,如磁场位形、总气压、氩气压与氧压的比例、微波功率、共振面位
置、靶和基片之间的距离、靶压、靶流、基片自悬浮电位和靶成分,可以研究薄膜的性能和
薄膜的表观质量。

3.4.3 离子束增强沉积表面改性技术

1. 离子束增强沉积原理

离子束增强沉积(IBED)又称为离子束辅助沉积(IAD),是一种将离子注入及薄膜沉
积两者融为一体的材料表面改性和优化新技术。其主要思想是在衬底材料上沉积薄膜的
同时,用十到几十万电子伏特能量的离子束进行轰击,利用沉积原子和注入离子间一系列
的物理和化学作用,在衬底上形成具有特定性能的化合物薄膜,从而达到提高膜强度和改
善膜性能的目的。离子束增强沉积具有以下几方面的突出优点。

①原子沉积和离子注入各参数可以精确地独立调节,分别选用不同的沉积和注入元
素,可以获得多种不同组分和结构的合成膜;

②可以在较低的轰击能量下,连续生长数微米厚的组分均一的薄膜;

③可以在常温下生长各种薄膜,避免了高温处理时材料及精密工件尺寸的影响;

④薄膜生长时,在膜和衬底界面形成连续的混合层,使粘着力大大增强。

2. 离子束增强沉积的设备及应用

从工作方式来划分,离子束增强沉积可分为动态混合和静态混合两种方式。前者是
指在沉积同时,伴随一定能量和束流的离子束轰击进行薄膜生长;后者是先沉积一层数纳
米厚的薄膜,然后再进行离子轰击,如此重复多次生长薄膜。较多采用低能离子束增强沉
积,通过选择不同的沉积材料、轰击离子、轰击能量、离子/原子比率、不同的衬底温度及靶
室真空度等参数,可以得到多种不同结构和组分的薄膜。离子束增强沉积材料表面改性
和优化技术在许多领域已得到应用,使得原材料表面性能得到很大程度的改善。

3.5 溶胶-凝胶法(Sol-Gel 法)

胶体(colloid)是一种分散相粒径很小的分散体系,分散相粒子的重力可以忽略,粒子之间的相互作用主要是短程作用力。溶胶(Sol)是具有液体特征的胶体体系,分散的粒子是固体或者大分子,分散的粒子大小在 1～1 000 nm 之间。凝胶(Gel)是具有固体特征的胶体体系,被分散的物质形成连续的网络结构,结构空隙中充有液体或气体,凝胶中分散相的含量很低,一般在 1%～3% 之间。

溶胶-凝胶法是指有机或无机化合物经过溶液、溶胶、凝胶而固化,再经过高温热处理而制成氧化物或其他化合物固体的方法。早在 19 世纪中期,Ebelman 和 Graham 就发现了硅酸乙酯在酸性条件下水解可以得到"玻璃状透明"的 SiO_2,并且可以从此黏性的凝胶中制备出纤维及光学透镜片,但由于凝胶易碎性限制了该技术的应用。19 世纪末到 20 世纪初,凝胶中出现的 Liesegang 环现象(在适当的条件下,难溶解的凝胶中进行沉淀凝胶反应时,所生成的不溶物在凝胶中呈现的一种空间周期性图案,通常称之为 Liesegang 环带)导致大量学者对溶胶-凝胶过程中的周期性沉淀现象进行研究,但是对溶胶-凝胶物理化学过程未给予足够重视。直到上世纪五六十年代,Roy 等人才注意到溶胶-凝胶体系高度的化学均匀性,并成功地用此方法合成了大量用常规方法所不能制备的新型陶瓷复合材料。自从 1971 年德国 Dislich 报道了通过溶胶-凝胶技术制成多元氧化物固体材料以来,溶胶-凝胶技术引起了材料科学家极大的兴趣和重视,发展很快。近二十多年来,溶胶-凝胶技术在薄膜、超细粉、复合功能材料、纤维及高熔点玻璃的制备等方面均展示出了广阔的应用前景。

3.5.1 溶胶-凝胶法的技术特点

溶胶-凝胶技术之所以越来越引人注目,是因为它具有其他一些传统的无机材料制备方法无可比拟的优点。

(1)操作温度远低于玻璃熔融度,使得材料制备过程易于控制,并且可以制得一些传统方法难以或根本得不到的材料,如无机/有机杂化材料、生物活性陶瓷、各种复合材料等。

(2)从溶液反应开始,使得制备的材料能在分子水平上达到高度均匀,同时可以通过准确控制反应物成分配比而严格控制材料的组成,这对于控制材料的物理化学性质是至关重要的。

(3)可制备块状、棒状、管状、粒状、纤维、膜等各种形状材料,显示该方法应用的灵活性。

(4)制备的气溶胶是一种结构可以控制的新型轻质纳米多孔非晶固态材料,具有许多特殊性质。

溶胶-凝胶技术的缺点是薄膜的致密性较差。

3.5.2　溶胶-凝胶法的制备过程

凝胶体的制备有三种途径:① 胶体溶液的凝胶化;②醇盐或硝酸盐前驱体的水解聚合继之超临界干燥得到凝胶;③醇盐前驱体的水解聚合再在适宜环境下干燥、老化。其中以第三种方法最为常用,此溶胶-凝胶过程包括水解和聚合形成溶胶、溶胶的凝胶化为湿凝胶、湿凝胶老化和干燥等几个步骤,其典型的工艺流程如图 3-31 所示。

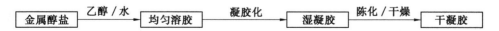

图 3-31　金属烷氧基化合物的溶胶-凝胶过程

具体制备过程如下:

1. 水解反应

溶胶的形成过程由三步反应组成,即水解、缩合和聚合。首先是金属或半金属醇盐前驱体的水解反应形成羟基化的产物和相应的醇。其中前驱体多选用低分子量的烷氧基硅烷,如四甲氧基硅烷(TMOS)、四乙氧基硅烷(TEOS)或相应的有机金属醇盐。由于烷氧基硅与水不互溶,所以要使用一种共同的溶剂以保持溶液的均一性,该过程可以被酸或碱催化。水解过程可表示为

$$M(OR)_4 + H_2O \longrightarrow M(OH)_4 + ROH$$
$$M = Si, Ti, Al, B, Zr, Ce$$

2. 缩聚反应

未羟基化的烷氧基与羟基或两羟基间发生缩合形成胶体状的混合物,该状态下的溶液称为溶胶。水解和缩合过程常是同时进行的,通过分子之间不断地进行缩合反应,形成硅氧烷链的网状聚合物。聚合物的增长包括长大和再结合过程,长大过程主要发生在聚合的开始阶段,由部分水解的单体、二聚体、三聚体之间进行缩合反应,此时缩合物增长较慢,随着单体、二聚体等低聚物和水的减少,增长过程减弱,但出现了较大分子之间的再结合过程,聚合物增长迅速。聚合反应不断地进行,最终导致 SiO_2 网络的形成,即形成了凝胶。缩聚反应可以表示为

$$\text{缩合}\quad -\!M\!-\!OH + RO\!-\!M\!- \longrightarrow -\!M\!-\!O\!-\!M\!- + ROH$$

$$-\!M\!-\!OH + HO\!-\!M\!- \longrightarrow -\!M\!-\!O\!-\!M\!- + H_2O$$

$$\text{聚合}\quad x\,(-\!M\!-\!O\!-\!M\!-) \longrightarrow (-\!M\!-\!O\!-\!M\!-)_x$$

3. 凝胶化

金属烷氧化物的水解反应和缩合反应同时进行,其总反应为

$$M(OR)_4 + 2H_2O \longrightarrow MO_2 + 4HOR$$

在聚合反应的初始阶段,由于胶粒表面负电荷之间的排斥作用而使溶胶得以稳定。

但随着水解和缩合过程的进行,溶剂不断蒸发和水被不断消耗,胶粒浓度随之增大,溶液被浓缩以及悬浮体系的稳定性遭到破坏,从而发生胶凝化。胶粒间的聚合反应最终将形成多孔的、玻璃状的、具有三维网状结构的凝胶。凝胶的形成是指当整个体系都被交联的时刻。

凝胶态的特征有:新鲜凝胶为透明状,胶凝时溶液黏度急剧增大,通过时间参数可以明确凝胶的形成。凝胶网络的物理特性取决于胶粒的大小和胶凝前交联的程度。放置时间较长时,缩聚反应进行的较彻底,交联度高,使得网络的孔径非常均匀,故有利于制备性能优良的凝胶。通过时间来控制溶液的黏度,可以制备出不同构型的凝胶,如块状、薄膜、粉体和纤维等。同时,在不同的介质中放置时,也会得到不同的凝胶干缩结构,如在酸性介质中得到的凝胶结构致密,孔径较小。形成凝胶时,由于液相被包裹于骨架中,整个体系失去流动性。

4. 陈化过程

当反应混合液中的凝胶放置老化后,固态网络自发进行收缩。一般陈化过程包含四个步骤,即缩合、胶体脱水收缩、粗糙化和相转变。在缩合步骤中,连续的缩合反应不断进行,网络键(合)数不断增加;脱水收缩是指凝胶中小的颗粒溶解,重新沉积到大颗粒上;在相转变过程中,固体可以从溶液中局部分离出来,或者液态被分为两相或多相。陈化的最终结果使凝胶的强度增大,且陈化的时间越长,网络的强度就越大。

5. 干燥

在凝胶化的最后阶段,水和有机溶剂不断蒸发,固态基质的体积逐渐缩小。在干燥阶段,去除网孔中的液体包含了一系列过程:最初,固体收缩的体积与蒸发掉的液体体积相当,此时,液/气界面仅在固体的外表面存在。随着干燥时间增长,固体的硬化程度增加,当其不能再继续进行收缩时,液体将进入到固体内部,被分隔在一个个网孔中。此时,只有当内部的液体开始蒸发并扩散到固体外部时,进一步的干燥作用才能发生。当内部液体在常温常压下干燥时,得到的终产物为干凝胶。当内部液体在超临界状态下蒸发时,终产物为气凝胶。在某些情况下,干凝胶的终体积比最初凝胶体积的 10% 还要小。

在干燥期间,大孔中的溶剂和水蒸发了,而小孔中仍有残留溶剂,这样将产生大的内压梯度。该压力将导致大的块状材料的龟裂以及干燥的片状传感器进入水溶液之后的破碎。为防止合成材料发生破碎,人们通常采取如下几种措施:

① 控制干燥过程在极其缓慢的速度下进行,一般干燥时间长达几星期甚至几个月。

② 通过引入硅胶核来增大平均孔的尺寸。

③ 采用冷冻干燥或超临界干燥的方法。

④ 在溶胶-凝胶前驱体中加入可控制干燥过程的化学添加物(DCCAs)、表面活性剂等来防止制备材料的破碎。此外,添加阳离子表面活性剂如季铵盐化合物(如十六烷基吡啶基溴化物)也可以防止凝胶化过程以及反复干-湿循环过程中单片的破裂。溶胶-凝胶过程终止于干凝胶或气凝胶态,干凝胶和气凝胶成透明或半透明状,具有大的比表面积和小的孔尺寸。若在凝胶形成之前将电活性物质加入到溶胶或溶胶-凝胶溶液中,可以使电活性物质在交联的二氧化硅网络结构中得以均匀分布并实现固定化。由此制备的含电活性物质的溶胶-凝胶敏感元件,是组成电化学传感器的关键部件之一。干燥后的凝

胶便可以应用在分析测试中。溶胶–凝胶对电活性物质的包埋与固定过程的示意图,如图 3-32 所示。

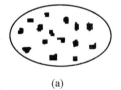 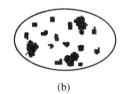 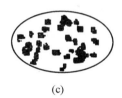 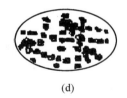

(a)　　　　　　　　(b)　　　　　　　　(c)　　　　　　　　(d)

图 3-32　溶胶–凝胶对电活性物质的包埋与固定过程的示意图
(a) 水解、聚合初期形成 Sol 颗粒;(b) 电活性物质加到 Sol 中;
(c) 硅网络生长开始包埋电活性物质;(d) 电活性物质分子被凝胶固定

6. 烧结

烧结是指在高表面能的作用下,使凝胶内部孔度缩小的致密化过程。由于凝胶内部的固–液界面面积很大,故可在相对较低的温度下(<1 000 ℃)进行烧结。烧结温度与孔半径、孔连接程度和凝胶的比表面积有关。凝胶烧结的机制与凝胶收缩相同,包括毛细管收缩、缩合、结构释放和粘性烧结等四种机制。虽然高温处理可使材料致密化,或可得到所需的结晶结构,但是,在溶胶–凝胶基质传感器或分析应用中,一般不必进行高温烧结处理。

3.5.3　反应参数的影响

溶胶–凝胶技术的优点在于可调控多孔材料的物理化学性能。大量的过程参数可用于控制生成材料的平均孔大小及分布、比表面积、质量分数大小、Si–OH 的浓度以及干凝胶的其他结构特征,这一膜性质的可调性对于制备各种孔度或孔大小的薄膜材料及其应用具有重要的指导意义。其中最主要的两个过程参数为 pH 值和水与硅酯类的比值 $R(R=[H_2O/[Si(OR)_4]])$。此外还有其他参数如溶剂和添加剂的种类、温度、前驱体的种类等。

1. pH 值的影响

在高 pH 值下,水解和缩合步骤的速率加快,SiO_2 粒子的溶解程度加剧,同时还将导致粒子去质子化的表面电荷增多,从而使团聚和凝胶化过程推延。因此,在高 pH 环境的溶胶体系中可以制得高孔隙率、大孔径及高比表面积的产物。在极低的 pH(<2) 条件下,SiO_2 粒子的溶解可以忽略,水解和缩合过程因酸的催化而加速,而此时的凝胶化过程因粒子带正电荷的质子化表面而受阻。因此在强酸环境中的聚合过程类似于有机物的聚合过程。该条件下制得的产物致密且比表面积小。由于 pH 值影响溶胶–凝胶的孔隙率、孔径和比表面积,在生物大分子的固定化中,要求溶胶–凝胶膜提供适合生物活性物质的孔隙率、孔径、比表面积和微观环境。而适当的酸性区域有利于水解反应的进行,缩合反应主要为生成水的缩合反应,在这种条件下制备的聚合物具有较窄的孔和较大的比表面积,可满足生物分子固定化的基本要求。所以分析中用于制备固定化材料时,一般采用酸催化。

2. 水与硅酯类的比值 R 的影响

一般来说,当水与硅酯类的比值 R 大于 4 时,能加速硅酯键的水解,易形成分子量大的网状聚合物,聚合物的孔隙度和比表面积较大。当比值 R 小于 4 时,聚合反应将由缩合反应的速率来控制,硅酯键水解不充分,易形成分子量小、链状结构、网孔较小的聚合物,同时残留大量的有机物于结构中。为使溶胶澄清透明、放置稳定和具有良好的性能,一般采取水和硅酯类的比值 $R \leqslant 4$,这样可防止干燥过程较长产生较大的收缩张力。

3. 其他过程参数的影响

Sol-Gel 前驱体的选择直接影响整个反应过程和凝胶的结构及性能。不同前驱体对 Sol-Gel 过程的影响已有大量研究报道。通常使用大而长链的烷氧基硅烷单体来降低水解和缩合速度。一些添加剂如胺、氨、氟离子等加入可以加快水解和缩合反应过程从而改变其比表面积。表面活性剂的加入可以降低表面张力,稳定更小的胶粒,从而提高产物的比表面积。升高温度有利于提高溶胶的稳定性以及增大干凝胶的孔隙密度和比表面积。

3.5.4 非硅溶胶-凝胶材料

研究开发新型非硅凝胶材料用于电极表面固定酶和电活性物质,合成新的催化剂或功能材料,是溶胶-凝胶材料发展的趋势。Glezer 和 Lev 利用 V_2O_5 凝胶的良好导电性来设计葡萄糖生物传感器;邓家祺等制备了 Al_2O_3 凝胶,用于电极表面固定酶,制成了葡萄糖和酚的电化学生物传感器。TiO_2 也是一种可以通过溶胶-凝胶过程来制备的材料。TiO_2 溶胶-凝胶材料在光电池、水的电化学光解、半导体材料方面已经有广泛的应用。在分析领域,TiO_2 多孔微球被用于高效液相色谱柱的填充材料。Yamada 等利用自组装和表面溶胶-凝胶技术研究了卟啉-二氧化钛-富勒烯自组装薄膜的光电流响应。Castillo 等通过溶胶-凝胶技术制备了一种 Pt/TiO_2 催化剂,用于催化 NO 的还原。纳米晶态二氧化钛粒子也常常利用溶胶-凝胶过程来制备,它们常被用于光电敏感材料、合成新的催化剂。由于二氧化钛纳米粒子具有良好的生物相容性,可以用它作为蛋白质的吸附剂。然而,以上报道的这些二氧化钛溶胶-凝胶材料的制备过程中都必须经过高温烧结,而且温度至少在 300 ℃ 以上。一种改进的方法是将钛酸丁酯乙醇溶液与硅酸乙酯甲醇溶液混合,使其在强酸性的条件下水解,制成 TiO_2/SiO_2 复合凝胶膜,这种方法已成功地用于固定钴(II)卟啉。Milella 等先将钛酸异丙酯与硝酸混合,然后向其中加入羟磷灰石甲醇溶液,从而制得二氧化钛/羟磷灰石膜。很明显,这些方法虽然经过改进,但仍然需要在强酸性介质中才能得到 TiO_2 凝胶表面。所得到的凝胶膜虽然能够对某些分子进行固定,但在酶等生物分子的包埋固定方面并没有得到应用,这是因为绝大多数酶在强酸性条件下会失去活性,尤其是那些对酸敏感的酶,因此限制了其应用。南京大学鞠晃先研究小组提出了一种气相沉积的新方法,该方法能够在中性介质中比较适宜的温度下制备二氧化钛溶胶-凝胶材料。气相沉积法简化了二氧化钛凝胶膜的合成过程,从而避免了传统的二氧化钛溶胶-凝胶制备过程中由酸性催化剂及高温煅烧所产生的缺点。

3.6　纳米薄膜的制备

纳米薄膜是具有纳米材料的特殊结构,即晶粒和晶界都属于纳米数量级。典型的纳米薄膜应该是以纳米粒子或原子团簇为基质的薄膜体,或者薄膜的厚度为纳米数量级,从而表现出显著的量子尺寸效应。由于纳米薄膜具备纳米相的量子尺寸效应、小尺寸效应、表面效应、宏观量子隧道效应等使得它们呈现出常规材料所不具备的特殊的光学、电学、力学、催化和生物方面的性能。对于纳米薄膜的研究多数集中在纳米复合薄膜,这是一类具有广泛应用前景的纳米材料。由于复合薄膜制备过程中纳米粒子的组成、性能、工艺条件等参数均对其特性有显著影响,因此可以在较多自由度的情况下人为控制纳米复合薄膜的性能。

根据纳米材料的定义,超晶格薄膜、LB 薄膜、巨磁阻颗粒膜材料等都可以归类为纳米薄膜材料,它们都具有纳米材料所定义的特征。此外,很多纳米薄膜材料的研究并不是有意进行的,仅仅是因为制备之后得到的薄膜是由纳米颗粒组成的,这是纳米薄膜材料的研究不同于其他几种形态纳米材料的突出特征。

本节介绍几类重要的纳米薄膜的制备方法和结构表征。

3.6.1　超晶格薄膜

超晶格的概念始于半导体超晶格,半导体超晶格是一种人工改性材料,它是将两种或两种以上组分不同或导电类型不同的极薄半导体单晶薄膜(厚度从 0.1 nm 到几十纳米)交替地外延生长在一起而形成的周期性结构材料。在这种新型材料中,可以在原子尺度上人工设计和改变材料的结构参数和组分,改变材料的能带结构和物理性能,它使得人工创造各种新材料和新器件的设想成为可能,因此称为“能带工程”。这种材料会出现一系列新的物理特性,如量子尺寸效应,室温激子非线性光学效应、迁移率增强效应,量子霍尔效应和共振隧穿效应等,可用于研制各种结构新颖,性能优良的新型半导体光电子、超高速和微波器件,从而开拓出新一代的半导体科学技术。

超晶格微结构这一概念是 IBM 公司的江崎和朱肇祥于 1969 年首次提出的。1972年,IBM 公司的张立刚等人首次采用分子束外延技术生长出 100 多个周期的 AlGaAs/GaAs 超晶格材料,并在外加电场超过 2 V 时观察到负阻效应,与理论计算结果基本一致,从而实现了理论上的预言。从此超晶格微结构的研究引起了人们的极大兴趣,并进行了广泛的研究。现在超晶格薄膜的研究除了半导体材料外也扩展到其他金属材料和无机化合物材料,如氮化物及氧化物超晶格材料等。下面分别介绍几类典型的超晶格薄膜材料。

1. AlAs/AlP 超晶格的生长

利用迁移辅助外延生长(MEE),衬底为(001)GaAs,源物质分别为固体铝,PH_3 和 AsH_3。PH_3 和 AsH_3 的压力分别为 176 Pa、207 Pa,Al 束的相应压力为 8×10^{-5} Pa。

AlAs/AlP 超晶格为生长在一 GaAs 过渡层和 GaAs 顶层之间的三明治结构,生长温度为 400 ℃,生长是在轮流进行源物质供应用的四个步骤,即三族供应 3 s,吹洗 2 s,五族供应 2 s,吹洗 3 s,通过这种方法共生长 1～5 个单层,总的薄膜厚度为 490 nm,XRD 可以明显观察到同超晶格相关的峰,超晶格异质界面的粗糙度可以通过(001)峰的半高宽来评估,FWHM 为 550 rad·s^{-1},估计其粗糙度为 0.042 nm。结果表明尽管 AlAs 和 AlP 有较大的晶格失配,以及 P 和 As 的竞争结合,这种短周期的超晶格仍然有很好的异质界面,这也被 TEM 测量所证实,如图 3-33 所示,可观察到明显的层状生长及均匀的厚度,拉曼光谱观察到由于应变引起的 AlP 声子限域模 LO 峰。

(a)放大 1×10^6 倍   (b)放大 8×10^6 倍

图 3-33 (AlAs)/(AlP)暗场 TEM 剖面图

2. (BaSr)TiO$_3$ 超晶格的金属有机物化学气相淀积(MOCVD)法制备

(BaSr)TiO$_3$ 简称 BST,是一种高介电常数的铁电材料,适合于制备非挥发性的存储器。制备采用 MOCVD 方法,利用(111)Pt/Si 的衬底,衬底温度为 522 ℃,在氧气气氛下生长,然后再用 RTA 法在 650 ℃ 处理 5 min。XRD 测量显示 BST(110)和(200)的尖锐峰,该薄膜有一定的择优取向,但未观察到超晶格的峰。为了研究超晶格的形成,利用高分辨电子显微镜进行观察,明确显示出调制的(110)面的 BST,如图 3-34 所示。晶格调制是来源于 BST 固溶体中的 Ba 和 Sr 的成分调制,调制周期是 2.4 倍于 BST(110)面间距,

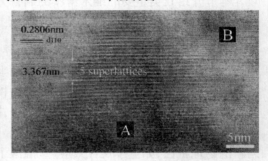

图 3-34 高分辨透射电镜图显示 BST(100)晶格与超晶格

A 区为形成了超晶格

B 区为没有超晶格

由于成分调制在固溶体结构中是亚稳态的,所以这种超晶格结构是局部的形成于 BST 薄膜中,尽管在超晶格中,Ba 和 Sr 的成分是调制的,但在 X 能量损失谱中未检测出超晶格和薄膜的其他部分成分上的差别,在 50 nm 的 BST 薄膜中测量到的介电常数为 250,这个数值相对于没有超晶格调制结构的 BST 薄膜高,选区电子衍射测量显示卫星状的衍射点,证实为超晶格结构,经计算超晶格常数为 0.675 nm,如图 3-35 所示。

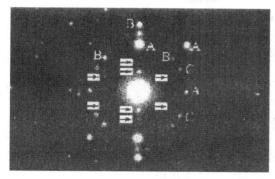

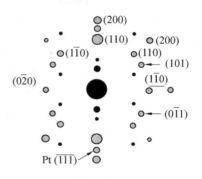

（a）BST 的选区电子衍射,箭头显示的是超晶格
的卫星衍射斑点

（b）标出的衍射指数,黑点为卫星点

图 3-35　选区电子衍射图

3. 激光分子束外延（MBE）法制备铁电和铁磁超晶格

所用激光器为 ArF 准分子激光器,装备有高分辨电子能量损失谱（RHEED）,制备是在氧气存在下进行的（其中 8% 的 O_3）,真空度为（1.33 ~ 4）Pa,衬底温度为 500 ~ 700 ℃,衬底为掺 Nb 的 $SrTiO_3$（100）单晶,所用的靶材分别为 Bi_2O_3,$SrTaO_3$,$BaTiO_3$,$SrTiO_3$ 以及 $BiWO_3$。为了形成 $SrBi_2Ta_3O_9$ 薄膜,激光轮流蒸发 Bi_2O_3 和 $SrTaO_3$ 靶,为了保持电中性,在形成 Bi_2O_2（2-）和 $SrTa_2O_7$（2+）层后,必须加一层 $BaTiO_3$ 或 $SrTiO_3$ 的中性层,这样形成了 c 取向的超晶格,其垂直于衬底面的晶格常数为 3.285 nm,如图 3-36 所示。铁磁超晶格所用靶材为 $BaTiO_3$,$SrTiO_3$,$LaCrO_3$,$LaFeO_3$,$(La_{0.82}Sr_{0.18})MnO_3$,沉积是在 NO_2 气氛中进行的,体系的压力为 $(10^{-6} ~ 10^{-5}) \times 133.3$ Pa。

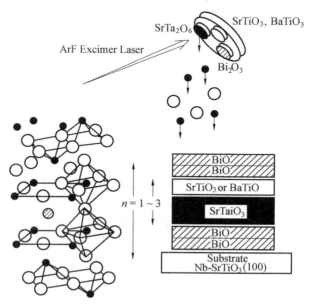

图 3-36　激光 MBE 制备 Bi 基铁电超晶格示意图

4. 反应溅射沉积多晶氮化物和氧化物超晶格

在 MgO 衬底上沉积 TiN/VN 和 TiN/NbN 超晶格,超晶格薄膜的硬度大于 50 GPa,是每个单独成分硬度的两倍,使得它们进入超硬薄膜的范围(>40 GPa),同时硬度的增加值还同超晶格的周期 λ(两层薄膜的厚度)有关,最大的硬度值是在当 λ 在 4~8 nm 的范围内出现,当 λ 大于或小于这个范围时,硬度值降得很快,有人研究了硬度提高的原因,发现一致性应变在其中起的作用很小,而两种氮化物弹性模量的区别大小似乎很有关系,如在弹性模量有区别的 TiN/VN 和 TiN/NbN 体系,硬度提高得很多,而在弹性模量没有什么区别的如 NbN/VNbN,NbN/VN 体系中硬度基本没有什么提高。该研究给出了一种在纳米尺度薄膜上提高薄膜硬度的方法,其深层机理值得进一步研究。

为了进一步研究多晶氮化物超晶格薄膜的效应,采用磁控溅射的方法在 M1 高速钢衬底上进行了类似体系的多晶超晶格薄膜的沉积,衬底旋转,薄膜的厚度通过控制每个靶的功率以及反应气体的分压来实现,一般在衬底上还加上一个负偏压。对于 TiN/NbN 体系,观察到最高硬度达到 52 GPa,与单晶体系几乎相同,而最高值出现于周期厚度为 8 nm,也与单晶体系相同。在多晶体系中,薄膜层的光滑度比单晶薄膜体系要差,但并不影响其硬度的提高,而这种光滑度是衬底偏压的函数,当偏压达到-150 V 时,薄膜层变得相当光滑,起伏度为 1~1.5 nm,与单晶薄膜相似。这里注意到超晶格的概念应用到了纳米尺度的多晶薄膜上,一般对于超晶格的定义是指在无序固溶体中形成的有序固溶体,这种有序固溶体在 X 射线衍射中产生额外的布拉格散射,实际上这种情况在纳米尺度的多晶氮化物中也出现了,形成了卫星峰,表示形成了超晶格。多晶 TiN/NbN 超晶格的硬度取决于下列五个因素:

①超晶格周期;

②不同层之间明显的化学调制;

③每一层的计量成分;

④衬底离子密度;

⑤衬底偏压。

TiN/VN 体系多晶超晶格薄膜也得到最高 51 GPa 的硬度,比单晶体系的 56 GPa 略小,此时的超晶格周期为 5 nm。有报道揭示了层间弹性模量的差别对于硬度提高的重要性,当两层的弹性模量差别很小,如($V_{0.6}Nb_{0.4}$)N/NbN 体系同 VN/NbN 体系比较,前者有一个极小的 4 GPa 的提高;而对于后者的体系,由于 VN 和 NbN 两者的弹性模量几乎相同,多层膜上几乎没有硬度的提高。目前许多其他体系的氮化物超晶格也正在研究之中,如 TiN/W_2N 体系,发现其硬度提高到 30 GPa,尽管还没有达到超硬的程度,但该薄膜体系中的残余压缩力令人吃惊地低到 1 GPa,以及高达 60 N 的粘附刮擦试验的临界载荷。在另一个体系 AlTiN/ZrN 体系中,当超晶格周期为 5 nm 时,其硬度达到 40 GPa,粘附试验的临界载荷为 50 N。在日本,人们研究了 TiN/AlN 体系,由于这两个化合物的结构不同,因此人们有特别的兴趣,结果发现其最高硬度为 39 GPa,其超晶格周期为 2.5 nm,它的性能超过了传统的 TiCN 涂层的刀具。

利用脉冲直流电源可以溅射绝缘氧化物而不需要依靠射频溅射,利用该体系溅射制备了 Al_2O_3/ZrO_2 多层膜体系,X 射线衍射显示它们为非晶结构,沉积温度为 300 ℃。如果单独沉积 ZrO₂ 薄膜,得到晶体结构的薄膜,但与 Al₂O₃ 共同沉积多层膜时,得到的为非晶薄膜,这与 TiN/CNₓ 体系相似,这种纳米尺度的多层氧化物薄膜不久的将来会在光学、热阻及高温等方面得到应用。

TiAg/MgO 超晶格的电子束蒸发法制备,沉积衬底为 MgO(001) 的单晶衬底,背景真空达到 10^{-8} Pa,钛棒、银棒及 MgO 片分别作为蒸发源,纯度分别为 4 个 9,衬底先加热到 1 123 K 除去表面的杂质,然后降低到 773 K,在衬底上制备一层 MgO 过渡层,然后衬底在 273 K 下依次生长超晶格层,X 射线衍射和透射电子显微镜测量显示超晶格为外延生长,Ti-Ag 在超晶格中为四方或立方结构,经过一小时 573 K 的热处理,超晶格的结构仍然保持,但超晶格的调制波长、平均晶格距离及双层中总的原子层数随热处理而减小。

Si/SiO₂ 非晶超晶格,4 个周期的 Si/SiO₂ 非晶超晶格采用磁控溅射方法制备,衬底采用 p 型(100) 单晶硅衬底,靶为纯 SiO₂ 和 n 型 Si 靶,其电阻率为 10^{-2} Ω·cm,沉积一层 Al 膜在硅衬底的背面,并且在 530 ℃ 氮气气氛下退火得到良好的欧姆接触,沉积的超晶格薄膜中 SiO₂ 层的厚度保持为 1.5 nm,而 Si 层则分别沉积厚度为 1.0,1.4,1.8,2.2,2.6,3.0 nm,衬底温度保持在 200 ℃,薄膜在 300 ℃,N₂ 气中处理 30 min,然后沉积一层透明的金膜作为掩模电极在薄膜的表面。为了比较还沉积了一 Si-SiO₂ 复合膜,透射电镜观察显示 Si 和 SiO₂ 薄膜均为非晶态,I-V 为整流特性,硅层越厚,则电流越大。电致发光(Electro Luminescence, EL)图谱如图 3-37 和图 3-38 所示。在正向 9 V 的偏压下测量,肉眼可以观察到可见光的发射,偏压超过 4 V 后,光强随着偏压值的增加而增加,而在反向偏压下,观察不到发光。所有结构超晶格的发光波带都出现在 630~650 nm 和 510 nm 两个波段,510 nm 波段为肩峰,但随着偏压增加到 9 V 而变得明显,随着 Si 层从 3.0 nm 变化到 1.2 nm,两个波段的峰强度都增加,510 nm 的肩峰演化为尖峰,它的位置基本不变,而 630~650 nm 的峰随着 Si 层厚的减小先蓝移然后又红移再保持不变。这种发光特性是由于在纳米硅层中带间电子空穴对的复合产生的,因为在这种条件下由于受到量子局域效应其带隙相对于块状硅要大得多。

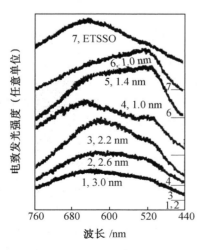

图 3-37　Si/SiO₂ 超晶格在不同厚度 Si 条件下的 EL 图谱

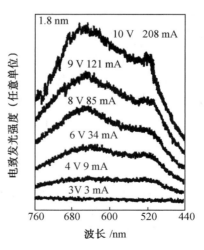

图 3-38　Si/SiO₂ 超晶格在不同电流条件下的 EL 图谱,Si 厚度为 1.8 nm

3.6.2　巨磁阻(giant magneto-resistive,GMR)薄膜

1988 年法国巴黎大学物理系 Fert 教授首先在 Fe/Cr 多层膜中发现了巨磁电阻效应, 即材料的电阻率将受材料磁化状态的变化而呈现显著的改变。1992 年, Berkowitz 和 Chien 分别独立地在 Co/Cu 颗粒膜中观察到巨磁电阻效应, 此后又相继在液相快淬工艺以及机械合金化等方法制备的纳米材料中发现了这种效应。Fert 教授也因为这一效应的发现获得了 2007 年诺贝尔物理学奖。人工合成的巨磁阻薄膜是将磁性和非磁性金属交替制成的多层薄膜, 其磁电阻效应很大, 如 Fe/Cr 多层膜的 $(\Delta\rho/\rho_{H})$ 可达 60%。大部分情况下, 多层膜的电导率随外加磁场的增加而增加, 称为正向巨磁电阻效应, 特殊情况下, 电导率随外加磁场的增加而减小, 这时称为反向巨磁阻效应。一般巨磁阻薄膜多用溅射法制备, 有人用溅射法制备了 Co/Cu, CoNi/Cu 及 Co/Al 耦合型多层膜, 研究了制备工艺和出现自旋相关散射导致巨磁电阻的条件, 得到较高的磁电阻值, 如 Co/Cu 多层膜的第一峰 MR 值 27%, 第二峰为 22%, 第三峰为 14%, 在液氮温度下其 MR 值分别为 51%, 41% 和 23%, 峰值随 Cu 层的变化而变化, 其原因目前还不十分清楚。

采用 $Co_{80}Pt_{20}$, SiO_2, Al_2O_3 作为靶, 衬底上加偏压, 在功率为 400W 下进行磁控溅射, 先溅射 $Co_{80}Pt_{20}$-SiO_2 体系, 然后制备 $Co_{80}Pt_{20}$-AlO_3 体系, 衬底采用热氧化的 Si 或(110) MgO, TEM 形貌显示两层 CoPt 纳米颗粒分散于 SiO_2 基底中, 颗粒的结构为六方密堆积, 颗粒大小为 7 nm, 颗粒是独立的, 但在平面方向上颗粒间的距离很近, 这可能是在层内能产生磁相互作用的原因, 测量的巨磁阻效应为 4.5%, 测量到了磁各向异性, 同时对于 CoPt 及 AlO_3 薄膜层的厚度特别敏感, 当 AlO, CoPt, AlO 层分别为 2.8 nm, 2.6 nm, 1.5 nm 时, 巨磁阻效应达到 20%。也有采用电沉积法制备纳米线, 沉积所用的溶液组成为: $CoSO_4 \cdot 7H_2O$, 10 g/L; $HClO_4$, 50 mL/L; 硫脲 0.4 g/L; $AgNO_3$, 0.8 g/L, 溶液的 pH 值小于 1, 沉积在室温进行。纳米线沉积在阳极铝多孔膜中, 厚度 60 μm, 孔径 20 nm, 密度 10^{10} cm^{-2}, 沉积是在恒定电流密度 3.75 mA/cm^2 下进行的, 多层膜也用同样的方法进行沉积, 但沉积电压是在两个值之间进行转换, 以精确控制膜层的厚度。沉积后的纳米线测量其磁阻性质, AgCo 合金纳米线显示负的巨磁阻效应, 无论是平行还是垂直于电流。相似的方法沉积的 AgCuCo 纳米线, 也显示巨磁阻效应, 该纳米线经 400 ℃ 热处理 30 min 后, 其磁阻效应得到显著提高, 这可能是由于增加了 Co 的分相。

典型的红外半导体薄膜 $Hg_{1-x}Te_xCd$ 也具有巨磁电阻效应, 一般认为是因为它具有非常高的载流子迁移率, 掺杂 In 后, 在 300 K, H=500 G 时, $\Delta R/R$ 约为 10%。有可能作为读出磁头材料应用。由于它本身不是磁性材料, 没有硬磁场的存在, 因此特别适用于高密度存贮的应用。

3.6.3　LB 薄膜

LB 薄膜是由上世纪 20～30 年代 Langmuir 及其学生 Blodgett 提出和发展的一种超薄有机薄膜, 即在水-气界面上将不溶解有机分子或生物分子加以紧密有序排列, 形成单分子膜, 然后再转移到固体表面上。由于其电子所处状态和外界环境的影响, 可表现出不同的电子迁移规律, 完成特定的光电或电子学功能, 如制成绝缘体、铁电体、导体或半导体等, 从而有可能作为光学薄膜用于非线性光学、光开关、放大和调制; 敏感与传感元件, 用

于显示或探测器;用于环保或表面改性的保护膜。

扩散吸收法是一种制备 LB 薄膜的方法,晶紫(CV)和花青(Cy)染料分别作为两新分子和水溶性分子,制备吸收了 Cy 的 CV LB 薄膜,分子结构如图 3-39 所示,它们均显示出 n 型导电性,CV 的新水分子在 LB 膜中带正电荷,Cy 在亚相中是带负电的,为了稳定沉积后面的单层膜,先在石英衬底上沉积一层花生酸镉(Cd arachidate)LB 单层膜,它是由花生酸,醋酸镉,以及碳酸氢钾添加剂制成的源物质涂覆形成的,然后在这个单层膜上用浸渍法 CVCyLB 膜,表面压是 30 mN/m,浸渍速率是 8 mm/min,作为比较溴化二硬酯酸二甲胺(DSA)也作为一双亲分子来制备 LB 膜,DSA 为一透明绝缘材料,在 Langmuir 膜中也带正电荷,DSACyLB 膜以及 CV/DSACyLB 膜也制备出来作为对比,测量了这几种 LB 膜的光吸收谱和光荧化谱(PL),在 PL 谱上,470 nm 附近有一弱和宽的峰,700 nm 处有一强峰,它们分别由 Cy 和 CV 染料产生,470 nm 的 PL 峰的强度随激光激发的辐射时间升高,而 700 nm 峰则随着激光辐射的时间的增加而变宽和向低波长移动,认为这与能量在 CV 和 Cy 之间的转移有关。即使用功能性染料分子作为两亲分子和水溶性分子在 LB 膜中,可能会引起两种染料的相互作用,这对于 LB 膜器件的应用是有用的。

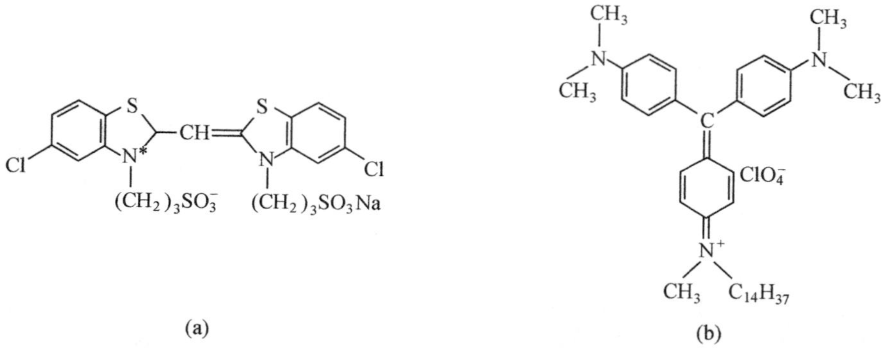

图 3-39　用于制备光学应用 LB 膜的花青和晶紫的分子结构图

3.6.4　氧化物薄膜的制备

溶胶-凝胶(Sol-Gel)法是制备氧化物薄膜最常用的方法之一。下面几种氧化物薄膜均采用 Sol-Gel 方法制备。

1. $BaTiO_3$ 薄膜

$BaTiO_3$ 薄膜用溶胶凝胶法制备,醋酸钡和二羟基反乳酸氨合钛经选择为最好的钛源,加入醋酸搅拌,形成 $BaTiO_3$ 溶胶,回流 8 h 使 pH 值保持在 10.6,旋涂法制备薄膜,采用多次旋涂的方法控制薄膜的厚度,每次在 300 ℃烘干,最后升到 800 ℃烧结 1 h,5 次旋涂制备的薄膜厚度大约为 0.5 μm,为立方钙钛矿结构,薄膜颗粒的大小为 30~60 nm,锻烧至 1 200 ℃时仍然保持为立方相而不是转化为四方相,有可能是晶粒小引起的,介电常数测量为 318,随温度的上升略有升高,但在居里温度(130 ℃)一般会出现的四方结构向立方结构相变的峰值,在观测中未发现,有可能是与该材料中颗粒度小没有出现这种相变有关,较低的介质常数值可能也是由于粒度小引起的。表面形貌如图 3-40 所示。

(a)   (b)

图 3-40   溶胶凝胶法制备的 $BaTiO_3$ 薄膜的表面形貌

2. Al_2O_3 薄膜

源物质采用 $AlCl_3 \cdot 6H_2O$，乙酰丙酮作为螯合剂，溶剂为乙醇，混合后搅拌数小时，逐渐水解后成为淡黄色透明溶胶，薄膜制备采用浸渍法，室温下晾干后在 100 ℃加热 30 min 形成凝胶，重复该步骤增加薄膜的厚度，最后在高温下烧结形成 Al_2O_3 薄膜。研究发现得到的薄膜的形貌中几乎看不见晶粒，表明晶粒非常细小，同时在加入乙酰丙酮螯合剂的条件下薄膜中没有裂纹及空洞出现，而在没有添加乙酰丙酮的体系中，则出现了大量的裂纹和空洞，如图 3-41 所示。对前驱液溶胶的红外光谱研究表明 Al 与乙酰丙酮形成了稳定的螯合物，这种螯合物的形成对于薄膜的形貌有重要影响。在不同的烧结温度下得到的物相是不同的，400 ℃以下烧结得到的是非晶相，600 ℃开始有 $\gamma\text{-}Al_2O_3$ 形成，而当烧结温度达到 1 200 ℃时转变为 $\gamma\text{-}Al_2O_3$ 相，与 Al_2O_3 的相图相比，相的形成及转变温度明显变低，可能是由于晶粒的细小导致的，如图 3-42 所示。

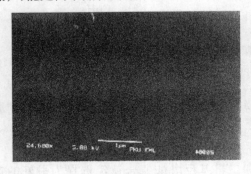
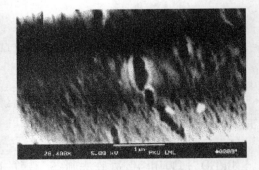

(a)加入乙酰丙酮   (b)未加入乙酰丙酮

图 3-41   乙酰丙酮存在对于 Al_2O_3 薄膜形貌的影响

3. 铁电薄膜 PLZT 的制备

源物质采用醋酸铅、钛酸丁酯、硝酸镧和硝酸氧锆，分别溶解于乙二醇独甲醚溶剂中，在钛酸丁酯溶液中还添加乙酰丙酮，体系中添加 5%的甲酰胺作为干燥控制剂，用旋涂法在单晶硅衬底上涂覆一层薄膜后，在 400 ℃下干燥 3 min，厚度由涂覆次数来控制，薄膜分别在 500,600,700,800 ℃下烧结。研究发现得到的薄膜为没有裂纹的平整薄膜，晶粒度为几十纳米,如图 3-43 所示。薄膜烧结到 700 ℃后形成钙钛矿相,为(110)择优取向,晶格常数随烧结温度而发生一定的变化,高温有利于立方铁电相的形成。

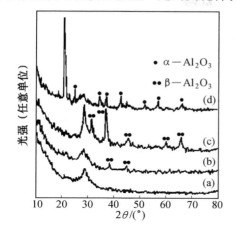

图 3-42　Al_2O_3 薄膜的相结构随温度的变化情况

图 3-43　PLZT 薄膜的表面形貌

4. 纳米沸石薄膜的制备

四乙氧基硅(TEOS),仲丁氧基铝,20% 的四丙基氢氧化铵(TPAOH)水溶液,分别作为 Si,Al 的源及模板,TEOS 和 TPAOH 先在搅拌下均匀混合,仲丁氧基铝先用异丙醇稀释再在搅拌下滴加到混合液中,去除醇,加入去离子水至反应混合物中,然后在油浴加热回流,产生沸石结晶体,这些晶体通过离心从母液中分离出来,再分散到去离子水中,然后用清洗干净的玻璃片在溶液中浸渍得到沸石薄膜,研究发现溶液的浓度非常关键,浓度不能低于 0.01% 或高于 1.0% ,浓度低时在玻璃片上得不到薄膜,浓度高时杯子的底部能够观察到沸石颗粒在浓度为 0.2% 时可以形成非常干净的沸石薄膜,经测量薄膜中的颗粒大小随结晶时间的加长而长大,结晶时间为 72 h,粒度为 80 nm,结晶时间达 554 h时,可以得到 200 nm 的单分散颗粒,如图 3-44 所示。XRD 显示一直到 216 h,薄膜大部

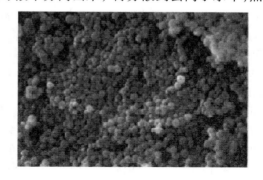

图 3-44　ZSM-5 沸石薄膜的 SEM 形貌

分为非晶,到 522 h 才出现结晶相,550 ℃下锻烧后呈现为正交晶系结构。

5. 激光蒸发法制备 CeO_2 薄膜

非真空环境中的激光蒸发法制备薄膜,制备所用的激光器为 TEA-CO_2 脉冲激光器,衬底为抛光的 Ni 衬底,源物质为平均粒径为 900 nm 的 CeO_2 粉末,由一动力流动床提供粉末至激光与材料反应区、氩、氮及氢气作为载气,氢气是为了提供一个还原性环境以阻止镍衬底的氧化,如图 3-45 所示。图 3-46 为 SEM 观察的薄膜结构,粒度大小为 12 nm,薄膜的形貌平整光滑,成分符合化学计量。

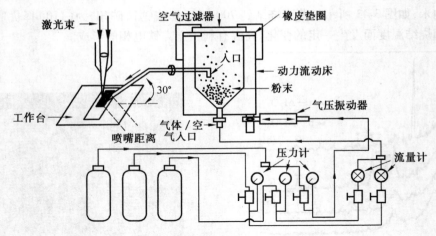

图 3-45　非真空激光沉积设备示意图

6. 微波等离子体法制备 Y_2O_3 稳定的 ZrO_2 薄膜

采用的装置为一卧式微波等离子体反应器,反应在 40 mm 的石英反应管内进行,所用的源物质分别为 Zr(DPM)$_4$, Y(DPM)$_3$ 金属有机化合物,源物质的加热温度分别为 170 ℃ 和 150 ℃,微波输出功率为 200 W,系统压力 400 Pa,衬底采用多孔陶瓷片,玻璃片和单晶硅片,衬底温度在 450 ~ 550 ℃ 之间,Ar 作为载气,流量为 220 $cm^3 \cdot s^{-1}$, O_2 作为反应气,流量为 75 $cm^3 \cdot s^{-1}$,沉积速率为

图 3-46　Ni 衬底上沉积 CeO_2(平均粒径为 12 nm)

3 ~ 6 μm/h。得到的薄膜中 Y 的含量为 7% mol,XRD 显示薄膜为立方相的 ZrO_2,XRD 峰有很大的展宽,经 Sherrer 公式估计其晶粒大小为 6~9 nm,从扫描电镜照片中也可以观察到薄膜为纳米晶,薄膜的内耗测量显示,随着测量温度的提高,分别在 280 ℃,510 ℃ 出现两个内耗峰,电导率测量曲线显示有三个折点,分别位于 100 ℃,275 ℃,510 ℃。这两条曲线表明薄膜在 280 ℃,510 ℃ 发生了相变或结构变化,而 100 ℃ 时电导率的变化则是由于氧的吸附产生的。但 XRD 测量为单一的立方相,因此上述温度的变化为结构变化,分析 280 ℃ 的变化是由于纳米晶粒的界面弛豫产生的,510 ℃ 的变化则是复合氧缺陷激活产生的。

3.6.5　金刚石,类金刚石,氮化碳薄膜

1. 微波等离子体法制备纳米金刚石薄膜

为了满足金刚石在光学领域的应用,减小金刚石薄膜的粗糙度,制备纳米金刚石薄膜成为一种有效的方法。所用设备为石英钟罩式微波等离子体设备,结构示意图如图 3-47 所示。沉积所用的衬底为光学玻璃,衬底用 0.5 μm 的金刚石粉研磨,工作压强 4.0 kPa,甲烷浓度 3%,衬底温度为 550 ℃,沉积时间约为 3 h,沉积的金刚石薄膜的晶粒小于 100 nm,表面粗糙度小于 2 nm,形核密度大于 $10^{11}/cm^2$,薄膜的力学性能接近或超过天然金刚石的力学性能,红外光透过率为 80%,达到作为光学涂层的要求。拉曼光谱测量显

示,随着粒度的降低至亚微米以下,拉曼光谱发生变化,在 1 120 ~ 1 150 cm^{-1} 位置出现明显的散射峰,1 332 cm^{-1} 处的特征峰展宽并向高波数方向移动几个波数。

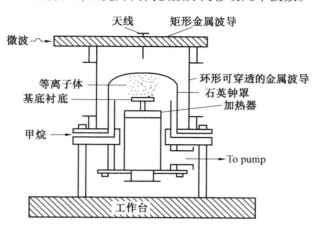

图 3-47　微波等离子体法制备纳米金刚石膜

2. 电化学法沉积类金刚石纳米薄膜

采用有机溶剂作为源物质,直流高压电源或脉冲高压电源提供外界能量,反应设备类似于电解反应槽,衬底采用硅单晶片、导电玻璃、金属片等,放置于阴极上,阳极则为石墨电极,沉积过程中控制外加电压在 800 ~ 1 200 V 之间,且在沉积过程中保持不变,沉积类金刚石时,分别采用了乙醇、乙腈、四氰呋喃(DMF)等,薄膜沉积的时间为 4 ~ 5 h,薄膜的厚度为 300 nm 左右,平均沉积速率为 10 nm/min,薄膜的形貌如图 3-48 所示,薄膜相当平整,在硅衬底上沉积的薄膜的颗粒大小约为 20 nm 左右,而在导电玻璃上薄膜的颗粒小于 10 nm,两种薄膜的硬度及电导率均有差别,硅衬底上的薄膜的维氏硬度较导电玻璃上小,大约为 1 500,电阻率在 10^7 ~ 10^8 之间,导电玻璃上的电阻率达到 10^{10},其维氏硬度大于 2 000。这可能是同颗粒大小有一定的关系。在 DMF 溶液中沉积的类金刚石薄膜的拉曼光谱中发现在金刚石的特征峰(1 332 cm^{-1})附近出现一吸收峰,但 1 500 ~ 1 700 cm^{-1} 也出现了吸收峰,如图 3-49 所示,证明在该类金刚石薄膜成分中含有部分的金刚石成分,这是在如此低的温度下合成含金刚石成分的唯一报道的方法。

 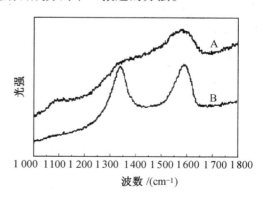

图 3-48　液相电化学法沉积类金刚石薄膜的形貌　图 3-49　液相电化学法沉积的类金刚石薄膜的拉曼光谱

3. 液相电化学法沉积氮化碳薄膜

沉积装置与前面描述的沉积类金刚石薄膜的装置相似，不同的地方是沉积液不同，该体系中的沉积液必须含有氮元素，经多次试验发现在乙腈、二腈二氨等溶液中可以沉积出 CN_x 薄膜，一开始该化合物只能在阳极生成，这为衬底的选择以及薄膜与衬底的结合力等均带来了一定的困难，但是薄膜中的氮含量经努力后提高到48%，与其他方法得到的最高氮含量相当，现在经过进一步研究，氮化碳薄膜可以在阴极上沉积，结果发现在导电玻璃和硅衬底上的薄膜的组成基本相同，但硬度和弹性模量相差很大，硬度在导电玻璃和硅衬底上分别为 13.5 GPa 和 450 MPa，弹性模量则分别为 87.7 GPa 和 22.9 GPa，这可能同薄膜的颗粒大小有关，但更有可能是由于硅衬底上薄膜不平整而引起的测量值降低，从薄膜的形貌上看，导电玻璃上的颗粒非常细小，几乎分辨不出颗粒，估计为几个纳米，而硅衬底上则不属于纳米级的薄膜，如图3-50所示。

 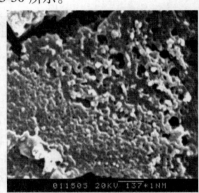

(a) 导电玻璃衬底   (b)Si衬底

图 3-50 导电玻璃和硅的衬底

3.6.6 金属薄膜的制备

1. Cu 纳米线的阳极氧化法制备

阳极氧化法沉积制备二维 Cu 纳米线，具体方法如下，用直流溅射法先在 Si 衬底上沉积一层铝膜，Si 衬底上存在着一层很薄膜 SiO_2 层，用此薄膜作阳极对铝膜进行阳极氧化，第一步使铝膜的厚度小于 100 nm，这里 SiO_2 层起着很重要的作用，如果没有这一 SiO_2 层，则氧化进行到 Al–Si 交界时无法停止，这时再对铝膜进行氧化使其完全变成氧化铝，与此同时形成排列规则的纳米空洞，再在此空洞中用无选择性的无电镀板沉积一层铜，在电镀前用 $PdCl_2$ 对氧化铝表面进行处理激活，当空洞的直径和高度比为 2.5 时，Cu 充满了空洞，而当这个比例大于 5 时，孔洞无法被全部充满，这样得到两维列阵的 Cu 纳米线，如图 3-51 所示，直径为 48 nm，从形貌上看与光刻得到的十分相似。

2. Bi 纳米线阵列的电沉积法制备

Bi 是一种半金属，也具在巨磁阻性质，还有可能在热电材料中应用。Bi 纳米线阵列有很多种制备方法，如电化学沉积在聚碳酸盐膜中，或颗粒跟踪刻蚀膜中，注射液相熔体或气相沉积到多孔 Al_2O_3 模板中，而用阳极纳米氧化铝进行电沉积，则由于 Bi 盐易水解，pH 值低时，模板易被溶解等原因而比较困难。Yong Peng 等人采用氯化铋溶液在交流电

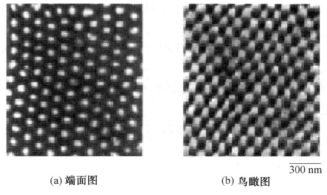

(a) 端面图   (b) 鸟瞰图

图 3-51　Cu 纳米线二维阵列的形貌(平均直径为 48 nm)

下进行沉积,电解液中含有 0.15 mol/L 的 $BiCl_3$,0.3 mol/L 的酒石酸,100 g/L 的甘油,加入 37 mol/L 的盐酸溶液进行澄清,用氨水调溶液的 pH 值至 3.0,沉积在 15 ℃ 和 200 Hz 下进行,纳米线长于 1.5 μm,然后刻蚀去除 Al 衬底,得到连续的 Bi 纳米线阵列,SAED 测量显示为单晶。且随着纳米线直径的减小,其在短波长的光学吸收边发生蓝移,如图 3-52 所示。

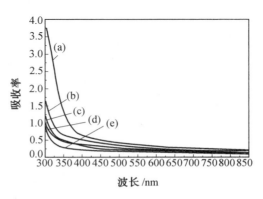

图 3-52　Bi 纳米线阵列的光学吸收谱随直径的变化
(a) 60 nm (b) 40 nm (c) 25 nm (d) 15 nm (d) 5 nm

3. Ir 纳米薄膜的 MOCVD 法制备

MOCVD 法制备 Ir 纳米薄膜,卧式热壁 MOCVD 反应器,源物质为 Ir(AA)$_3$,源物质保持在 353 K 的温度,氩气作为反应气,间歇通入氮气以消除沉积物中的碳,衬底为 Y 稳定的氧化锆(YSZ),衬底温度为 773 ~ 973 K 之间,气压保持在 0.27 kPa。得到的薄膜经 XRD 及能谱表征为 Ir-C 复合薄膜,金属铱的粒度依据 XRD 的峰宽计算大约为几个纳米,SEM 观察 Ir 的直径为 1 ~ 3 nm 分散在非晶碳中,随衬底温度从 773 ~ 973 K 碳含量从 30% 变化到 70% 。以所制备的 Ir-C 薄膜作为电极,以 YSZ 作为固体电解质,研究了其阻抗谱,结果发现低频时表征电极、电解质及气体界面的半圆形对于 Ir-C 电极相对于其他电极要小得多,表明该电极是高度可逆的。

3.6.7　其他纳米薄膜的制备

1. CdS 薄膜的沉积

用阳极氧化铝模板,孔径 20 nm 和 100 nm,制备是将铝板在 H_2SO_4 和草酸混合液中阳极化,多余的铝用 HCl-$CuCl_2$ 混合液刻蚀除去,然后在多孔模板的表面镀上一层银作为电极,将该模板放在阴极进行电沉积,沉积液组成为 0.055 mol/L 的 $CdCl_2$、0.19mol/L 的 S。在 DMSO 中,沉积温度 110 ℃,时间为 2 ~ 10min,取出后用 DMSO、丙酮、去离子水清洗,AAO 可以在 1M NaOH 溶液中溶解。100 nm 的模板中形成的 CdS 纳米线直径为 100 nm,长度为 30 μm,20 nm 的模板中形成直径为 20 nm,长度为几十微米的纳米线,拉曼谱测量有很强的峰,分别为三级横向光子峰,与纯的 CdS 一致,电子衍射为取向性一致的单晶。

韩国人用相似的工艺制备出的 CdS 阵列,拉曼光谱明显不同,背景很强而衍射峰很弱,为纵向声子峰。

用相同的方法也制备了 CdSe 阵列,直径为 60 nm。Ni,Co,ZnO 等也用该法制备。

2. 生物仿生自组装法

传统的半导体工艺快要接近它的理论极限了,利用光化学法不能生产小于 100 nm 结构的器件,仿生自组装、自组织可能是解决这个问题的途径之一。利用铁蛋白合成无机二维纳米阵列,材料选用马脾铁蛋白加 CdSO$_4$ 沉淀至浓度为 10mmol/L,去掉二聚和三聚的铁蛋白,(111)硅衬底经处理使其为憎水性,1.5 mL 铁蛋白溶液在 NaCl 和磷酸盐缓冲溶液中,PBLH(聚苯甲基 L 组氨酸)溶解到二氯醋酸中加入到该溶液中,加热至 38 ℃保持 1 h,冷至室温保持温度 2 h,此时在水和空气界面形成了二维阵列,将 Si 衬底置于其下,提出后置于干燥箱中,再在石英管中氮气气氛下在不同的温度下加热,电镜观察发现形成了六方紧密堆积的二维阵列,高分辨电镜证实其中存在氧化铁核,间距为 12 nm,对应于铁蛋白的外径,加到 500 ℃ 都可以观察到二维阵列的存在,但其有序性变差,但温度进一步升高则破坏了二维阵列,AFM 观察证实 300 ℃ 以下蛋白仍然存在,而高于 300 ℃ (约 450 ℃)以后可以观察到清晰的原子图象,这表明蛋白木核被加热后除去,薄膜厚度约为 5.5 nm,与铁蛋白的直径 6 nm 相当,氧化铁附着于衬底表面,这种方法提供了一种制备纳米器件的可能方法。

3. AlON 和 CNB 薄膜的磁控溅射法制备

AlON 薄膜用反应直流磁控溅射法制备得到,所用的靶为 5 N 的铝靶,气氛为氩气、氮气、氧气,沉积在(111) Si 衬底上,薄膜的组成通过控制反应功率及调整气相组成来控制,测量其折射率、硬度和杨氏模量等物理量随成分的变化。

CNB 薄膜,采用射频溅射沉积,靶材料为 B$_4$C,反应气为氩气和氮混合气,衬底为(001)硅衬底,衬底上加直流负偏压,得到三种相组成,含碳的立方氮化硼(c-BN:C),涡层(turbostratic)含碳氮化硼(t-BN:C),以及两相混合物,当 B/C 比保持接近 1 时,相结构取决于撞向衬底的氩离子和氮离子的能量和流量,而在恒定的流量下,相结构与偏压有关,偏压为 500 V 时得到立方相,而当偏压低于 300V 时,则得到的是 t-BN,偏压在 300~500 V 时得到混合相,相结构的演变是先在衬底上形成一非晶的 BN:C,接着形成高度取向的 t-BN,其 c 轴平行于薄膜表面,再形成立方 BN 取向为(110),混合相则为无织构的纳米晶。沉积的薄膜一般碳的质量分数为 5%~15%,主要以 C-C 键和 C-B 键存在,颗粒大小在约在 50 nm。

4. 自组装法制备 CdTe 薄膜

含有纳米 CdTe 的高聚物薄膜通过自组装一层一层地沉积,水溶性的 CdTe 被一层巯基乙酸包裹稳定,CdTe 的颗粒大小为 3~5 nm,表面带一层负电荷,一表面已经沉积了一层 PEI 薄膜的石英片在其中浸渍 20 min,然后再在聚合物溶液中浸渍 20 min,聚合物溶液有三种,分别为聚氮丙啶(PEI),聚氯羟基烯丙氨(PAH),聚氯化二烯丙基二甲基氨(PD-DA),这样循环多次沉积,得到的薄膜的荧光发射谱对于 PDDA 聚合物比 PEI 及 PHA 要强得多,如图 3-53 所示。很明显 PEI 和 PHA 引起了荧光的淬灭,可能是因为聚合物中的一胺和二胺基团引起的,溶液的 pH 值也影响荧光发射。

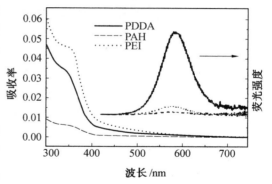

图 3-53　四个双层 CdTe/聚阴离子吸收和荧光谱(制备是在 pH=6 的条件下,荧光淬灭波长为 400 nm)

5. 等离子体聚合法制备高分子纳米薄膜

等离子体聚合装置为一内电极电容耦合型反应器,利用 13.56 MHz 频率的射频发生器产生等离子体,氩气作为载气及反应气,反应的单体为甲基丙烯酸甲酯(MMA),苯乙烯,同时加入四甲基锡增加薄膜对于射线的敏感性,衬底用 SiO₂,反应条件为功率 20 ~ 70 W,反应压力为 13.3 ~ 94 Pa,Ar 气流速为 10 mL/min,最后得到 PPMST 薄膜,薄膜表面没有针孔,是紧密交联的均匀结构,对该薄膜进行等离子体刻蚀可得到分辨率为 20 nm 的构型。

6. 涂覆法制备高分子复合薄膜

10 mL% 的聚乙烯吡咯烷水溶液与 0.3 mL 胶体氧化硅(直径 10 ~ 20 nm,含 40% 的 SiO₂ 颗粒)混合搅拌过夜,然后用旋涂法在氧化硅衬底上制备薄膜,真空干燥后,厚度约为 80 nm,二次离子质谱分析在表面未探测到 SiO₂ 纳米粒子,深度剖面分析表明这些纳米粒子在表面下约 5 ~ 7 nm 的位置,用 AFM 可以直接观察到这些表面下的纳米粒子。

7. 热丝辅助的溅射法制备含有 C 纳米丝的纳米 C 薄膜

使用直流磁控溅射设备,石墨靶作为源物质,在靶下面加上一螺旋形 W 丝,加热至 2 000 ℃,13.33 Pa 压力的氩气作为反应气体,衬底温度为 600 ℃,衬底为玻璃,沉积时间为 20 min,速率为 7 nm/min,XRD 显示所得的薄膜为晶态的 C 膜,但是含有各种结晶型的 C,如石墨和金刚石等为纳米晶,XPS 显示无 W 等杂质元素存在,TEM 研究发现薄膜中含有 C 纳米丝,直径为 10 ~ 30 nm,长度为几百至几千纳米,但没有发现空心的纳米管,拉曼光谱测量显示除了石墨峰之外还有一种 carbyne 的一维 C 的峰,如图 3-54 所示。

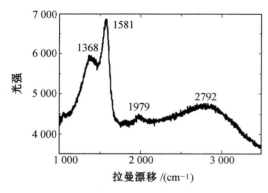

图 3-54　C 薄膜的拉曼光谱

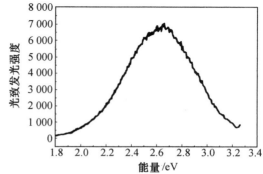

图 3-55　碳化硅样品的室温光致发光谱,Ar+激光器激发波长 351 nm

8.电子自旋共振微波等离子体化学气相沉积法制备氢化碳化硅

源物质为纯甲烷和用氢稀释的 10% 的硅烷,衬底为(100)硅单晶和玻璃,微波功率为 850 W,气压为 1.33 Pa,气体流量固定为 $q_m(H_2):q_m(CH_4):q_m(SiH_4)=100:2:10$,衬底未加热,等离子体对衬底的加热温度不高。沉积后得到的薄膜的粒径为几个纳米,晶粒取向无序,其中含有一些非晶成分,光荧光谱显示薄膜在 2.64 eV 有一荧光峰,其半高宽为0.56 eV,它比 3C-SiC 的带隙 2.2 eV 宽,这是由于纳米晶的量子效应引起的,如图 3-55 所示。

思考题

1. 试说明蒸发的分子动力学理论。
2. 试比较电阻加热与电子束加热两种方法的技术特点。
3. 什么叫三温度法/四温度法?
4. 什么叫溅射? 影响溅射率的主要因素?
5. 说明溅射机制的动能转移论。
6. 比较溅射与蒸发的特点。
7. 说明影响 CVD 的参数。
8. 说明什么叫分子束外延(MBE)。
9. 说明激光辐照分子束外延的机理。
10. 说明激光分子束外延的系统构成及示意图。
12. 说明微波电子回旋共振 CVD 原理、技术及应用。
13. 简述溶胶-凝胶的原理。
14. 简述超晶格薄膜、LB 薄膜、巨磁阻薄膜这三种重要纳米薄膜的制备原理。

第4章 功能陶瓷的合成与制备

4.1 功能陶瓷概论

随着材料科学的飞速发展,具有优良的物理力学性能的陶瓷新材料的应用也日益广泛。新型陶瓷是新型无机非金属材料,也叫先进陶瓷和高技术陶瓷,可以分为功能陶瓷和结构陶瓷两大类,本章主要论述功能陶瓷的合成与制备方法。

结构陶瓷是指在应用时主要利用其力学性能的材料,功能陶瓷以电、磁、光、声、热力、化学和生物学信息的检测、转换、耦合、传输及存储功能为主要特征,这类介质材料通常具有一种或多种功能。它主要包括铁电、压电、介电、热释电、半导电、导电、超导和磁性等陶瓷,它是电子信息、集成电路、计算机、通信广播、自动控制、航天航空、海洋超声、激光技术、精密仪器、机械工业、汽车、能源、核技术和医学生物学近代高新技术领域的关键材料,已在能源开发、空间技术、电子技术、传感技术、激光技术、光电子技术、红外技术、生物技术、环境科学等方面有着广泛的应用。功能陶瓷应用十分广泛,材料体系和品种繁多、功能全、技术高、更新快,主要材料有电气电子材料、磁性材料、光学材料、化学功能材料、热功能材料及生物功能材料等,它的分类目前还没有一个权威统一的标准,可以按组成分类,也可以由陶瓷的功能和用途来加以划分。

4.1.1 功能陶瓷的分类

功能陶瓷的分类方法有很多,我们以表格的形式介绍几种分类方法,简要介绍其组成结构、性能及其应用方向。

根据材料的功能进行的分类如图 4-1 所示。图中"利用特性"栏是按材料的特性对材料功能进行的分类;"用途的大分类"栏是按材料的使用目的对材料功能进行的分类;"用途的中分类"栏列出了材料功能的具体实例。各项目之间的连接线,表示"特性–功能–用途"之间的关系。图 4-2 是从功能角度划分的"新材料树"示意图。

在以上所列举的常用功能陶瓷材料中,比较重要的材料特性如下:

(1)机械材料:耐磨损、高比强度、高硬度、抗冲击、高精度尺寸、自润滑性等。

(2)热学材料:耐热、导热、隔热、蓄热与散热、热膨胀等。

(3)化学材料:耐腐蚀性、耐气候性、催化性、离子交换性、反应性、化学敏感性等。

(4)光学材料:发光性、光变换性、感光性、分光性、光敏感性等。

(5)电气材料:磁性、介电性、压电性、绝缘性、导电性、存储性、半导性、热电性等。

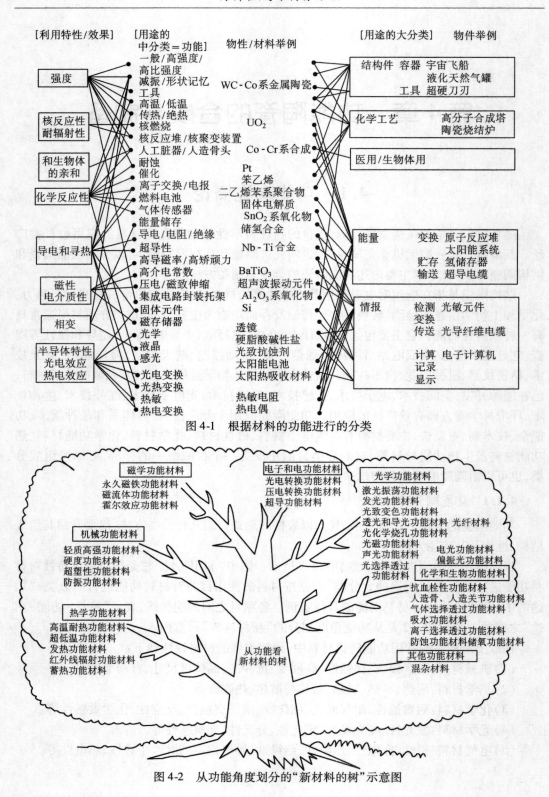

图 4-1　根据材料的功能进行的分类

图 4-2　从功能角度划分的"新材料的树"示意图

（6）生物医学材料：生物化学反应性、脏器代用功能性、感觉功能脏器辅助功能性、生物形态性等。

陶瓷多种功能的实现，主要取决于它具有的各种特性，在具体应用时，并根据需要，对其某一有效性能加以改善提高，以达到良好使用的目的。要以性能的改进来改善陶瓷材料的功能性，可以从以下两方面进行。

①从材料的组成上直接调节，优化其内在品质，包括采用非化学式计量、离子置换、添加不同类型杂质，使不同相在微观级复合，形成不同性质的晶界层等。

②通过改变外界条件，即改变工艺条件和提高陶瓷材料的性能，达到获得优质材料的目的。

无论改变组成还是改变工艺，最终都是使材料的微观结构产生变化，从而使其性能得到提高，表4.1、表4.2 给出的就是功能材料形态等变化对其性能的影响实例。

表4.1　利用功能材料形态及其变化提高性能（实例）

材料	得到的机能	变　化　的　形　态						
		薄膜化	微粒化（包括粉末）	纤维化	气孔化	复合化	无孔化	其　他
无机非金属功能材料	光学	选择吸收膜太阳电池	玻璃球	光学纤维		表面析出	透光体；激光基质（晶核）	
	电磁	透明电极敏感元件磁泡	磁性粉末		敏感元件	变阻器	热电子放射材料单晶或非晶磁泡压电体铁氧体	电容器
	热学			绝热材料热导管	绝热材料蜂窝发热体	绝热材料陶瓷涂料		
	音响	超音波元件		吸音材料	吸音材料	隔音、吸音材料	超音波元件	
	分离吸收	过滤材料		过滤材料	过滤材料			
	力学	表面硬化材料PVDF	高强度材料润滑材料	增强材料		超耐热硬质复合材料耐磨耗材料	耐磨耗材料	粘接材料润滑材料
	输送载体					储热材料		
	化学			触媒	触媒；离子交换材料；电解膜		瓷釉	固体电容
	生物				人工骨人工齿酶的固定		人工骨	粘接材料

表 4.2 利用功能材料的能量变换提高性能(实例)

材料	输出	输入							
		机械能	热	光	放射线	音	化学能	电	磁
无机非金属功能材料	机械能	发泡体制动材料						压电元件	磁致伸缩元件
	热		绝热材料 传导材料 储热材料	选择吸收膜			发热材料	发热材料	
	光		红外线放射体	萤光体 偏光元件 透明体 反射体	闪烁器 射线计量器	音响光学元件	化学发光体;	红外线放射体;萤光体;半导体激光	磁性光学元件
	放射线				反射材料 吸收材料 减速材料				
	音					吸音材料			
	化学能			感光玻璃 光化学效应			触媒		
	电	压电元件	固体电解质 敏感元件 热发电元件	电光效应 光电导性 敏感元件 太阳电池	敏感元件	敏感元件	敏感元件; 固体电解质	延时元件 绝缘元件 变阻器 电容器 滤波器 超电导	敏感元件
	磁	磁致伸缩元件					敏感元件		磁性屏蔽

因此,陶瓷的功能性与其组成、工艺、自身性能和结构密切相关,功能陶瓷的工艺技术和性能检测关系可用下图表示。

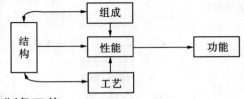

4.1.2 功能陶瓷的制备工艺

多晶体的陶瓷一般均是通过高温烧结法而制成的,所以也称为烧结陶瓷。由于组成陶瓷的物质不同,种类繁多,制造工艺因而多种多样,一般工艺可按下列流程图进行。这也是功能陶瓷的制造工艺,如图 4-3 所示。

在功能陶瓷的制备过程中还应具备下列技术要素。

①原材料:高纯超细、粒度分布均匀;

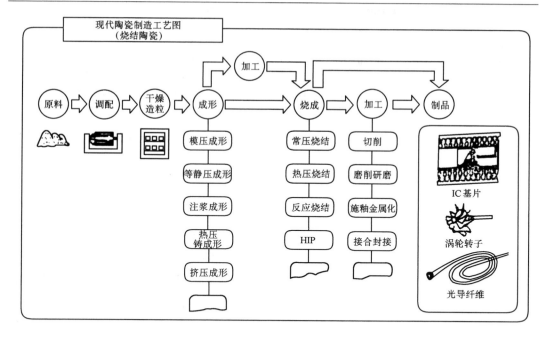

图 4-3　功能陶瓷的制造工艺

②化学组成:可以精确调整和控制;

③精密加工:精密可靠,而且尺寸和形状可根据需要进行设计;

④烧结:可根据需要进行温度、湿度、气氛和压力控制。

1. 超微细粉料的制备

高性能陶瓷与普通陶瓷不同,通常以化学计量进行配料,要求粉料高纯超细($<1\ \mu m$),传统的通过机械粉碎和分级的固相法已不能满足要求。

功能陶瓷的微观结构和多功能性,在很大程度上取决于粉末原料的特性、粒度及其形状与尺寸、化学组成及其均匀度等。随着科学技术的迅猛发展,对功能陶瓷元件提出了高精度、多功能、高可靠性、小型化的要求。为了制造出高质量的功能陶瓷元件,其关键之一就是要实现粉末原料的超纯、超细的均匀化。

(1)要求

①粉末组成和化学计量比可以精确地调节和控制,粉料成分有良好的均一性;

②粒子的形状和粒度要均匀,并可控制在适当的水平;

③粉料具有较高的活性,表面洁净,不受污染;

④能制成掺杂效果、成形和烧结性能都较好的粉料;

⑤适用范围较广、产量较大、成本较低;

⑥操作简便、条件适宜、能耗小、原料来源充分而方便。

(2)功能陶瓷超微细粉的常用制备方法,见表4.3。

表 4.3 功能陶瓷超微细粉的制备方法

类别	方 法	说 明
固相法		固相法一般是把金属氧化物或其盐按照配方充分混合、研磨后进行煅烧。粉碎方法有化学法与机械法。化学反应有氧化还原法、固体热分解法、固相反应法。
液相法	沉淀法	可分为直接沉淀法、共沉淀法和均匀沉淀法等,均利用生成沉淀的液相反应来制取
	水解法	①醇盐水解法,是制备高纯的超微细粉的重要方法 ②金属盐水解法
	溶胶-凝胶(Sol-Sel)法	是将金属氧化物或氢氧化物浓的溶胶转变为凝胶,再将凝胶干燥后进行煅烧,然后制备氧化物的方法。利用该法制备 ZrO_2 超微细粉,其成型体可在 1 500 ℃烧成(温度降低 200 ℃)
	溶剂蒸发法	把金属盐混合溶液化成很小的液滴,使盐迅速呈微细颗粒并且均匀析出,如喷雾干燥法、冷冻干燥法等
气相法	蒸发凝聚法	将原料加热气化并急冷,即获超微细粉(粒径为 5～100 nm),适于制备单一或复合氧化物,碳化物或金属的超微细粉。使金属在惰性气体中蒸发-凝聚,通过调节气压以控制生成的颗粒尺寸。
	气相反应法	如气相合成法、气相氧化法、气相热分解法等,其优点有:①容易精制提纯、生成物纯度高,不需粉碎,粒径分布均匀;②生成颗粒弥散性好;③容易控制气氛;④适于制备特殊用途的氮(碳、硼)化物超微细粉

2. 陶瓷的成型制备技术

成型工艺影响到材料内部结构、组成均匀性,因而直接影响到陶瓷材料的使用性能,现代高技术陶瓷部件形状复杂多变,尺寸精度要求高,而成型时的原料又大多为超细粉,容易产生团聚,因此对成型技术提出了更高的要求。

根据制成的形状和要求特性,主要采用下列 5 种粉体成型方法:

①模压成型;

②等静压成型;

③挤压成型;

④注浆成型;

⑤热压铸成型。

功能陶瓷的粉体成型方法,如图 4-4 所示。

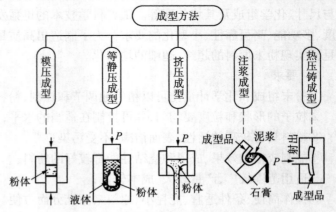

图 4-4 功能陶瓷的粉体成型方法(示意图)

3. 陶瓷的烧结方法(表4.4)

表4.4 陶瓷的烧结方法

烧结方法	特 点
常压烧结	该法在原料成型后只进行烧结,便可成为制成品,因此,经济有效,应用广泛
热压烧结(HP)	是将粉末填充于模型内,在高温下加压烧结的方法,如 Si_3N_4,SiC,Al_2O_3 等使用该法,但成本较高
热等静压法烧结(hot isostatic press 缩写 HIP)	该法是借助于气体压力而施加等静压的方法。SiC,Si_3N_4,Al_2O_3 均使用该法,HIP 的效果有: ①力学性能(强度,韧性)提高,波动减小; ②烧结温度降低; ③粒径易控制。 它是最有希望的新技术之一
反应烧结	通过化学反应面烧结的方法,如 SiC,Si_3N_4 采用该法
二次反应烧结	是最新烧结 Si_3N_4 的方法,当硅粉末成型体氮化之前(后),使它浸渍 Y_2O_3、MgO 等,通过反应烧结后的添加剂,来实现致密烧结的方法
其 他	超高压烧结,VCD 微波烧结工艺等

4.1.3 功能陶瓷的主要应用基础研究方向

功能陶瓷的应用及市场开发前景广阔,因而功能陶瓷的技术与市场竞争激烈、元器件的升级换代周期短。围绕着高性能、低成本、高可靠、微型化和集成化的发展方向,提出了许多共性的科学问题,今后需要进行更深入的研究,例如:

①多层复相功能陶瓷共烧的反应动力学,如异质界面的交叉扩散;

②铁电压电陶瓷与元件的老化、劣化、疲劳和断裂、失效机理;

③功能陶瓷的晶界、界面及尺寸效应;

④薄膜与界面的介电响应、膜材料的表面改性;

⑤铁电陶瓷微结构与相变;

⑥溅射金属内电极多层器件制备技术中的缺陷化学问题,等等。

4.2　高温超导陶瓷

超导现象是由荷兰物理学家卡麦林·翁纳斯(Kamerlingh·Onnes)于1991年首先发现的。普通金属在导电过程中,由于自身电阻的存在,在传送电流的同时也要消耗一部分的电能,科学家也一直在寻找完全没有电阻的物质。翁纳斯在研究金属汞的电阻和温度的关系时发现,在温度低于 4.2 K 时,汞的电阻突然消失,如图 4-5 所示,说明此时金属汞进入了一个新的物态,翁纳斯将这一新的物态称为超导态,把电阻突然消失为零电阻的现象为超导现象,把具有超导性质的物体称为超导体。超导体与正常导体的区别是:正常金

属导体的电阻率在低温下变为常数，而超导体
的电阻在转变点突然消失为零。后来，又陆续
发现了其他金属如 Nb，Tc，Pb，La，V，Ta 等都具
有超导现象，并逐步建立起了超导理论和超导
微观理论。1986 年，由 K. A. müller 和
J. G. Bednorz 等人研制出 Ba-La-Cu-O 系超导
陶瓷，在 13 K 以下的电阻为零，使高温超导研究
进入了一个新阶段，各国科学家之间研究超导
陶瓷新材料，应用基础理论和超导新机制方面，
形成激烈竞争的局面。现已研制出了上千种超

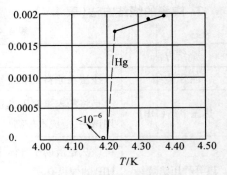

图 4-5　Hg 的零电阻现象

导材料，临界温度也不断提高。表 4.5 为 T_c 临界温度提高的历史进程。

表 4.5　T_c 临界温度提高的历史进程

时间/年	材　料　组　成	T_c/K
1911	Hg	4.16
1913	Pb	7.2
1930	Nb	9.2
1934	NbC	13
1940	NbN	14
1950	V_3Si	17.1
1954	N_3Sn	18.1
1967	$Nb_3(Al_{0.75}Ge_{0.25})$	21
1973	Nb_3Ge	23.2
1986	La-Ba-Cu-O	35
1987	Y-Ba-Cu-O	>90
1988	Ba-Sr-Ca-Cu-O	110
1988	Tl-Ba-Ca-Cu-O	120

　　在超导材料中，具有较高临界温度的超导体一般均为多组元氧化物陶瓷材料，新型超
导陶瓷的开发研究冲破传统 BCS 超导理论的临界极限温度 40 K。我国科学家在超导材
料的研究方面也一直处于世界前沿。1987 年获得了 98 K 的超导体，Y-Ba-Cu-O 系超导
陶瓷，首先将温度由液氦温度区提高到液氮温度区。对 Y-Ba-Cu-O 系陶瓷材料采用元
素置换法进行的研究，使临界温度不断提高，日本公布发现钇钡铜氧金属陶瓷材料
（$YBa_2Cu_3O_{7-x}$）大约在 123 K 开始具有超导性，在 93 K 时成为全导体。研究证明大多数
的稀土元素都能代替钇、钡的位置，在钇钡氧铜中加入钪、锶和某种金属元素后，具备了超
导体的基本性质，虽然不很稳定，但确有迈斯纳（Meissner）效应存在。随后，又有许多关
于超导材料的报导，临界温度大多超过 100 K。美国已研制出零电阻转变温度为 125 K 的
Tl-Ba-Ca-Cu-O 系超导材料，这些以新元素取代原 Y-Ba-Cu-O 系中 Ba 和 Y 的位置后
制成的超导材料，性能稳定，零电阻均在 85 K 以上，实现了液氮温区的超导，液氮制备方
法简单，空气中含量高，为超导研究提供了较为方便的条件，因而更具有实际应用价值。
实用性的超导薄膜和超导线材现已研制成功，已制成长达 100 m 的 Bi 系超导卷型材料，

正在向更高温区甚至在室温下实现超导的研究方向上不断努力。

氧化物陶瓷高温超导体的研究也面临着诸多难题,T_c 突破 30 K 后,解释超导电性的 BCS 理论已不能解释超导陶瓷的超导电性,还没有形成一个完整的理论来解释高温超导的机理,使超导的研究更系统、更科学。在应用过程中,除临界温度外,临界电流密度,临界磁场,化学及机械的稳定性及加工工艺学也同时困扰着人们。组成超导材料的超导陶瓷有其自己的独特结构,对超导陶瓷结构的研究有利于建立起更科学、更完善的超导电性理论。今后人们将从以下几个方面对陶瓷结构做进一步的研究。

(1)晶界的影响。晶界是影响电流密度的一个重要因素,是由于晶界势垒,还是非超导金属层的形成所致,需要研究探索。

(2)超导陶瓷体层状结构的各向异性对超导性能的影响。

(3)超导电子对的影响。当临界温度升高时,热能会使超导混合状态下的磁力线变化,这是否对其实用化产生影响;由于超导陶瓷电子对较少,相干长度较短,是否具有等离子体结构等。

4.2.1　超导体的性质和分类

1. 超导体的性质

超导体(superconductor),是指当某种物质冷却到低温时电阻突然变为零,同时物质内部失去磁通成为完全抗磁性的物质。每一种超导体都有一定的超导转变温度,即物质由常态转变为超导态的温度称其为超导临界温度(critical temperature of super conductor)用 T_c 表示。不同超导材料的超导临界温度是不同的。超导临界温度以绝对温度来表示。

判断材料是否具有超导性,有两个基本的特征:超导电性,指材料在低温下失去电阻的性质;完全抗磁性,指超导体处于外界磁场中,磁力线无法穿透,超导体内的磁通为零。

总之,超导体呈现的超导现象取决于温度、磁场、电流密度的大小,这些条件的上限分别称为临界温度(T_c)、临界磁场(H_c)、临界电流密度(I_c)。从超导材料的实用化来看,归根结底,最重要的是如何提高这三个物理特性。

(1)超导体的完全导电性

通常,电流通过导体时,由于存在电阻,不可避免地会有一定的能量损耗。所谓超导体的完全导电性(complete conductivity of superconductor)即在超导态下(在临界温度下)电阻为零,电流通过超导体时没有能量的损耗。

(2)超导体的完全抗磁性

超导体的完全抗磁性(complete resistance magnetic of superconductor)是指超导体处于外界磁场中,能排斥外界磁场的影响,即外加磁场全被排

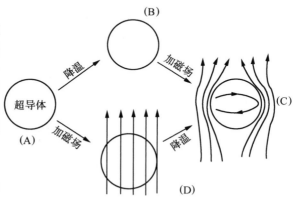

图 4-6　超导体的完全抗磁性示意图

除在超导体之外,这种特性也称为迈斯纳效应(meissner effect)。如图 4-6 所示。

根据图示,迈斯纳效应实验是将处于常导态的超导样品放置到磁场中,这时的磁场能

进入超导样品,然后将其冷却至临界温度 T_c 以下,处于超导态时,在超导样品中的磁场就被排斥出来。

如果把这个过程反过来,即先把处于常导态的超导样品冷却至超导临界温度以下,使其处于超导态,然后将其放入磁场中,这时磁场也被排斥在超导体之外。

(3)超导体的各种性能特点(见表4.6)

表4.6 超导体的各种性能特点

超导态的电学性质

性　　能	特　　　点
完全导电性	直流电阻为零但交流电阻并不为零,载流子是超导电子对,确切的说法是直流电阻无穷接近零
电 阻 率	趋近于零
温差电动势	趋近于零
电流能破坏超 导 态	电流密度超过临界值 J_c 时,超导体由超导态转换为常导态,其实质还是由电流产生的磁场对超导态的破坏,这个现象是超导电子学的重要物理基础
电流的趋表效应	超导电流只能沿超导表面流入深表面薄层流动

超导态的光学性质

性　　能	特　　　点
一般光学性质	不发生转变
反 射 率	不发生转变,能量低于能隙的光子不能被吸收

超导态的磁学性质

性　　能	特　　　点
完全抗磁性	外加磁场,一般情况下不能进入超导体内,只能透入到 λ_L 深的表面层内
磁场能破坏超 导 态	磁场强度超过临界值 H_c 时,超导体由超导态转变为常导态。这个现象同样是超导电子学(或超导微电子学)的重要物理基础
存在混合态	存在于第二类超导体的两个临界磁场 H_{c1} 和 H_{c2} 之间的状态,它具有完全导电性的性质,但不具备完全抗磁性的性质
存在中间态	中间态是一种超导态和常导态在超导体中交替存在的状态,这种状态有时也被称为居间态

超导态的热学性质

性　　能	特　　　点
新的相变效应	当超导体从超导态到常导态(或反之)的转变过程中伴随着吸热或放热的产生
潜 　热	当 $H>0$ 时,在相变过程中发生潜热,当 $H=0$ 时,在相变过程中不发生潜热
比 　热	比热出现反常,在 $T=T_c$ 时出现不连续性,存在突变效应
温度能破坏超 导 态	温度超过临界温度 T_c 时,超导体由超导态转变为常导态,反之,则相反。这也是超导电子学的重要物理基础
热 　导	在磁场中具有不连续性,一般超导态的热导将变低

超导态的其他性质

性　　能	特　　　点
晶体结构	保持不变
形状大小	保持不变

续表4.6

性　　能	特　　　　　点
弹　　性	要改变
对电子束吸收	保持不变
能　　隙	由费米气决定,在超导体的电子能谱中,不能存在有电子能量的间隔
同位素效应	超导体临界温度 T_c 与超导体的同位素质量 M 有关, T_c 随 M 增加而减小, $M \cdot T_c =$ 常数
隧道效应	分超导电子对隧道效应和常导态准电子隧道效应,它是超导电子学所依据的重要物理效应

2. 超导体的分类

超导体的分类目前还没有一个统一的标准,一般可这样分类:从材料来区分,可分成三大类,即元素超导体,合金或化合物超导体、氧化物超导体即超导陶瓷;从低温处理方法来分,可分为液氦温区超导体(4.2 K 以下),液氢温区超导体(20 K 以下),液氮温区超导体(77 K 以下)和常温超导体。

表4.7 为按具体结构和超导理论分类的超导陶瓷的种类。

表4.7 超导陶瓷的种类

物　　质	晶体结构 / 超导机理	BCS 理论物质——非 BCS 理论物质
氮化物 碳化物	B-1	$NbC^{11.5K}$ $NbN^{17.3K}$ $M_0C^{14.3}(M_0N)$
硼化物		$R_eRh_3B_4^{11.8K}$ $(TiB_2, TiB_{1.1})$
硫化物		$PbM_{06}S_8^{15K}$ $Cu_{1.8}M_{06}S_8^{10.8K}$
	Nace	$LaS^{0.34K}$
	尖晶石	$CuRh_2S_4^{4.8K}$
	六　方	$Li_xTi_{1.1}S_2^{13K}$
	体　心	$La_3S_4^{3.25K}$
氧化物	钙钛矿	$SrTiO_3^{0.55K}$ $BaPb_{1-x}Bi_xO_3^{13K}$
	尖晶石	$Li_{1+x}Ti_{2-x}O_4^{13.7K}$
	青铜	$M_xWO_4^{6.7K}$ $Li_{0.9}M_{06}O_{17}^{1.9K}$
	NaCl	$TiO^{2.3K}$ $NbO^{1.3K}$

注:(　)中为未确认物质;物质右上角数字为临界温度 T_c。

　　从现有研究的超导材料组成上看,在元素周期表,如图 4-7 所示。有相当多的元素可以组成超导材料,有金属,类金属和非金属元素,在这些元素中,可以由单一元素制成超导材料,但大多超导材料是由多种元素构成的合金、化合物或陶瓷组成的。在图 4-7 中,方框内元素均属超导元素;元素符号下面为其临界温度;* 表示超导仅在无定形状态下才发生;元素 Bi 在非常高的压力下也是超导体。

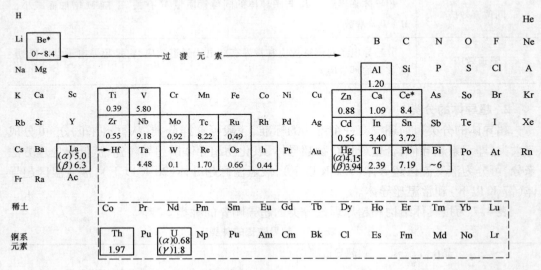

图 4-7　超导元素在周期表中的分布

4.2.2　超导理论

　　自超导现象发现后,随超导材料研究的不断深入,超导理论也在不断发展。超导理论的发展历程见表 4.8。

表 4.8　超导理论的发展历程

主要超导理论概念	理论创始人	提出时间/年
超导临界流	翁纳斯	1911
超导临界磁场	西耳斯比	1926
超导体完全抗磁效应	迈斯纳和奥森尔德	1933
超导性热力学理论	琪琛和高特	1933
超导体电动力学理论	伦敦兄弟	1935
超导体的居间态理论		1937
超导二流体理论	C. T. Gorter	1949
超导体的同位素效应	Z. Maxwell	1950
超导态宏观量子效应	伦敦兄弟	1950
相干长度概念	皮伯德	1950
超导体中库伯电子对	库伯	1954
BCS(电-声子)理论	施里弗	1956
约瑟夫逊隧道效应	约瑟夫逊	1962

在这些理论中,最有代表性的是超导热力学理论,BCS 理论和约瑟夫逊效应。超导热力学理论说明由常导态到超导态超导体其熵是不连续的,而且熵值减小,超导体在相变时产生了某种有序变化。约瑟夫逊效应是指在两块弱连接超导体之间存在着相关的隧道电流。

1. BCS 理论

该理论主要指只要有吸引力存在,粒子就可以形成束缚态,能量会降低为更加稳定的超导态,在电子能谱中就要出现一个能隙。BCS 理论通过能隙方程解出了 T_c,即

$$Z\Delta(O) = 3.53K_BT_c = 4hW_D\exp\left(-\frac{1}{N(O)V}\right) \tag{4-1}$$

式中,$Z\Delta(O)$ 为超导体在 0 K 时的能隙;h 为约化普朗克常数,1.055×10^{-34} J·s;W_D 为声子频率;$N(O)$ 为费米面上的电子态密度;V 为电、声子相互作用净吸引力强度。

BCS 理论能成功地给出一个超导能隙,并能得出:超导态电子比热随温度按指数规律减少,在 T_c 附近发生了二级相变,出现零电阻及迈斯纳效应、磁场穿透现象、超导隧道效应等结果,并且基本上与实验结果符合,因而获得了很大的成功。BCS 理论还成功地预言了约瑟夫逊效应的存在。

将式(4-1) 可改写成

$$T_c \approx Q_D\mathrm{EXP}\left(-\frac{1}{geff}\right) \tag{4-2}$$

式中,Q_D 为德拜温度;$geff$ 为电、声子相互作用的无量纲常数。

如果 $geff > 0$,即在电子之间出现纯吸引力时,就会出现超导性。

从式(4-2) 可知,T_c 是由 Q_D 决定的,在通常情况下,Q_D 为 100 ~ 500 K,至于 $geff$,一般取其 $< 1/3$,代入式(4-2) 可知,即使 Q_D 取 500 K,T_c 也只有 $T_c \leq 500\,e^{-3} \leq 25$ K 左右。由此可知,如果仅依据 BCS 电、声子理论来指导研究高温超导体就不能获得高 T_c 的材料,因为 BCS 理论本质上是一种弱耦合理论。

2. 约瑟夫逊效应

1960 年,查威尔(Giaever) 测量金属 — 绝缘层 — 超导体夹层结的伏安特性时发现,当超导体转变为超导态时,结的电阻急剧减小。由两个不同超导体形成的夹层结的典型伏安特性曲线类似于半导体隧道二极管的伏安特性曲线。1962 年约瑟夫逊指出当超导隧道结的绝缘层很薄约 10^{-7} cm 左右时,电子由于隧道效应能穿过这层薄膜,穿过率与膜的面积成比例,随膜厚增加而呈指数下降,最后为零。当超导体为正常态时,流过 4-8 图电路回路的电流 I 和外电压 V_a 的关系依欧姆定律 $V_a = (R + R_a)I$,R_a 为外电阻,R 为隧道结电阻(包括非常小的金属的电阻)。通常实验时使用的隧道结电阻 R 大约为 1 Ω 左右。但是,当金属处于超导态时,只要电流不超过某临界值,$V_a = R_aI$ 式成立,金属本身不用说,就是结部分的电阻也变为零。这整个隧道结的特性,在许多方面类似于单块超导体。若通过隧道结的电流通过某临界值,在结上将产生电位降,即隧道结的电阻不再是零。这种在隧道结中有隧道电流通过而不产生电位

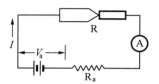

图 4-8　超导隧道结

降的现象称为直流约瑟夫逊效应。该隧道电流称为直流约瑟夫逊电流。若将整个超导体看成是很多部分系的集合,相邻部分系的界面形成隧道结则应发生上面的现象。此时,可将整个超导体看成是约瑟夫逊结相串并联。因此,约瑟夫逊效应是超导体的最重要现象。

4.2.3 超导陶瓷的具体结构

氧化物超导陶瓷的分子式为 $Ba_2YCu_3O_{7-x}$,Y 可以被其他稀土元素,特别是重稀土元素取代,用 Gd,Dy,Ho,Er,Tm,Tb 和 Lu 取代 Y 后形成相应的超导单相或多相材料。

$Ba_2YCu_3O_{7-x}$ 有两个相,一个是四方相($\overline{p4mZ}$),另一个是正交相(pmm),这两种结构都起源于 ABO_3 型钙钛矿结构,c 轴是 ABO_3 结构的三倍,B 位被 Cu 原子占据,A 位被 Ba 和 Y 占据。在 c 轴方向的顺序是…Y-Ba-Ba-Y-Ba-Ba…,垂直于 c 方向有三种基本原子面,Y 平面(无氧原子),Ba-O 平面和 Cu-O 平面。Y 原子上下的 Cu-O 面是皱折的,氧作有序排列,两个 Ba-O 平面之间的 Cu-O 平面中,有氧空位。对于正交结构,氧空位分布在 a 方向的两个 Cu 原子之间,即 O_5 位(室温下,占有率为 0.10),b 方向有两个 Cu 原子间 O_4 位中氧原子占有率为 1.00。对于四方结构,O_4 和 O_5 位的占有率与正交不同,可导致晶胞参数 $a \approx b$。

高温下为四方结构,低温下为正交结构,转变温度在 $600 \sim 700$ ℃之间,是有序–无序转变。正交相是高温超导相,四方相是半导体。

超导陶瓷的晶体结构,有的已经定论,有的还没有。根据晶体结构来分析,T_c 高的原因,或超导原因在 Cu-O 层。现就 Ba-La-Cu-O 及 Y-Ba-Cu-O 的晶体结构进行讨论。

Ba-La-Cu-O 超导体:这类超导体的超导起始温度 T_c 为 30 K,它属缺氧的 K_2NiF_4 型结构,如图 4-9 所示,K_2NiF_4 型结晶结构,属立方晶系,其结构特点在于点阵中存在着一些 Cu-O 平面层,而每一个 Cu-O 层又被两层 La(Ba)-O 平面层夹在中间,它的超导性被认为是由 Cu-O 平面引起的。

Y-Ba-Cu-O 超导体:这类超导体的临界温度 $T_c = 90$ K,属于斜方晶系,其晶体结构如图 4-10 所示,它与 La-Ba-Cu-O 不同,是属于正交型的畸变钙钛矿型结构。它由三个钙钛矿单胞重叠而成。其点阵常数为:$a = 0.382$ nm,$b = 0.389$ nm,$c = 1.169$ nm。从上到下依次由 Cu-O,Ba-O,Cu-O(Y 无氧),Cu-O,Ba-O 和 Cu-O 层排列而成,中间的两个 Cu-O 层,Cu 处于八面体的中心,在 Cu-O 层平面内,Cu-O 为短键,在 c 轴方向的 Cu-O 键距伸长,这是由于 Y 原子平面上的氧原子全部丢失,正电荷的过剩,使四周的氧向它靠拢,导致中间两层 Cu-O 平面的扭曲。Ba-O 层中是离子键合,属绝缘层。而两个 Ba-O 层面间的 Cu-O 平面,a 轴的氧原子容易丢失,从而形成了在 b 轴方向一维的有序结构。正是这种 Cu-O 平面和 Cu-O 键对 T_c 起着决定性的作用。

随着对超导的深入研究和发展,将会不断地揭示其晶体结构与超导电性的关系。

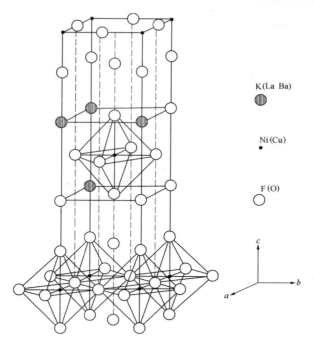

图 4-9　K_2NiF_4 结构

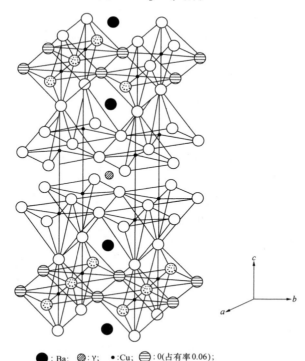

●：Ba；　◍：Y；　·：Cu；　◫：O(占有率0.06)；
◌：O(占有率0.63)；　○：O(占有率1)

图 4-10　Y-Ba-Cu-O 晶体结构

4.2.4　超导体主要性能测试

超导体的性能很多,但表征超导材料的基本参量有:临界温度 T_c、临界磁场 H_c、临界电流 I_c 和磁化强度 M。其中 T_c,H_c 是材料所固有的性能,是由材料基体电子结构所决定的,很少受形变、加工和热处理的影响,即 T_c,H_c 是组织结构不敏感的超导性能参量,而 I_c 对组织结构极为敏感。

在这些基本的参量测试中,临界温度 T_c 的测量十分重要。因此,现只讨论临界温度 T_c 的测量。

测量临界温度 T_c 有不同的方法,如电阻法、磁测量法等。测量的方法不同,T_c 也会得到不同的结果。

为了测出 T_c,需要精确地进行温度控制、温度测量,并准确地测量出超导态–常导态转变点。

超导材料的 T_c 一般在 0 ℃ 以下,因此首先要获得低温。如前所述,在 4.2 K 以下用液氦,在 20 K 以下用液氢,在 77 K 以下用液氮,而且一般采用减压的方法来获得。可调节温度的低温容器简图如图 4-11 所示。

1. 电阻测量法

电阻测量法是基于当样品进入超导态时,电阻变为零的一种测量方法。样品一般用线状或带状,同时要求样品内超导相是均质的,否则只能测出 T_c 较高的相的临界温度,而 T_c 较低的相则测不出来。电阻测量法测量临界温度的电路,如图4-12所示。

2. 磁测量法

当超导材料存在不同的临界温度 T_c 相时,则不能用电阻法来测量 T_c,因为在这种情况下,只能测出高 T_c 相的临界温度,而 T_c 较低的相则测不出来。在这种情况下可以采用磁测量法。

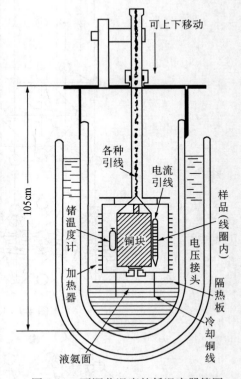

图 4-11　可调节温度的低温容器简图

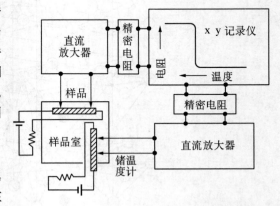

图 4-12　电阻测量法测量临界温度的电路

通过磁化率的变化来测量临界温度所用的电路是肖洛(Shawlow)电路,如图 4-13 所示。

伴随着常导态–超导态转变,样品从顺磁性转变为抗磁性,样品的磁化率将发生很大的变化。如果将样品置于由电容器 C 构成振荡回路的线圈中,由于磁化率的变化,线圈的电感也要变化,可以用频率计测出振荡频率的变化。用这种方法可以测出任何形态状,任何状态下的样品的临界温度,并且若同时存在有 T_c 不同相时,其 T_c 值可以分别测量出来。因此,可以在一定程度上了解材料内部的组织状态。

4.2.5　超导陶瓷的制备

高温超导陶瓷的制备方法有很多,可分为干法和湿法,工艺方法不同,所制出的产品的 T_c 也不同,超导陶瓷的制备与一般陶瓷的制造工艺相似,如 Y–Ba–Cu–O 系干法烧结制备块状超导陶瓷的工艺,如图 4-14 所示。

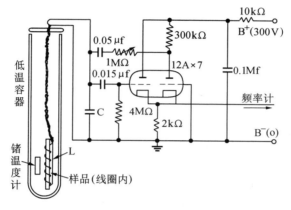

图 4-13　通过磁化率的变化测量临界温度的电路图(肖洛电路)

这个工艺流程中原料的纯度、粒度、状态、活性、合成的温度、烧成制度、气氛、合成的是否充分、配料及合成后混合磨细的情况、成型条件、热处理条件等等都对烧结体的超导特性有极大的影响。

下面介绍几种常用的超导陶瓷制备方法:

1. 高温熔烧法

高温熔烧法又分二次烧结法和三次烧结法,是制造高温超导陶瓷的主要方法。工艺关键是应使其缺氧,保证氧含量小于 7,将原料 $BaCO_3$,RE_2O_3,CuO 按一定比例混合后压块,盛于白金或氧化铝坩埚中,在电炉内,大气气氛下进行烧结,烧结温度为 900 ~ 960 ℃,时间至少为 4 h,然后断电自然冷却至室温。为使材料均匀,从炉内取出后经粉碎再进行压块,按上述条件进行第二次,甚至第三次烧结,可制得正交结构的超导材料。晶粒与晶粒间联结是多孔烧结体 J_c 低的原因,相对密度 70% 的烧结体 $J_{c77K} = 200 ~ 300 \ A/cm^2$,但经粉碎成粉末后 $J_c = 10^4 ~ 10^5 \ A/cm^2$ 必须提高其密度。

影响超导电性的主要因素是元素的组成和烧结条件,一些科学家正研究用氟、氮、碳取代部分氧,以期获得更高温度的超导材料。新型高温陶瓷超导材料是层状钙钛矿结构,对这种多相材料可用掺杂和替换元素的办法开发新材料。已研制出三元、四元和五元超导体。许多实验室正从粉体、烧结理论、工艺和晶粒晶界等方面开展研究。

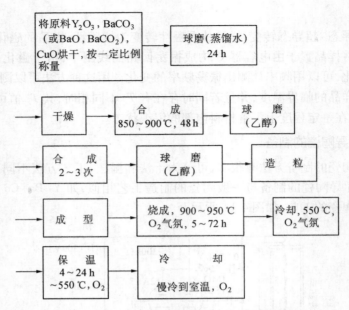

图 4-14　Y-Ba-Cu-O 系干烧结制备块状超导陶瓷工艺图

$YBa_2Cu_3O_{7-x}$ 超导陶瓷以 Y_2O_3，$BaCO_3$ 和 CuO 为原料经混合，在 900 ℃煅烧合成，粉碎获 123 相粉末，压制成型，在流动氧气氛中 950 ℃左右烧结，并在氧气氛中退火。在烧结和退火中缓慢冷却，以获被氧完全饱和，退火使氧原子均匀分布在 Cu-O 平面上，并使正交结构得到最大的畸变。$YBa_2Cu_3O_{7-x}$ 在 500～700 ℃空气中退火，由于氧原子填充入 CuO_2 平面中的氧空位，使晶胞的 b 轴收缩，a 轴膨胀，正交结构的畸变增大。如在氩气中脱氧，陶瓷将变成 a 轴和 b 轴相等的四方结构，失去超导性。此外，只要与 Cu-O 平面中被氧原子占据位置有序化，即使氧空位部分被填充，也表现出超导性。如氧含量超过 7，由于单胞膨胀，Y，Ba，Cu 配位的改变，将破坏 Cu-O-Cu-O 链和 CuO_2 平面，陶瓷变成绝缘体。

2. 熔融生长法

美国贝尔实验室的科学家施内迈耶等，已成功地生长出直径达 4 mm 的钇钡铜氧单晶体，他们发现，由于熔融态的钇钡铜氧与晶态的钇钡铜氧的成分不一致，只有含有更多铜、钡的钇钡铜氧熔液才能生长出钇钡铜氧晶体。

3. 化学共沉淀法

草酸盐共沉淀法是在钇、钡、铜的硝酸盐溶液中加入草酸溶液，形成草酸盐共沉淀析出。沉淀经过滤、干燥，850 ℃煅烧就获得 $YBa_2Cu_3O_7$ 粉末。

4. 低温化学技术

莫斯科大学的研究者已成功地制取 1，2，3YBaCuO 高温超导体。此法为：先制备含高浓度弱酸性钇、钡、铜离子的水溶液，再制备硝酸钡、硝酸钇、硝酸铜混合溶液，然后除在硝酸钇及硝酸铜溶液中加入易溶性硝酸盐外，还应注意保持 pH 值接近 4，并控制温度和浓度；其次，还需将硝酸盐的混合溶液喷射分散并制冷后，用低温升华除去冰，以制取上述硝酸盐的混合物粉末（0.2～0.3 μm），然后将上述粉末放入 800 ℃加热炉中进行 10 min 热分解，所得氧化物粉末极为活泼，易吸潮。虽然在热分解过程中氧化物粉末在一定程度上被凝聚,但受冷仍易分散,形成生坯(密度大约为理论密度的75%),生坯在氧气中于900℃下烧结 4 h,然后在炉中将其冷却到 400 ℃(需 8 h),并进一步降至室温,所得到的高温超导体的密度为理论密度的 96% ~ 98% 。在水中煮沸后,其样品在电阻为零时的 $T_c = 96 \sim 98$ K。在通常情况下,上述材料的初始临界温度与电阻为零时临界温度仅差 1 K。

此外,另一种新型高温超导材料也在前苏联诞生,它就是 $InKBa_2Ca_3Cu_4O_x$ 。它是由 BaO、CaO 和 CuO 在氧气中于 840 ℃下加热 30 min 合成混合物基质为 $Ba_2Ca_3Cu_4O_y$,再与 In_2O_3 及 K_2O 按一定化学配比在氧气中于 890 ℃下加热 30 min 制成。已制成各种不同样品 $T_c = 100 \sim 111$ K,而初始 $T_c = 116 \sim 126$ K。目前正在对各种成分(特别是 In 和 K)的新高温超导进行研究,发现材料的状态及 T_c 与组成及结构十分有关,迄今为止仍难于确定 $InKBa_2Ca_2Cu_4O_x$ 究竟可能有几种不同状态。

5. 部分熔化法

美国休斯敦大学 P. H. Hor 等制备了具有很强结构的样品。先采用通常办法制成 Y–123 相,然后在 1 160 ~ 1 200 ℃下部分融化,形成 211 相和液相;当从高温缓冷至 980 ℃时,211 相和液相重新生成定向排列的 123 相。冷却速度对于能否生成定向排列的晶粒有重要关系,通常采用很慢的冷却速度(1 ~ 2 ℃/h)。性能测定表明,电流择优沿 $a-b$ 面流过,与单晶相比,钉扎效果没有明显改变;采用脉冲电流测定时,样品的 $J_c = 75\ 000$ A/cm²(77 K,0 T),37 000 A/cm²(77 K,0.6 T),采用直流电源时 $J_c = 18\ 500$ A/cm² (77 K,0 T)。

6. 激光加热基座晶体生长技术

甚至有人认为,此生长技术已成为迄今为止唯一能获得高电流密度体材料的途径,又称浮区熔化生长法,既能获得极高的温度梯度,又不存在坩埚污染,因而成为生长具有结构特性的氧化物超导材料最理想的方法。其主要试验装置是由两束激光照射到料棒顶端,经局部熔化后由一引拉棒(籽晶)缓慢向上提拉,控制激光加热功率和送进与提拉棒的速度,便可得到具有定向结晶特征的晶体纤维。1988 年 12 月到 1989 年 5 月美国贝尔实验室和斯坦福大学分别报道了用高能束加热熔体织构生长法使钇钡铜氧超导体电流密度达 7 400 和 17 000 A/cm²,铋锶钙铜超导陶瓷达 30 000 A/cm²。中国科学院金属研究所从 1988 年 8 月开始,一面着手实验室建设,一面进行探索性试验。

7. 线状超导陶瓷制备

①拉拔陶瓷芯金属外套管。

②用合金先成型为线材,后经氧化处理转变成陶瓷材料。

③熔化拉拔法需对线材进行二次热处理,均匀化热处理和优先氧含量处理,可获密度为 98% ,77 K 时临界电流密度为 600 A/cm² 的线材。

8. 其他

热压、热挤、烧结锻造、夹层材料等都可用于异型陶瓷材料的制备。尽管已有许多制造陶瓷超导材料的方法,但人们还在努力寻找制造室温超导材料的新工艺。

4.2.6 超导陶瓷的应用

由于超导陶瓷具有许多优良的特性,如完全的导电性和完全的抗磁性等,因此,高温超导材料的研制成功与实用,将会对人类社会的生产、对物质结构的认识等各个方面产生重大的影响,可能会带来许多学科领域的革命。这就是为什么世界各国都投入了大量的人力物力进行研究的原因所在。

高温超导陶瓷的应用有以下几个方面。

1. 在电力系统方面

(1)输配电

根据超导陶瓷的零电阻的特性,可以无损耗地远距离输送极大的电流和功率。而现在的电缆和变压器的介质损耗往往占传输电能的20%。

(2)超导线圈

能制成超导储能线圈,用其制成的储能设备可以长期无损耗地储存能量,而且直接储存电磁能,不必进行能量转换,对电力传输系统进行的冲击负荷能跟踪调节,对高峰负荷进行调平。

(3)超导发电机

由于超导陶瓷的电阻为零,电流密度可达$(7 \sim 10) \times 10^5 \text{ A/cm}^2$,而且不需要铁芯,因而没有热损耗,可以制造大容量、高效率的超导发电机及磁流体发电机、旋转电机等。

2. 在交通运输方面

(1)制造超导磁悬浮列车

由于超导陶瓷的强抗磁性,磁悬浮列车没有车轮,靠磁力在铁轨上"漂浮"滑行,速度高,运行平稳,安全可靠。1987 年日本已进行了载人运行试验。时速在 408 km/h,今后可望能达到 800 km/h,如图4-15所示。

(2)超导电磁性推进器和空间推进系统

例如船舶电磁推进装置,其推进原理是在船体内部,安装一个超导磁体,于海水中产生强大的磁场。

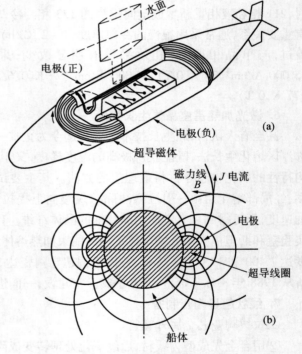

图 4-15   超导材料的应用

(a)超导磁体悬浮超高速列车的原理图(横截面)

(b)超导磁体悬浮超高速列车的原理图(纵截面)

同时,在船体侧面放一电极,在海水中产生了强大的电流,在船尾后的海水中,磁力线和电流发生交互作用,海水在后面对船体产生了强大的推动力,如图4-16 所示。

3. 在选矿和探矿等方面

在矿冶方面,由于一切物质都具有抗磁性或顺磁性,因此,可以利用超导体进行选矿

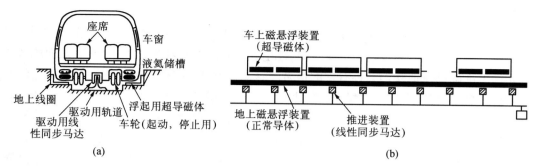

图 4-16　电磁推进装置

和探矿等。

4. 环保和医药方面

在环保方面可以利用超导体对造纸厂、石油化工厂等的废水进行净化处理。

在医药卫生方面,生物体大都具有抗磁性,少数是顺磁,还有极少数是强磁性。医学上可把磁分离用于将红血球从血浆中分离出。此外,由于某些细菌,如白葡萄球菌及癌细胞,在强磁场中生长受抑制,因此,正在研究用低频交变强磁场配合药物加热病灶,从而导致癌细胞被杀死。

5. 在高能核实验和热核聚变方面

利用超导体的强磁场,使粒子加速以获得高能粒子,以及利用超导体制造探测粒子运动径迹的仪器。

核聚变是一种获得巨大能源的新技术。但是受控热核反应必须具有下列条件:①氘与氚必须加热到 $3 \times (10^7 \sim 10^3)$ K;②满足劳逊判据——等离子体密度 n 与能量约束时间 τ 的乘积大于 10^{14} s·cm^{-2},这就需要用容积达数十立方米,磁化强度可达 1×10^3 A/m 的大型磁场把高温氘、氚等离子体约束在很小的空间才行,这只有使用大体积高强度超导磁体。美国加洲大学劳伦斯-利物莫尔实验室已制成 600 t 大型 NbTi 磁镜核聚变试验装置 MFTF,其储能约 3 000 MJ。

6. 在电子工程方面

(1)利用超导体的性质(如约瑟夫逊效应)提高电子计算机的运算速度和缩小体积。

(2)制成超导体的器件,如超导二极管,超导量子干涉器,超导结型晶体管,超导场效应晶体管,超导磁通量子器件等。

当然,高温超导陶瓷的应用还远不止上面这些,随着高温超导体的研究开发和实用,其应用范围还会不断扩大,那时将出现新的工业革命。

4.3　敏感陶瓷

现代社会是一个飞速发展的信息社会,通信技术和计算机技术日新月异的发展对传感器件提出了更高的要求,敏感陶瓷在传感器技术的发展中起了重要作用,是近年来迅速崛起的一类新型材料。

敏感陶瓷材料是指当作用于这些材料制造元件上的某一外界条件如温度、压力、湿度、气氛、电场、磁场、光及射线等改变时,能引起该材料某种物理性能的变化,从而能从这些元件上准确迅速地获得某种有用的信号。这类材料大多是半导体陶瓷,按其相应的特性,可把这些材料分别称为热敏、压敏、湿敏、气敏、电敏和光敏等敏感陶瓷。此外,还有具有压电效应的压力、位置、速度、声波敏感陶瓷;具有铁氧体性质的磁敏陶瓷和具有多种敏感特性的多功能敏感陶瓷等。这些敏感陶瓷已广泛应用于工业检测、控制仪器、交通运输系统、汽车、机器人、防止公害、防灾、公安及家用电器等领域,我们将重点介绍八种敏感陶瓷。

传感器陶瓷的分类及主要应用见表 4.10。

表 4.10　传感器陶瓷的分类及主要应用

	输　出	效　应		材　料(形态)	备　注
温度传感器	电阻变化	载流子浓度随温度的变化	(负温度系数)	NiO,　FeO,　CoO,　MnO,CaO,Al_2O_3,SiC(晶体、厚膜、薄膜)	温度计,测辐射热计
			(正温度系数)	半导体 $BaTiO_3$(烧结体)	过热保护传感器
		半导体-金属相变		VO_2,V_2O_3	温度继电器
	磁化强度变化	铁氧体磁性-顺磁性		$Mn-Zn$ 系铁氧体	温度继电器
	电动势	氧浓差电池		稳定氧化锆	高温耐腐蚀性温度计
位置速度传感器	反射波的波形变化	压电效应		PZT:锆钛酸铅	鱼探仪,探伤仪,血流计
光传感器	电动势	热释电效应		$LiNbO_3$,　$LiTaO_3$,PZT,$SrTiO_3$	检测红外线
	可见光	反斯托克斯(Stokes)定律		LaF_3(Yb,Er)	检测红外线
		倍频效应		压电体 $Ba_2NaNb_5O_{15}$(BNN)$LiNbO_3$	
光传感器	可见光	萤　光		ZnS(Cu,Al),Y_2O_2S(Eu)	彩色电视阴极射线显像管
				ZnS(Cu,Al)	X 射线监测器
		热　萤　光		CaF_2	热萤光光线测量仪

续表 4.10

	输　出	效　　应	材料(形态)	备　　注
气体传感器	电阻变化	可燃性气体接触燃烧反应热	Pt 催化剂/氧化铝/Pt 丝	可燃性气体浓度计,警报器
		氧化物半导体吸附、脱附气体引起的电荷转移	SnO_2, In_2O_3, ZnO, WO_3, γ-Fe_2O_3, NiO, CoO, Cr_2O_3, TiO_2LaNiO_3, (La, Sr)CoO_3, (Ba, Ln)TiO_3 等	气体警报器
		气体热传导放热引起的热敏电阻的温度变化	热敏电阻	高浓度气体传感器
		氧化物半导体的化学计量的变化	TiO_2, CoO-MgO	汽车排气气体传感器
	电动势	高温固体电解质氧浓差电池	稳定氧化锆(ZrO_2-CaO, ZrO_2-MgO, ZrO_2-Y_2O_3, ZrO_2-La_2O_3 等)	排气气体传感器(Lambda 传感器)
			氧化钍 (ThO_2, ThO_2-Y_2O_3)	钢液、钢液中溶解氧分析仪 CO、缺氧不完全燃烧传感器
	电　量	库仑滴定	稳定氧化锆	磷燃烧氧传感器
湿度传感器	电　阻	吸湿离子导电	$LiCl$, P_2O_5, ZnO-LiO	湿度计
		氧化物半导体	TiO_2, $NiFe_2O_4$, $MgCr_2O_4$ + TiO_2, ZnO, Ni 铁氧体 Fe_3O_4 胶体	湿度计
	介电常数	吸湿引起介电常数变化	Al_2O_3	湿度计
离子传感器	电动势	固体电解质	AgX, LaF_3, Ag_2S, 玻璃薄膜, CdS, AgI	离子浓差电池
	电　阻	栅极吸附效应金属氧化物半导体场效应晶体管	Si(栅极材料 H^* 用: Si_3N_4/SiO_2, S^- 用: Ag_2S, X^-, AgX, PbO)	离子敏感性场效应晶体管 (Ion selective Field Effect Transistor, ISFET)

＊又称为电量滴定

4.3.1　热敏陶瓷

热敏陶瓷是一类其电阻率随温度发生明显变化的材料。可用于制作温度传感器,温度测量,线路温度补偿和稳频等。一般按温度系数可分为电阻随温度升高而增大的正温度系数(PTC)、电阻随温度升高而减小的负温度系数(NTC)和电阻在特定温度范围内急剧变化的临界温度系数(CTR)等热敏陶瓷,其电阻率随温度变化的曲线如图 4-17 所示。

1. PTC 热敏电阻陶瓷

PTC 热敏电阻陶瓷主要是掺杂 $BaTiO_3$ 系陶瓷,$BaTiO_3$ 是铁电体陶瓷,作为高质量电容器及压电陶瓷已被广泛应用。

（1）居里温度 T_c

PTC 陶瓷属于多晶铁电半导体。当开始在陶瓷体上施加工作电压时，温度低于 T_{min}，陶瓷体电阻率随着温度的上升而下降，电流则增大，呈现负温度系数特性，服从 $e^{\Delta E/2kT}$ 规律，ΔE 值约在 $0.1 \sim 0.2$ eV 范围。由于 ρ_{min} 很低，故有一大的冲击电流，使陶瓷体温度迅速上升。当温度高于 T_{min} 以后，由于铁电相变（铁电相与顺电相转变）及晶界效应，陶瓷体呈正温度系数特征，在居里温度（相变温度）T_c 附近的一个很窄的温区内，随温度的升高（降低），其电阻率急剧升高（降低），约变化几个数量级（$10^3 \sim 10^7$），电阻率

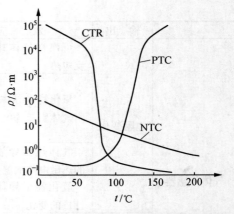

图 4-17　热敏陶瓷电阻的电阻率随温度的变化

在某一温度附近达到最大值，这个区域便称为 PTC 区域。其后电阻率又随 $e^{\Delta E/2kT}$ 的负温度系数特征变化，这时的 ΔE 约在 $0.8 \sim 1.5$ eV 范围。

T_c 可通过掺杂而升高或降低，这是 PTC 热敏电阻陶瓷的主要特点之一，例如对以 $(Ba_{1-x}Pb_x)TiO_3$ 为基的 PTC 陶瓷，增加 Pb 含量，可提高 T_c；相反，掺入 Sr 或 Sn，可使 T_c 下降。因此，可根据实际需要来调整 T_c 值。

（2）电阻温度系数

这里所说的电阻温度系数是指零功率电阻值的温度系数，温度为 T 时的电阻温度系数定义为

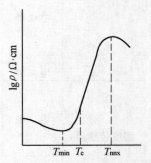

图 4-18　PTC 陶瓷的电阻率 ρ 与温度 T 关系

$$\alpha_T = \frac{1}{R_\rho} \cdot \frac{dR_\rho}{dT} \tag{4-3}$$

对 PTC，由图 4-18 的 $\rho - T$ 曲线可知，当曲线在某一温区发生突变时，$\rho - T$ 曲线近似线性变化。若温度从 $T_1 \rightarrow T_2$，则相应的电阻值由 $R_1 \rightarrow R_2$，因此式（4-3）可表示为

$$\alpha_T = \frac{2.303}{T_2 - T_1} \lg \frac{R_2}{R_1} \tag{4-4}$$

当 PTC 陶瓷作为温度传感器使用时，要求具有较高的电阻温度系数。早期 PTC 材料的 α_T 值约为 10%/℃，只有在比较窄的温度范围内，α_T 值可达 20% ~ 30%/℃。近年来，在 40 ℃ 的温度范围内，α_T 值可达 30%/℃；在 20 ℃ 温度范围内，α_T 值可达（40 ~ 50）%/℃。但是，α_T 值与居里温度有关，一般，当 T_c 为 120 ℃ 时，α_T 值最高；当 T_c 值为 50 ℃ 时，要使 α_T 值为 20%/℃ 或更高是很困难的。同样，当 $T_c > 120$ ℃ 时，要使 α_T 值为 20%/℃ 也是很困难的。当 T_c 为 300 ℃ 时，α_T 值只能达到 10%/℃ 左右。

（3）PTC 热敏陶瓷材料

目前，PTC 热敏电阻器有两大系列，一类是采用 $BaTiO_3$ 为基材料制作的 PTC 热敏电阻器，从理论和工艺上研究得比较成熟；另一类是氧化钒（V_2O_3）基材料，是 20 世纪 80 年代出现的一种新型大功率 PTC 热敏陶瓷电阻器。

$BaTiO_3$ 系 PTC 热敏电阻,具有优良的 PTC 效应,在 T_c 温度时电阻率跃变(ρ_{max}/ρ_{min})达 $10^3 \sim 10^7$,电阻温度系数 $\alpha_T \geqslant 20\% /$ ℃,因此是十分理想的测温和控温元件,得到广泛的应用。

$BaTiO_3$ 陶瓷在室温下是绝缘体,室温电阻率为 10^{10} Ω·cm 以上,如在纯度为 99.99% 的 $BaTiO_3$ 中添加 0.1% ~ 0.3%(摩尔分数)的微量稀土元素 Y,La,Sm,Ce 等,用一般陶瓷工艺烧成,就得室温电阻率为 $10^3 \sim 10^5$ Ω·cm 的半导体陶瓷,用 La^{3+} 等取代 Ba^{2+} 就多余一个正电荷,部分 Ti^{4+} 就俘获一个电子 e^- 成 Ti^{3+}:

$$Ba^{2+}Ti^{4+}O_3^{2-} + xLa \longrightarrow Ba_{1-x}^{2+}La_x^{3+}Ti_{1-x}^{4+}(Ti^{4+}+e^-)_xO_3^{2-}$$

Ti 捕获电子处于亚稳态,易激发,当陶瓷受电场作用时,该电子就参与导电,就像半导体施主提供电子参与电传导一样,呈 N 型,称电子补偿,其电中性方程 $N_D^* = nh$ 为施主浓度。导电电子浓度等于进入 Ba^{2+} 位置的 La^{3+} 的浓度。另一种补偿是金属离子缺位来补偿过剩电子,称缺位补偿,其电中性方程则为 $N_D^* = 2[2V''_{Ba}]$。施主全部为双电离钡缺位所补偿,材料呈绝缘性,介于以上二者,部分施主被钡缺位补偿,部分施主为电子所补偿,其电中性方程 $N_D^* = 2[2V''_{Ba}] + n$。

在 $BaTiO_3$ 中用 Nb^{5+} 取代 Ti^{4+},也可使 $BaTiO_3$ 变成具有室温高电导率的 n 型热敏电阻。用 $BaCO_3$,TiO_2,Nb_2O_5,SnO_2,SiO_2,$Mn(NO_3)_2$ 为原料;$BaCO_3$ 和 TiO_2 在烧结时形成 $BaTiO_3$ 主晶相;Nb_2O_5 应为光谱纯,称量非常准确,在烧结时进入 Ti 晶格位置,造成施主中心,提高电导率;SnO_2 使居里点向负温方向移动;SiO_2 形成晶间玻璃相,容纳有害杂质,促进半导体化,抑制晶体长大;$Mn(NO_3)_2$ 以水溶液加入,Mn^{3+} 在晶粒边界能生成更多的受主型表面态,可提高电阻温度系数。

在制备 $BaTiO_3$ 时要求原料纯度高,如有微量过渡金属元素,就不能获得半导性。采用高纯 $BaCl_2$ 和 $TiCl_4$ 混合液与草酸($H_2C_2O_4$)反应,共沉淀出草酸钡钛,加热到 650 ℃左右可得高纯 $BaTiO_3$。

PTC 陶瓷在温度低于居里点时为良半导体,高于居里点时电阻率急剧提高 3 ~ 8 个数量级。不同用途要求 PTC 工作温度也不同,采用掺杂改性,改变居里点。$BaTiO_3$ 中部分 Ti 用 Sr,Sn 等掺杂转换可使居里点向低温移动,而部分 Ba 用 Pb 等掺杂转换则使居里点向高温方向移动,实验室工作可使居里点控制在 $-100 \sim 420$ ℃,在生产上控制在 $-30 \sim 300$ ℃,室温电阻率达 $10 \sim 10^2$ Ω·cm,便于使用。

海旺(Heywang)对 $BaTiO_3$ 陶瓷的 PTC 效应导电机理作出解释。在此基础上发展成 Jonker 理论和 Daniels 理论。

图 4-19 是海旺模型,低于费米能级 E_F 的受主型表面态,N_s 是表面电荷密度,将浮获导带中的电子。E_C 是导带底,形成负的表面电荷。表面层缺乏电子形成未被补偿的电离施主正空间电荷,产生由内到外的电场,形成表面势垒层,Φ_0 是势垒高度。如表面势垒很高,则势垒中的载流子浓度极低,空间电荷几乎等于全部离子

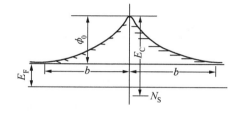

图 4-19　两相邻晶体颗粒表面势垒的能带

的施主电荷,就所谓耗尽层。b 为其厚度。Φ_0 与 N_s^2 成正比,而同介电常数 e 成反比,在居里温度以下 ε 高达10 000,Φ_0 很低。在居里温度以下 ε 下降,Φ_0 随之升高,致使电阻率增加。在居里点以下产生自发极化,N_s 被极化强度的垂直分量所补偿,即铁电补偿,使有效 N_s 大幅度下降,Φ_0 随之下降。在居里点以上自发极化消失,有效 N_s 增多,Φ_0 增高,电阻率急剧提高,产生 PTC 效应。

钡缺位模型是在海旺表面态模型基础上发展的。认为施主掺杂 $BaTiO_3$ 中的施主电子被双电离的钡缺位所补偿,$N_D^* \approx 2[V''_{Ba}]$;钡缺位优先发生在晶粒表面,晶粒体内的施主未完全被钡缺位所补偿,只有在高温下钡缺位才逐渐向体内扩散;有限扩散层是弱 n 型电导层,在晶粒内属混合补偿,即 $N_D^* = 2[V''_{Ba}] + n$,亦为 n 型电导型,在晶粒边界上形成势垒。在海旺模型中晶粒边上的二维表面电荷,在钡缺位模型中被扩展为扩散层中空间分布的负电荷层。用空间电荷铁电极化的补偿来解释 PTC 效应。钡缺位模型可解释较多的现象。

氧化钒系 PTC 陶瓷以 V_2O_3 为主要成分,掺入少量 Cr_2O_3 烧结而成 $(V_{1-x}Cr_x)_2O_3$ 系固溶体。$(V_{1-x}Cr_x)_2O_3$ 系 PTC 热敏电阻陶瓷最显著的优点是其常温电阻率极小,$\rho_{20} = (1 \sim 3) \times 10^{-3}$ $\Omega \cdot cm$,并且由于其 PTC 效应是材料本身在特定温度下发生的金属—绝缘体(M—I)相变,属于体效应,所以不存在电压效应及频率效应,鉴于 $(V_{1-x}Cr_x)_2O_3$ 系 PTC 热敏陶瓷具有上述优良性能,因此,它可应用于大电流领域的过流保护。而 $BaTiO_3$ 系热敏陶瓷的常温电阻率较高($\rho_{20} \geqslant 3$ $\Omega \cdot cm$),这就极大地限制了 $BaTiO_3$ 系陶瓷在大电流领域的应用。

将 $BaTiO_3$ 系和 V_2O_3 系 PTC 陶瓷的主要特性进行比较,列于表 4.11 中。

表 4.11 $BaTiO_3$ 系和 V_2O_3 系 PTC 陶瓷的主要特性比较

性能 \ 材料	$BaTiO_3$	V_2O_3
室温电阻率 $\rho_{20}/\Omega \cdot cm$	$3 \sim 10\ 000$	$(1 \sim 3) \times 10^{-3}$
无负载电阻增加比	$10^3 \sim 10^7$	$5 \sim 400$
最大负载电阻增加比	~ 150	$5 \sim 30$
转变温度/ ℃	$-30 \sim +320$	$-20 \sim +150$
温度系数/(% · ℃$^{-1}$)	~ 20	~ 4
最大额定电流密度/(A · mm^{-2})	0.01	~ 1
最大电流密度/(A · mm^{-2})	——	~ 400
电压/频率相关	有/有	无/无

(4)PTC 热敏陶瓷的应用

PTC 热敏电阻具有许多有实用价值的特性:电阻率-温度、电流-电压、电流-时间、等温发热(环境温度、所加电压、放热条件在一定范围内变化时,保持一定温度不变)、变阻、收缩振荡、发热,尤其是其他元件不具备的等温发热和特殊起动(加压时电流随时间减小)更吸引人。应用大致可分三个方面:(a)对温度敏感(如马达的过热保护、液面深度探测、温度控制和报警、非破坏性保险丝、晶体管过热保护、温度电流控制器等);(b)延迟(如彩色电视机自动消磁、马达起动器、延迟开关等);(c)加热器(如等温发热件、空调加热器等)。还可用作无触点开关、电路中的限流元件、时间继电器、温度补偿元件等。BaTiO$_3$ 陶瓷 PTC 热敏电阻在家用电器领域用量最大,见表4.12。

表 4.12　PTC 热敏电阻在家用电器中的应用

出现时间/年	家用电器中的应用实例	应用元件
1964	电子脚炉、电子拖鞋、电子长筒靴	恒温发热体
1966	彩色电视自消磁器、微风机的起动装置、室内暖炉的温度检测装置	限流器
1968	液面计	温度传感器
1970	广口保温瓷、保温电饭锅	恒温发热体
1971	电子驱蚊器	恒温发热体
1972	电子煮水器、电子干燥器、电子按摩器、电子温灸、屏风式双暖器、保温饭盒、带暖锅烹调桌	发热体
1973	室内取暖板式加热器、自动开关式电饭锅	恒温发热体
1974	电香炉、电子温酒器	发热体
1975	温风用发热体、空调机辅助加热器、温风暖房机、被服干燥机、食具干燥机、服装干燥机、电热牛奶器、头发吹干器、烫发器	发热体
1976	洗发液加热器、电热酵母发酵器、电暖脚器、电热熨斗、电热烤炉、房间空调器、烫发夹、电热卷发器	发热体
1977	加湿器、吸入器、美容器、鞋类干燥器	发热体
1978	石油温风暖炉、电子消毒器、电热式吸入器、热风板式暖房机、电热裤子、内衣干燥器、地毯取暖器、饮料加热器	高居里点发热体
1980	UTR 气缸盖防止凝结	发热体

2. NTC 热敏电阻陶瓷

NTC 热敏电阻陶瓷是指随温度升高而其电阻率按指数关系减小的一类陶瓷材料。

利用晶体本身性质的 NTC 热敏陶瓷电阻生产最早、最成熟,使用范围也最广。最常见的是由金属氧化物陶瓷制成,如锰、钴、铁、镍、铜等两三种氧化物混合烧结而成,负温度系数的温度–电阻特性可用下式表示

$$R = R_0 \exp B\left(\frac{1}{T} - \frac{1}{T_0}\right) \tag{4-5}$$

式中,R,R_0 分别为在 T 和 T_0(K)时的电阻;B 为热敏电阻常数,也称材料常数。由式(4-5)得到电阻温度系数

$$\alpha_T = \frac{1}{R}\frac{\mathrm{d}R}{\mathrm{d}T} = -\frac{B}{T^2} \tag{4-6}$$

热敏电阻常数 B 可以表征和比较陶瓷材料的温度特性,B 值越大,热敏电阻的电阻对

于温度的变化率越大。一般常用的热敏电阻陶瓷的 $B = 2\,000 \sim 6\,000\ K$,高温型热敏电阻陶瓷的 B 值约为 $10\,000 \sim 15\,000\ K$。

上式表示,NTC 热敏电阻的温度系数 α_T 在工作温度范围内并不是常数,是随温度的升高而迅速减小。B 值越大,则在同样温度下的 α_T 也越大,即制成的传感器的灵敏度越高。因此,温度系数只表示 NTC 热敏电阻陶瓷在某个特定温度下的热敏性。

对热敏电阻材料的要求为:①高温物理、化学、电气特性稳定,尤其电阻对高温直流负荷随时间变化小;②在使用温度范围内无相变;③B 值可根据需要进行调整;④陶瓷烧结体与电极的膨胀系数接近。

根据应用范围,通常将 NTC 热敏电阻陶瓷分为三大类:低温型、中温型及高温型陶瓷。各种典型 NTC 热敏电阻陶瓷的主要成分及应用范围见表 4.13。

表 4.13　各种典型 NTC 热敏电阻陶瓷的主要成分与应用

种　类	主　要　成　分	晶　系	用　途
低温型 NTC 热敏电阻陶瓷（4.2～300 K）	MnO,CuO,NiO,Fe_2O_3,CoO 等	尖晶石型	低温（包括极低温）测温、控温（遥控）
中温型 NTC 热敏电阻陶瓷	$CuO\!-\!MnO\!-\!O_2$ 系 $CoO\!-\!MnO\!-\!O_2$ 系 $NiO\!-\!MnO\!-\!O_2$ 系 $MnO\!-\!CoO\!-\!NiO\!-\!O_2$ 系 $MnO\!-\!CuO\!-\!NiO\!-\!O_2$ 系 $MnO\!-\!CoO\!-\!CuO\!-\!O_2$ 系 $MnO\!-\!CoO\!-\!NiO\!-\!Fe_2O_3$ 系	尖晶石型	各种取暖设备家用电器制品工业上温度检测
高温型 NTC 热敏电阻陶瓷（～1 000 ℃）	$ZrO,CaO,Y_2O_3,CeO_2,Nd_2O_3,TbO_2$	萤石型	汽车排气、喷气发动机和工业上高温设备的温度检测,触媒转化器和热反应器等的温度异常报警等
	$MgO,NiO,Al_2O_3,Cr_2O_3,Fe_2O_3$ $CoO,MnO,NiO,Al_2O_3,Cr_2O_3,CaSiO_4$ NiO,CoO,Al_2O_3	尖晶石型	
	$BaO,SrO,MgO,TiO_2,Cr_2O_3$ $NiO\!-\!TiO_2$ 系	钙钛矿型	
	Al_2,O_3,Fe_2O_3,MnO	刚玉型	
CRT 热敏陶瓷	VO_2	金红石型	控温、报警

普通 NTC 热敏电阻的最高使用温度在 300 ℃ 左右,随技术工艺等发展,热敏电阻的应用扩展到能解决高温领域的测温与温控上。

$ZrO_2\text{--}CaO$ 系陶瓷在固溶 $13\% \sim 15\%$ 的 CaO 时,在室温下是电阻为 $10^{10}\ \Omega \cdot cm$ 以上的绝缘体,在 600 ℃ 时电阻值下降到 $10^8\ \Omega \cdot cm$,在 1 000 ℃ 时电阻只有 $10\ \Omega \cdot cm$。

$ZrO_2\text{--}Y_2O_3$ 系、$ZrO_2\text{--}CaO$ 系萤石型结构的材料、以 $Al_2O_3 MgO$ 为主要成分的尖晶石型结构的材料等能基本上满足上述要求。表 4.14 列出了各种高温热敏陶瓷的成分与性能。

4.14　高温热敏电阻陶瓷的成分与性能

晶体类型	陶瓷通式	主要成分	使用温度及电阻	B 值/K	特　　　点
萤石型	AO_2	ZrO_2，　CaO，Y_2O_3，Nd_2O_3，ThO_2	750 ℃ $(0.8 \sim 8) \times 10^3$ $\Omega \cdot cm$	5 000 ~ 18 000	氧离子导电,稳定 ZrO_2 无相变,特性随固溶体的稳定化成分而不同
尖晶石型	AB_2O_4	Mg，NiO，Al_2O_3，Cr_2O_3，FeO_3	600 ℃ $10 \sim 10^7$ $\Omega \cdot cm$	2 000 ~ 17 000	熔点高,可形成无限固溶的尖晶石组成,无相变
		CoO，MnO，NiO，Al_2O_3，Cr_2O_3，$CaSiO_4$	700 ℃ $(0.9 \sim 500) \times 10^8$ $\Omega \cdot cm$	2 900 ~ 11 000	形成以 Al_2O_3 为主成分的尖晶石, $CaSiO_4$ 作为助熔剂加入, CO, Mn, Fe 的氧化物用于调节电阻值
		NiO，　　CoO，Al_2O_3	1 050 ℃ $10 \sim 10^6$ $\Omega \cdot cm$	15 000±500	加入第三种成分 Ca, SiO_2, Y_2O_3, MgO 稳定化,减少电阻随时间下降
钙钛矿型	ABO_3	BaO，SrO，MgO，TiO_2，Cr_2O_3	500 ℃ $(0.1 \sim 9.2) \times 10^3$ $\Omega \cdot cm$		在 TiO_2 中加入 Cr_2O_3 得到 NTC,碱土金属氧化物作为稳定剂
刚玉型	Al_2O_3	Al_2O_3，Fe_2O_3，MnO	600 ℃ 4.5×10^3 $\Omega \cdot cm$	11 300	加 MnO 可加大特性曲线的斜率,防止阻值变化

常温 NTC 热敏陶瓷绝大多数是尖晶石型氧化物,有些是二元($MnO-CuO-O_2$, $MnO-CoO-O_2$, $MnO-NiO-O_2$ 等)、三元($Mn-Co-Ni$, $Mn-Cu-Ni$, $Mn-Cu-Co$ 等)或四元等等,主要是含锰。不含锰的研究得很少,主要有 $Cu-Ni$ 系和 $Cu-Co-Ni$ 系等。这些氧化物按一定配比混合,经成型烧结后,性能稳定,可在空气中直接使用,现各国生产的负温度系数热敏电阻器,绝大部分是用这类陶瓷制成。电阻温度系数 $-1\% \sim -6\%/$ ℃,工作温度 $-60 \sim +300$ ℃,广泛用于测温、控温、补偿、稳压、遥控、流量流速测量及时间延迟等。多数含有一种或一种以上的过渡金属氧化物,随着温度上升, B 值略有增加,具有 p 型半导体。

中温 NTC 热敏电阻大都也是用两种以上的过渡金属如 Mn , Ni , Cu , Fe , Co 的氧化物在低于 1 300 ℃的温度下烧结而成。由于氧化物受磁场影响小,因此在低温物、低温工程中有其实用价值,主要用于液氢、液氮等液化气体的测温、液面控制及低温阀门直流磁铁线圈的补偿等。常用工作区分 $4 \sim 20$ K、$20 \sim 80$ K、$77 \sim 330$ K 三挡。工作原理与常温者相同,只是低温区具有一些特点,如 B 值较小, B 值低于 2 000 K 的材料制造较难。为降低 B 值可掺入 La、Nd 等稀土氧化物,还必须严格控制烧结气氛,市场 B 值分 $60 \sim 80$,$200 \sim 300$,2 000 K。国外用 $Co-Ba-O$ 系陶瓷,测量温区为 $4 \sim 20$ K。国内用同样材料研制的低温热敏,测温区域为 $2.8 \sim 100$ K。$(N_{1-y}^{2+}C_{0y}^{2+})(Co_{2-x}^{3+}Fe_x^{3+})O_4$ 系半导体陶瓷为尖晶石结构,当 N^{2+} 和 Co^{2+} , Co^{3+} 和 Fe^{3+} 按适当摩尔分数共存于尖晶石相对,NTC 线性度改善,且向低温扩展。当 $x=1.25, y=0.5$ 时线性测温区为 $-70\sim200\ ℃$，若再加入适量 RuO_2，则线性测温区可扩展为 $-90\sim200\ ℃$。且电气、物化、机械性能稳定，廉价。

NTC 热敏电阻的阻温特性都是非线性，即指数式。在需均匀刻度及线性特性场合，需用其他元件补偿。这样便使线路复杂化，工作温度受限制。1976 年出现 $CdO-Sb_2O_3-WO_3$ 陶瓷，在宽温区内（$-100\sim200\ ℃$）阻温呈线性变化，称线性热敏材料，测量方便，使仪表数字化。

3. CRT 热敏电阻陶瓷

CRT 热敏陶瓷电阻是一种具有开关特性的负温度系数的热敏电阻。当达到临界温度时，引起半导体陶瓷⇌金属相变。

CRT 热敏电阻主要是指以 VO_2 为基本成分的半导体陶瓷，在 $68\ ℃$ 附近电阻值突变可达 $3\sim4$ 个量级，具有很大的负温度系数，故称剧变温度热敏电阻。

氧化钒陶瓷的制备方法是将 V_2O_5 和 V 或 V_2O_3 粉末混合，放入石英管中，抽真空后加热至熔点以上。另一方法是将上述粉末的混合物在可控制氧分压的气氛中烧结。VO_2 陶瓷材料在 $65\sim75\ ℃$ 间存在着急变临界温度，其临界温度偏差可控制在 $\pm1\ ℃$，温度系数变化在 $-100\%\sim-30\%/℃$，响应速度为 $10\ s$。这可能是由于 VO_2 在 $67\ ℃$ 以上时呈规则的四方晶系的金红石结构，当温度降至 $67\ ℃$ 以下时，VO_2 晶格畸变，转变为单斜结构，这种结构上的变化，使原处在金红石结构中氧八面体中心的 V^{4+} 离子的晶体场发生变化，使得 V^{4+} 的 $3d$ 带产生分裂，从而导致 VO_2 由导体转变为半导体。

CRT 热敏电阻陶瓷的应用主要是利用其在特定温度附近电阻剧变的特性，用于电路的过热保护和火灾报警等方面。其次在剧变温度附近，电压峰值有很大变化，这是可以利用的温度开关特性，用以制造以火灾传感器为代表的各种温度报警装置，与其他相同功能的装置相比，由于无触点和微型化，因而具有可靠性高和反应时间快等特点。以前难以制造的在 $35\ s$ 内即能开始动作的火灾传感器，由于有 CTR 热敏电阻而有可能实现。

4.3.2 压敏陶瓷

压敏陶瓷主要用于制作压敏电阻，它是对电压变化敏感的非线性电阻。

压敏电阻陶瓷是指具有非线性伏-安特性、对电压变化敏感的半导体陶瓷。它在某一临界电压以下电阻值非常高，几乎没有电流，但当超过这一临界电压时，电阻将急剧变化，并且有电流通过。随着电压的少许增

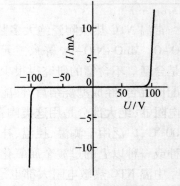

图 4-20　氧化锌压敏陶瓷的伏安特性

加，电流会很快增大。压敏电阻陶瓷的这种电流-电压特性曲线如图 4-20 所示。

由图可见，压敏电阻陶瓷的 $I-V$ 特性不是一条直线，其电阻值在一定电流范围内是可变的。因此，压敏电阻又称非线性电阻，用这种陶瓷制作的器件叫非线性电阻器。一般压敏电阻的 $I-V$ 特性可用下列公式近似表示

$$I=\left(\frac{V}{C}\right)\alpha \tag{4-7}$$

式中,I 为压敏电阻电流,A;V 为施加电压,V;C,α 为常数。

由式(4-7)可得

$$\ln I = \alpha \ln V - \alpha \ln C \tag{4-8}$$

将(4-8)式两边微分,有

$$\frac{\mathrm{d}I}{I} = \alpha \frac{\mathrm{d}V}{V} \tag{4-9}$$

即

$$\alpha = \frac{\mathrm{d}I}{I} \Big/ \frac{\mathrm{d}V}{V} \tag{4-10}$$

式中,α 为非线性指数。当 $\alpha = 1$ 时是欧姆器件;当 $\alpha \to \infty$ 时是非线性最强的变阻器。α_{ZnO} 为 25 ~ 50 或更高。C 值在一定电流范围内为一常数,当 $\alpha = 1$ 时 C 值同欧姆电阻值 R 对应。C 值大的压敏电阻,一定电流下所对应的电压值也高,有时称 C 值为非线性电阻值。通常把流过 1 mA/cm^2 电流时电流通路上每毫米长度上的电压降定义为该压敏电阻材料的 C 值,也称 C 值为材料常数。C_{ZnO} 和 20 ~ 300 V/mm 间,通过改变成分和制造工艺来调整,以适应不同工作电压的需要。α 和 C 值是确定击穿区 $I - V$ 特性的参数。

压敏电阻的电参数还有漏电流、电压温度系数和通流容量。习惯上把压敏电阻正常工作时流过的电流称漏电流,为使电阻器可靠,漏电流要尽量小,控制在 50 ~ 100 μA。电压温度系数是温度每变化 1 ℃时,零功率条件下测得压敏电压的相对变化率,控制在 $-10^{-3} ~ 10^{-4}/$℃。通流容量指满足 V_{tma} 下降要求的压敏电阻所能承受的最大冲击电流。

压敏陶瓷电阻器的种类很多,有 ZnO 压敏电阻、SiC 压敏电阻、BaSiO$_3$ 压敏电阻、釉–ZnO 压敏电阻、Si 和 Se 压敏电阻等,它们的性能列于表 4.15 中。

表 4.15　各种压敏电阻器的特性

种类	SiC	ZnO	BaTiO$_3$	釉–ZnO	Se 系	Si 系	齐纳二极管
材料	SiC 烧结体	ZnO 烧结体	BaTiO$_3$ 烧结体	ZnO 厚膜	Se 薄膜	Si 单晶	Si 单晶
特性	晶界的非欧姆特性	晶界的非欧姆特性	晶界的非欧姆特性	晶界的非欧姆特性	晶界的非欧姆特性	PN 结	PN 结
电压–电流特性	对称	对称	非对称	对称	对称	非对称	非对称
压敏电压(1 mA 时)	5 ~ 1 000	22 ~ 9 000	1 ~ 3	5 ~ 150	50 ~ 1 000	0.6 ~ 0.8	2 ~ 300
非线性系数 α	3 ~ 7	20 ~ 100	10 ~ 20	3 ~ 40	3 ~ 7	15 ~ 20	6 ~ 150
浪涌耐量	大	大	小	中	中	小	小
用途	灭火花 过电压保护避雷器	灭火花 过电压保护避雷器 电压稳定化	灭火花	灭火花 过电压保护	过电压保护	电压标准	电压标准 电压稳定化

1. ZnO 压敏电阻陶瓷

ZnO 压敏电阻陶瓷材料,是压敏陶瓷中性能最优的一种材料,具有高非线性,大电流和高能量承受能力。ZnO 是极性半导体,具有纤维锌矿型结构,利用业界阻挡层的非线性压敏。其生产方法是在 ZnO 中加入 Bi,Mn,Co,Ba,Pb,Sb,Cr 等氧化物,工艺流程如下

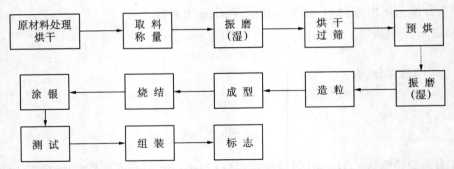

氧化锌压敏电阻器是利用 ZnO 的弱电场高电阻和达到一定电场时电流急剧上升的特性,广泛用于弱电场和强电场领域。典型成分:ZnO_{97},Sb_2O_{31},Bi_2O_3,CoO,MnO 和 Cr_2O_3各为 0.5% mol。以上氧化物粉末经球磨混合、喷雾干燥、压制成所需形状,在 1 000 ~ 1 400 ℃下烧结。然后上银电极、钎焊引线,封装在聚合物中。显微组织由导电的 ZnO 粒组成,平均尺寸 d 约为 10 μm,完全被富集添加阳离子的偏析层所包围。偏析层厚度约为几微米,阻挡层厚约 100 nm。在 $ZnO-BiO_3$ 系中,实际存在三个相:ZnO 晶粒、晶界相和第三相颗粒。ZnO 晶粒是主相,由于 ZnO 晶粒间的晶界相太薄,只有在三个 ZnO 晶粒交接处,晶界相才清晰可见。晶界相是高铋区,第三相颗粒具有尖晶石结构,大致分子式为$Zn_7S_2O_{12}$。阻挡层厚度约为 100 nm,每阻挡层的宏观击穿电压 $U_g \approx 2 \sim 3V$/阻挡层,成分和工艺对 U_g 影响不大,整个器件宏观击穿电压为

$$U_B = nV_g = DU_d/d$$

式中,n 为电极间 ZnO 的晶粒数目。通过改变两电极间的 ZnO 晶粒数目 n(器件厚度 D 固定)或改变器件厚度 D(ZnO 晶粒数目 n 固定)来调节 V_B。如果 ZnO 晶粒不均匀,电流就会只通过晶粒数目 n 小的部分而造成破坏。当外加电压达到击穿电压时,高场强($E > 10^5$ kV/m)界面中的电子穿透势垒层,引起电流急剧上升,其通流容量由 ZnO 的晶粒电阻率所决定。

近来发展了以稀土氧化镨为主要添加剂 ZnO 压敏陶瓷。ZnO 粉末和少量 Pr_6O_{11},Co_3O_4,Cr_2O_3 和 K_2CO_3 等混合,喷雾干燥,模压成型,在高于 1 100 ℃下烧结。电极在烧结圆片相对的两面。$ZnO-Pr_6O_{11}$ 的显微组织只有两相,不存在第三相绝缘颗粒,主晶相为ZnO 晶粒。晶界相主要由镨的氧化物组成,晶界相为六方晶系的 Pr_2O_3,是在烧结时通过反应形成:$Pr_6O_{11} \rightarrow Pr_2O_3 + O_2$,晶界相形成三维空间网络结构。在 $ZnO-Bi_2O_3$ 系中,第三相 $Zn_7Sb_2O_{12}$ 是绝缘颗粒,不起导电作用。因此 $ZnO-P_2O_3$ 电流通过的活动性晶界有效截面积增大了,单位厚度击穿电压为 220 V/mm,非线性指数 >50。已用于几百千伏电站的电涌放电器,其优点为能量吸收容量高,在大电流时非线性好、响应时间快、寿命长。一个大电站避雷器含有几百个体积大于 100 cm^3 的 ZnO 变阻器圆片。ZnO 变阻器在弱电领域应用很广泛,如防录音、录像机微型马达电噪声,彩电显像管放电吸收,防半导体元件静电,小型继电器接点保护,汽车发电机异常输出功率电压吸收,电子线路上抑制尖峰电压和电火花、稳压等。

2. SiC 系压敏电阻陶瓷

SiC 也是一种压敏陶瓷材料。把 SiC 粉碎,加少量石墨控制电阻值,再加入黏结剂、成

型,并在900~1 200 ℃烧结。采用真空镀膜或合金的方法,将 Sn,Ni,Cu 等敷在 SiC 上作为电极。SiC 压敏电阻,是应用 SiC 颗粒接触 的电压非线性特性的压敏电阻,其非线性指数 α 值约为 3~7,压敏电阻 V_c 值可达 10 V 以上。SiC 压敏电阻的电压非线性,可以认为是由组成电阻元件的 SiC 颗粒本身的表面氧化膜产生的接触电阻所引起的,元件的厚度不同可改变 V_c 的大小。

由于 SiC 压敏电阻的热稳定性好,能耐较高电压,因此首先应用于电话交换机继电器接点的消弧,近来又作为电子电路的稳压和异电压控制元件得到广泛应用。

4.3.3 气敏陶瓷

随着现代科学技术的发展,人们所使用和接触的气体越来越多,因此,要求对这些气体的成分进行有效的分析、检测,尤其是易燃、易爆、有毒气体,不仅与人们的生命财产有关,而且还直接影响到人类的生存环境,所以必须有效地对这些气体进行监测和报警,避免火灾爆炸及大气污染等情况的发生,各种气体传感器因此应运而生。半导体气敏陶瓷传感器由于具有灵敏度高、性能稳定、结构简单、体积小、价格低、使用方便等特点,成为迅速发展新技术所必需的陶瓷材料。

气敏陶瓷可分为半导体式和固体电解质式两大类,半导体气敏陶瓷一般又可分为表面效应和体效应两种类型。按制造方法和结构形式可分为烧结型、厚膜型及薄膜型。但通常气敏陶瓷是按照使用材料的成分划分为 SnO_2,ZnO,Fe_2O_3,ZrO_2 等系列。表 4.16 常用气敏陶瓷的使用范围和工作条件。

表4.16 常用气敏陶瓷的使用范围和工作条件

半导体材料	添加物质	可探测气体	使用温度/ ℃
SnO_2	PdO,Pd	CO,C_3H_8,乙醇	200~300
SnO_2+$SnCl_2$	Pt,Pd,过渡金属	CH_4,C_3H_3,CO	200~300
SnO_2	$PdCl_2$,$SbCl_3$	$CH_4 \cdot C_3H_8$,CO	200~300
SnO_2	PdO+MgO	还原性气体	150
SnO_2	Sb_2O_3,MnO_2,TiO_2	CO,煤气,乙醇	250~300
SnO_2	V_2O_5,Cu	乙醇,苯等	250~400
SnO_2	稀土类金属	乙醇系可燃系体	——
SnO_2	Sb_2O_3,Bi_2O_3	还原性气体	500~800
SnO_2	过渡金属	还原性气体	250~300
SnO_2	瓷土,Bi_2O_3,WO_3	碳化氢系还原性气体	200~300
ZnO	——	还原性和氧化性气体	——
ZnO	Pt,Pd	可燃性气体	——
ZnO	V_2O_5,Ag_2O	乙醇,苯	250~400
Fe_2O_3	——	丙烷	——
WO_3,MoO,CrO	Pt,Ir,Rh,Pd	还原性气体	600~900
(LnM)BO_3	——	乙醇,CO,NO_x	270~390

1. 气敏陶瓷的性能

半导体表面吸附气体分子时，半导体的电导率将随半导体类型和气体分子种类的不同而变化。吸附气体一般分物理吸附和化学吸附两大类。前者吸附热低，可以是多分子层吸附，无选择性；后者吸附热高，只能是单分子吸附，有选择性。两种吸附不能截然分开，可能同时发生。

被吸附的气体一般也可分两类。若气体传感器材料的功函数比被吸附气体分子的电子亲和力小时，则被吸附气体分子就会从材料表面夺取电子而以阴离子形式吸附。具有阴离子吸附性质的气体称为氧化性（或电子受容性）气体，如 O_2，NO_x 等。若材料的功函数大于被吸附气体的离子化能量，被吸附气体将把电子给予材料而以阳离子形式吸附。具有阳离子吸附性质的气体称为还原性（或电子供出性）气体，如 H_2，CO，乙醇等。

氧化性气体吸附于 N 型半导体或还原性气体吸附于 P 型半导体气敏材料，都会使载流子数目减少，电导率降低；相反，还原性气体吸附于 N 型半导体或氧化性气体吸附于 P 型半导体气敏材料，会使载流子数目增加，电导率增大。

气敏半导体陶瓷传感器由于要在较高温度下长期暴露在氧化性或还原性气氛中，因此要求半导体陶瓷元件必须具有物理和化学稳定性。除此之外，还必须具有下列特性。

（1）气体选择性

对于气敏元件来说，气体的选择性比可靠性更为重要。若元件的气体选择性能不佳或在使用过程中逐渐变劣，都会给气体测试、控制或报警带来很大的困难。

提高气敏元件的气体选择性可采用下述几种办法。只有适当组合应用这些方法，才能获得理想的效果。这些方法是：①在材料中掺杂金属氧化物或其他添加物；②控制调节烧结温度；③改变气敏元件的工作温度；④采用屏蔽技术。

（2）初始稳定，气敏响应和复原特性

初始稳定：元件的通电加热一方面用来灼烧元件表面的油垢或污物，另一方面可起到加速被测气体的吸、脱过程的作用。通电加热的温度通常为 200～400 ℃。在这一过程中，元件的电阻首先是急剧下降，一般约经 2～10 min 后达到稳定输出状态。称这一状态为初始稳定状态，达到初始稳定状态以后才可以用于气体的正常检测。

气敏响应：达到初始稳定状态的元件，迅速移入被测气体中，其电阻值减小（或增加）的速度称为元件的气敏响应速度特性。一般用响应时间来表示响应速度，即通过被测气体之后至元件电阻值稳定所需要的时间。

复原：测试完毕，把元件置于普通大气环境中，其阻值复原到保存状态数值的速度称为复原特性。可以用恢复时间来表示复原特性。

气敏元件的响应时间和恢复时间越小越好，这样接触被测气体时能立即给出信号，脱离气体时又能立即复原。

（3）灵敏度及长期稳定性

反映元件对被测气体敏感程度的特性称为该元件的灵敏度。气敏半导体材料接触被测气体时，其电阻发生变化，电阻变化量越大，气敏材料的灵敏度就越高。假设气敏材料在未接触被测气体时的电阻为 R_0，而接触被测气体时的电阻为 R_1，则该材料此时的灵敏度为

$$S = R_1/R_0$$

灵敏度反映气敏元件对被测气体的反应能力,灵敏度越高,可检测气体的下限浓度就越低。

气敏半导体陶瓷元件的稳定性包括两个方面,一是性能随时间的变化,二是气敏元件的性能对环境条件的忍耐能力。

环境条件如环境温度与湿度等会严重影响气敏元件的性能,因此,要求气敏元件的性能随环境条件的变化越小越好。

元件的长期稳定性直接关系到元件的使用寿命,改善稳定性的方法主要是通过加入添加剂和调节烧结温度,以控制材料的烧结程度。

2. 典型的气敏陶瓷

（1）SnO_2 系气敏陶瓷

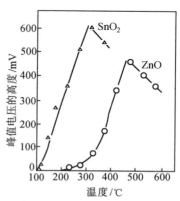

图 4-21　检测灵敏度与温度的关系

SnO_2 系气敏陶瓷是最常用的气敏半导体陶瓷,是以 SnO_2 为基材,加入催化剂、黏结剂等,按照常规的陶瓷工艺方法制成。SnO_2 系气敏陶瓷制作的气敏元件有如下特点。

①灵敏度高,出现最高灵敏度的温度较低,约在 300 ℃ 如图 4-21 所示。

②元件阻值变化与气体浓度成指数关系,在低浓度范围,这种变化十分明显,因此适用于检测微量低浓度气体。

③对气体的检测是可逆的,而且吸附、解吸时间短。

④气体检测不需复杂设备,待测气体可通过气敏元件电阻值的变化直接转化为信号,且阻值变化大,可用简单电路实现自动测量。

⑤物量化学稳定性好,耐腐蚀,寿命长。

⑥结构简单,成本低,可靠性高,耐振动和抗冲击性能好。

图 4-22 和图 4-23 分别为烧结体型 SnO_2 气敏元件和薄膜型 SnO_2 气敏元件的结构。

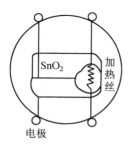

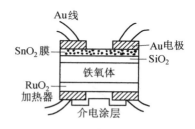

图 4-22　烧结体型气敏元件结构　　　　图 4-23　薄膜型气敏元件结构

图 4-22 中的 SnO_2 气敏元件,由 SnO_2 烧结体、内电极和兼做电极的加热线圈组成。利用 SnO_2 烧结体吸附还原气体时电阻减少的特性,来检测还原气体,已广泛应用于家用石油液化气的漏气报警、生产用探测报警器和自动排风扇等。SnO_2 系气敏元件对酒精和

CO 特别敏感,广泛用于 CO 报警和工作环境的空气监测等。

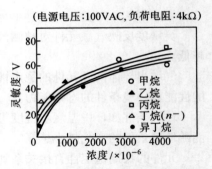

（电源电压:100VAC, 负荷电阻:4kΩ）

真空沉积的 SnO_2 薄膜气敏元件,可检测出气体、蒸气中的 CO 和乙醇。这种气敏元件的制备,是在铁氧体基底上,真空沉积一层 SiO_2,再在 SiO_2 层上真空沉积 SnO_2 薄膜,并在 SnO_2 中掺 Pd,使之具有敏感性,如图 4-23 所示。

图 4-24　SnO_2 系元件对各种气体的灵敏度

已进入实用化的 SnO_2 系气敏元件对于燃性气体,例如 H_2、CO、甲烷、丙烷、乙醇、酮或芳香族气体等,具有同样程度的灵敏度,因而 SnO_2 气敏元件对不同气体的选择性就较差,如图 4-24 所示。

SnO_2 厚膜是以 SnO_2 为基体,加 $Mg(NO_3)_2$ 和 ThO_2 后再加 $PdCl_2$ 触媒,在 800 ℃ 煅烧 1 h,球磨粉碎成粉末,加硅胶黏结剂,然后分散在有机溶剂中制成可印刷厚膜的糊状物,最后印刷在 Al_2O_3 底座上,同 Pt 电极一起在 400 ~ 800 ℃ 下烧成。以 Pt 黑和 Pd 黑作触媒体的 SnO_2 厚膜传感器,有选择地检测出氢和乙醇,而 CO 不产生可识别信号。Qyabu 等人认为是因贵金属触媒作用使 H_2 分解,从而改变 SnO_2 半导体性,提高 SnO_2 对氧化-还原条件的敏感性。但 AsH_3 同 SnO_2 厚膜表面接触时,分解出的 H^+ 和 AsH 与 SnO_2 的表面发生氧化反应形成氢氧基或氧空位,由于形成氢氧基的质子传导机制而提高 SnO_2 的电导性,空位也提高 SnO_2 的电导性,故 SnO_2 薄膜传感器检测出 $0.6×10^{-6}$ 的微量物质存在,避免了使用贵金属。

（2）ZnO 系气敏陶瓷

ZnO 系气敏陶瓷最突出的优点是气体选择性强,它与 SnO_2 元件一样,利用贵金属催化剂提高其灵敏度,其工作温度较高。图 4-25 和图 4-26 分别为 ZnO(Pt) 和 ZnD(Pd) 系列元件的灵敏度。

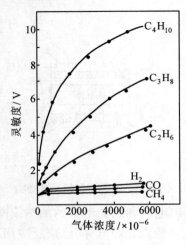

图 4-25　ZnO(Pt)系元件的灵敏度

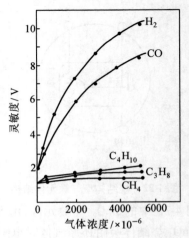

图 4-26　ZnO(Pd)系元件的灵敏度

ZnO 中 Zn/O>1 时则 Zn 呈过剩状态,显示 p 型半导体性;当 Zn/O 比增大或表面吸附对电子亲和性较强的物质时,传导电子数就减少,电阻加大;反之,当同 H_2 或碳氢化合物等还原性气体接触时,则吸附的氧数量减少,电阻降低。ZnO 电导率受环境影响而改变的现象早在 1950 年已发现。ZnO 单独使用灵敏度和选择性不够高,以 Ga_2O_3,Sb_2O_3 和 Cr_2O_3 等掺杂并添加活性催化剂可提高对气体的选择性。加 Pt 化合物对烷烃很敏感,在浓度为 $(0\sim10^4)\times10^{-6}$ 时电阻发生线性变化,而对 H_3 及 CO 灵敏度则很低。添加 Pd 以后,情况正好相反。ZnO 系陶瓷气敏传感器不仅对可燃气体有敏感效应,而且对非可燃气体氟里昂等也有检测能力。用 $V_2O_5-MoO_3-Al_2O_3$ 作催化剂可检测 $F-12(Cl_2F_2)$ 及 $F-22(CHClF_2)$ 等气体。在硅半导体上沉积多孔压电 ZnO 薄膜,ZnO 层吸附的气体渗透入孔隙中将影响表面声波信号的谐振频率,被测有机分子的相对大小同其渗透入 ZnO 中的时间有关,根据吸附速度和数量可测定混合气体中单个气体的成分。

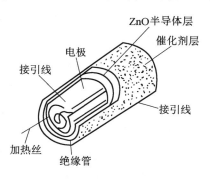

图 4-27　ZnO 气敏元件构造示意图

图 4-27 为 ZnO 气敏元件的结构示意图。与 SnO_2 系气敏元件所不同的是,ZnO 元件制成双层结构,将气敏元件与催化剂分离,并借更换催化剂的方法来提高元件的气体选择性。

（3）Fe_2O_3 系气敏陶瓷

Fe_2O_3 系气敏陶瓷,不需要添加贵金属催化剂就可制成灵敏度高、稳定性好、具有一定选择性,且在高温下稳定性好的元件。

常见铁的氧化物有三种基本形式:FeO,Fe_2O_3 和 Fe_3O_3,其中 Fe_2O_3 有两种陶瓷制品:$\alpha-Fe_2O_3$ 和 $\gamma-Fe_2O_3$ 均被发现具有气敏特性。$\alpha-Fe_2O_3$ 具有刚玉型晶体结构,$\gamma-Fe_2O_3$ 和 Fe_3O_4 都属尖晶石结构。在 300~400 ℃,当 $\gamma-Fe_2O_3$ 与还原性气体接触时,部分八面体中的 Fe^{3+} 被还原成 Fe^{2+},并形成固溶体,当还原程度高时,变成 Fe_3O_4。在 300 ℃ 以上,超微粒子 $\alpha-Fe_2O_3$ 与还原性气体接触时,也被还原为 Fe_3O_4。由于 Fe_3O_4 的比电阻较 $\alpha-Fe_2O_3$ 和 $\gamma-Fe_2O_3$ 低得多,因此,可通过测定氧化铁气敏材料的电阻变化来检测还原性气体。相反,Fe_3O_4 在一定温度下同氧

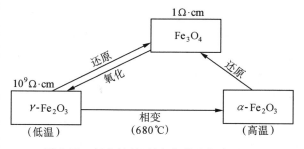

图 4-28　氧化铁的还原、氧化和相变过程

化性气体接触时,可相继氧化为 $\gamma-Fe_2O_3$ 和 $\alpha-Fe_2O_3$,也可通过氧化铁电阻的变化来检测氧化性气体。氧化铁之间的变相过程如图 4-28 所示。

在制备氧化铁系陶瓷气敏元件时,浆料可直接在金属丝和电极上成型并烧结成体形

元件,也可把浆料布在刚玉或玻璃基底上形成厚膜或薄膜元件。

典型材料是涂以 $\alpha-Fe_2O_3$ 为主要成分的多孔陶瓷。它是由超微小晶粒集合而成的多晶体和部分非晶态氧化物半导体组成。$\alpha-Fe_2O_3$ 烧结而成的陶瓷体并不具备气敏性,而用共沉淀法制成的 $\alpha-Fe_2O_3(SO_4^{2-},Sn)$ 烧结体才有显著气敏性,在添加了少量四价金属离子如 Sn^{4+},Zr^{4+},Ti^{4+} 等离子后更增强了气敏性。$\alpha-Fe_2O_3$ 陶瓷气敏传感器对 CO,H_2,CH_4 等气体敏感。

通过掺杂和细化晶粒等途径来改善其气敏特性,也有可能变成多功能敏感陶瓷(气敏、湿敏和热敏),如 $\gamma-Fe_2O_3$ 添加 1% 的 La_2O_3 可提高稳定性;$\alpha-Fe_2O_3$ 添加 20% 的 SnO_2 可提高灵敏度。晶粒 $0.01 \sim 0.2\ \mu m$ 的 $\alpha-Fe_2O_3$ 烧结体对碳氢化物有极高的灵敏度,已用于可燃气体报警器、防火装置等。按比例称取 $Fe(NO_3)_3$,$La(NO_3)_3$,$Sr(NO_3)_2$,$(NH_4)_2CO_3$,用蒸馏水溶解,在一定温度下混合沉淀、焙烧分解成 Fe_2O_3,La_2O_3,SrO,经研磨在 $900 \sim 1\ 300\ ℃$ 下长期烧结成 $La_{0.5}Sr_{0.5}FeO_3$,具 ABO_3 型、钙钛矿结构,呈 p 型导电,常用金属离子缺位或低价离子替位而产生负电中心束缚的空穴被激发所致。对乙醇敏感,除对汽油稍有反应外,对 CO,CH_4,H_2,C_4H_{10} 等可燃性气体几乎不反应。增加吸解剂掺杂及增加材料表面孔度来改善。掺 MgO 和二次烧结工艺使元件恢复时间降到 $1\ min$ 以内。

除了上面介绍的几种典型气敏陶瓷外还有对氧气敏感的 ZrO_2 陶瓷,主要用于对氧气的检测,钙钛矿型稀土族过渡金属复合氧化物系,对乙醇有很高的灵敏度;氧化钒(V_2O_5)中掺入 Ag 后对 NO_2 很敏感,可以检测氧化氮一类气体,此外还有 p 型半导体的氧化镍系和氧化钴系等。气敏陶瓷的研究还在不断深入,正向多功能和集成化方向发展。

4.3.4　湿敏陶瓷

湿度与人类的生活、生产有着密切的关系。湿敏陶瓷能将湿度信号转变为电信号,湿敏器件广泛被用于湿度指示、记录、预报、控制和自动化。如在纤维、食品、粮食、制药、弹药、造纸、建筑、医疗、气象、电子等工业中对过程控制和空调设备中检测和控制湿度。在农林牧和商业中对各种作物棚室、湿室、饲养场、库房、坑道进行湿度控制。在交通运输方面(如汽车、轮船、飞机和空调等的湿度控制)。在家电中对干燥设备、电子灶、磁带录像机、家庭空调设备的控制等。湿度传感器对陶瓷的要求是:可靠性高、一致性好、响应速度快、灵敏度高、抗老化、寿命长、抗其他气体侵袭和污染,在尘埃烟雾中保持性能稳定和检测精度。

湿敏陶瓷材料可分为金属氧化物系和半导体陶瓷两类。湿敏器件一般是电阻型,即由电阻率的改变来完成功能转换。其电阻率 $\rho = 10^{-2} \sim 10^6\ \Omega \cdot m$,其导电形式一般认为是电子导电和质子导电,或者两者共存。不论导电形式如何,湿敏陶瓷根据其湿敏特性可分为当湿度增加时,电阻率减小的负特性湿敏陶瓷和电阻率增加的正特性湿敏陶瓷两种,如图 4-29 和图 4-30 所示。

按工艺过程可将湿敏半导体陶瓷分为薄膜型、烧结型和厚膜型。

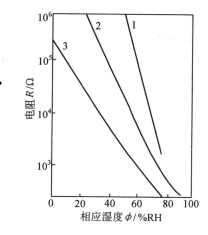

图 4-29　几种负特性湿敏半导瓷

1—$ZnO-Li_0-V_2O_3$ 系；2—SiO_2-Na_2O-

V_2O_3 系；3—$TiO_2-MgO \cdot Cr_2O_2$ 系

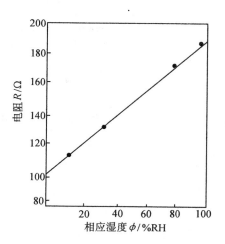

图 4-30　Fe_3O_4 半导瓷的正湿敏特性

1. 湿敏陶瓷的技术参数及湿敏特性

湿度有两种表示方法，即绝对湿度和相对湿度，一般常用相对湿度表示。相对湿度为某一待测蒸汽压与相同温度下的饱和蒸汽压之比值百分数，用%RH 表示。

湿敏元件的技术参数是衡量其性能的主要指标，下面列出一些主要参数。

①湿度量程：在规定的环境条件下，湿敏元件能够正常地测量的测湿范围称为湿度量程。测湿量程越宽，湿敏元件的使用价值越高。

②灵敏度：湿敏元件的灵敏度可用元件的输出量变化与输入量变化之比来表示。对于湿敏电阻器来说，常以相对湿度变化 1% RH 时电阻值变化的百分率表示，其单位为%/% RH。

③响应时间：响应时间标志湿敏元件在湿敏变化时反应速率的快慢，一般以在相应的起始湿度和终止湿度这一变化区间内，63% 的相对湿度变化所需时间作为响应时间。一般说来，吸湿的响应时间较脱湿的响应时间要短些。

④分辨率：指湿敏元件测湿时的分辨能力，以相对湿度表示，其单位为(% RH)。

⑤温度系数：表示温度每变化 1 ℃时，湿敏元件的阻值变化相当于多少% RH 的变化，其单位为% RH/ ℃。

2. 典型的湿敏半导体陶瓷介绍

（1）高温烧结型湿敏陶瓷

这类陶瓷是在较高温度范围（900 ~ 1 400 ℃）烧结的典型多孔陶瓷，气孔率高达30% ~40% ，具有良好的透湿性能。表 4.17 为高温烧结型湿敏陶瓷材料及其性能。

表 4.17　湿敏陶瓷材料及其特性

化 学 式	晶 型	烧结温度 /℃	电阻率(50%RH) /$\Omega\cdot m$	湿敏度 /%·(%RH)$^{-1}$	湿度温度系数 /%RH·℃$^{-1}$
$FeSb_2O_6$	三细屑岩型	1 000	7.3×10^4	5.6	——
$CoTiO_3$	钛铁矿型	1 100	3.6×10^4	7.2	——
$MnTiO_3$	钛铁矿型	1 200	1.3×10^3	7.7	——
$BaNiO_3$	钙钛矿型	1 000	1.3×10^5	8.0	——
$MgCr_2O_4$	尖晶石型	1 300	2.5×10^3	9.2	0.13
$ZnCr_2O_4$	尖晶石型	1 400	208×10^4	14.5	0.25
$NiWO_4$	钨锰矿型	900	5.7×10^4	13.6	0.26
$MnWO_4$	钨锰矿型	900	6.2×10^3	14.5	0.29
$Ca_{10}(PO_4)_6(OH)_2$	磷灰石型	1 100	1.1×10^4 (元件 电阻 Ω)	——	

①$MgCr_2O_4$-TiO_2系陶瓷。$MgCr_2O_4$-TiO_2系陶瓷是以 MgO，Cr_2O_3，TiO_2粉末为原料，纯度均为99.9%，碱金属杂质低于0.001%；经纯水湿磨混合、干燥、压制成型，在空气中于 1 200～1 450 ℃下烧结 6 h，得孔隙度25%～35%的多孔陶瓷。TiO_2质量分数低于30%时陶瓷呈 p 型半导性。加 Ti^{4+}能和 Mg^{2+}一起溶于尖晶石结构的八面体空隙中，Cr^{3+}则进入四面体空隙。当 TiO_2质量分数大于40%时，由 TiO_2的氧空位，陶瓷呈 n 型半导性。湿度-电阻特性见图4-31。RH 由0%到100%时电阻急剧下降。导电性因吸附水而增高，其导电机制为离子导电。多孔陶瓷晶粒接触颈部表明的 Cr^{3+}和吸附水反应形成 OH^-，$Cr^{3+}\rightarrow OH^-\rightarrow Cr^{4+}\rightarrow O^{2-}+H^+$时就提供可活动的质子 H^+。当相对湿度增大时，吸附水由晶粒颈部扩散至晶粒平面表和凸面，形成多层氢氧基。质子 H^+可和水分子形成 H_3O^+，当存在大量吸附时，H_3O^+会水解，使质子传输过程处于支配地位。金属氧化物陶

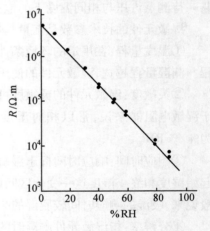

图 4-31　$MgCr_2O_4$-29%TiO_2 湿度-电阻特性(Ⅳ直流,20 ℃)

瓷表面存在不饱和键，易吸附水，$MgCr_2O_4$-TiO_2陶瓷还具有：表面形成水分子很易在压力降低或温度稍高于室温时脱附，故具有很高湿度活性，湿度响应快(约12 s)，对温度、时间、湿度和电负荷的稳定性高，已用于微波炉的程序控制等。根据微波炉蒸汽排口处传感器相对湿度反馈信息，调节烹调参数。还可制成对气体、湿度、温度都敏感的多功能传感器。

②羟基磷灰石湿敏陶瓷。湿敏陶瓷元件存在的主要问题是电阻高，抗老化性能差，需

要短时间内进行高温热净化。羟基磷灰石湿敏陶瓷的研究成功,有效地克服了这些问题。$Ca_{10}(PO_4)_6(OH)_2$ 系陶瓷主晶相为六方晶系结构,是生物陶瓷如人造骨、人造齿的主要成分。在全湿区,元件的阻值可有 3 个数量级的变化。响应时间为 15 s(94%→54% RH)。在 3 个月温循稳定性实验中,湿度漂移约±3% RH,正常老化方法半年内漂移不超过±3% RH,因此可以在较长时间内不用热净化而能保持良好的性能。

羟基磷灰石具有优良的抗老化性能,其原因之一是羟基磷灰石的溶解度极小,Ca^{2+} 的溶解度只有 0.012 mg/L,这样就可避免当元件表面形成冷凝水时,阳离子溶解于表面水中而流失造成的元件老化。另一方面,当烧结温度高于 1 140 ℃时,羟基磷灰石开始分解,同时产生大量 β-$Ca_3(PO_4)_2$,失去羟基,羟基磷灰石表面不再大量化学吸附水分子中的羟基,从而避免了亚稳态的羟基吸附所造成的元件老化。

在羟基磷灰石中分别掺入施主和受主杂质,可制成 n 型和 p 型半导体陶瓷,其电阻率均随着湿度的增加而急剧下降。

（2）低温烧结型湿敏陶瓷

这一类湿敏陶瓷的特点是烧结温度较低(一般低于 900 ℃),烧结时固相反应不完全,烧结后收缩率很小。其典型材料有 $Si-Na_2O-V_2O_5$ 系和 $ZnO-Li_2O-V_2O_5$ 系两类。

① $Si-Na_2O-V_2O_5$ 系湿敏陶瓷。$Si-Na_2O-V_2O_5$ 系湿敏陶瓷的主晶相是具有半导性的硅粉。实际上,大量游离的硅粉在烧结时由 Na_2O 和 V_2O_5 助熔并粘结在一起,并不发生固、液相反应,烧结时 Na_2O,V_2O_5 和部分 Si 在硅粉粒表面形成低共熔物,粘结成机械强度不高的多孔湿敏陶瓷。其阻值为 $10^2 \sim 10^7 \Omega$,且随相对湿度以指数规律变化,测量范围为 (25~100)% RH。

Si-Na-V 系湿敏陶瓷的感湿机理是由于 Na_2O 和 V_2O_5 吸附水分,使吸湿后硅粉粒间的电阻值显著降低。

Si-Na-V 系湿敏元件的优点是温度稳定性较好,可在 100 ℃下工作,阻值范围可调,工作寿命长。缺点是响应速度慢,有明显湿滞现象,只能用于湿度变化不剧烈的场合。

② $ZnO-Li_2O-V_2O_5$ 系湿敏陶瓷。$ZnO-Li_2O-V_2O_5$ 系湿敏陶瓷的主晶相为 ZnO 半导体,Li_2O 和 V_2O_5 作为助熔剂。由于烧结温度较高(800~900 ℃),坯体中发生显著的化学反应,烧结程度和机械强度均有较大提高。在感湿过程中,水分子主要是表面附着,即使在晶粒间界上水分也不易渗入,因此水分的作用主要是使表层电阻下降而不是改变晶粒间的接触电阻或粒界电阻,使响应速度加快,且易达到表层吸湿和脱湿平衡,其响应时间均在 3~4 min 左右,湿滞现象大大减少,精度较高,可控制在±2% 以下。由于感湿过程中主要是表层电阻变化,故其阻值变化范围不大,有利于扩大湿度量程,其测湿范围可达 20% ~98% RH 左右。

③ $ZnO-Cr_2O_3$ 系陶瓷。以 $ZnCr_2O_4$ 尖晶石为主晶相,含少量 Li_2O 等碱金属化合物。其电阻随相对湿度增加,按指数函数下降。表面活性化后可稳定连续测湿度,不需加热清洗。元件可在低于 5×10^{-4} W 的小功率下工作,尺寸为 $\phi8\times0.2$ mm。加 Li_2O 和 V_2O_5 烧结成的陶瓷已用于空调和干燥装置的自动控制系统。主成分还是 $ZnCr_2O_4$ 尖晶石,尚有少量 $LiZnVO_4$ 尖晶石和 ZnO,它们大部分以玻璃相偏析在 $ZnCr_2O_4$ 晶粒的晶界面上。水汽通过气孔进入晶界区域,使陶瓷阻值发生明显变化。RH = 30% 时电阻为 280 kΩ,RH =

90%时电阻下降到4.2 kΩ,具有高灵敏度。以 $ZnCrO_4$ 为主,表面镀 Au、Ru 电极,具有特异多孔结构和 p 型半导性,性能较优,为国产半导体陶瓷湿敏元件。

④$ZnO-Cr_2O_3-Fe_2O_3$ 系半导体陶瓷。由 ZnO 和 $ZnCr_2O_4$ 两主晶相组成,晶粒直径 $1\sim3~\mu m$,孔隙度 30%左右。水分子通过微孔进入内部,引起晶粒边界势垒发生变化,导致陶瓷宏观电子电导变化。湿感效果以 ZnO 晶粒间的同质晶界效应为主,ZnO 由于金属离子过剩而形成 n 型半导体。晶界的 Zn^{2+} 悬挂键从晶粒内部吸引电子而使晶界带负电,造成很高的界面势垒,阻滞电子迁移,导致电阻升高。具强极性水分子中的电子强烈靠近氧原子,当陶瓷晶界上吸附水分子后,Zn^{2+} 的悬挂键部分被氧原子所饱和,使界面势垒下降,导致陶瓷电导增大。在 150 ℃以下陶瓷电阻温度系数 α_T 很小(<-0.3%)。当温度高于 150 ℃后 α_T 猛增,温度高于 450 ℃时电阻降低。这有利于元件的热清洗和自动控制。在不同温度下陶瓷电阻对数随相对湿度的增大而直线下降。具有阻值低、响应快、重复性好、线性度好、抗污染能力强等优点,用于湿度控制及检测元件。

除了上面所介绍的常用湿敏半导体陶瓷外,还有钨锰矿结构氧化物 $MeWO_4$,Me 为 Mn,Ni,Zn,Mg,Co 或 Fe。$MnWO_4$,$NiWO_4$ 可在 900 ℃以下不用无机黏结剂烧结成多孔陶瓷,不会损害和它粘附的金属电极,是制备厚膜湿敏元件的理想材料。厚膜是先在高铝瓷基片的一面印刷并烧敷高温净化用的加热电极。在基片另一面印刷并烧敷底层电极,接着印刷感湿浆料,干燥后再印上表层电极,然后将感湿浆料和表层电极烧敷在基片和底层电极上。基片面积约 5 mm^2,感湿膜厚 50 μm,陶瓷晶粒 $1\sim2~\mu m$,孔径约 0.5 μm。

$ZnO-Ni_{0.97}Li_{0.03}O$ 陶瓷:最佳湿敏传导性发现在 $Ni_{0.97}Li_{0.03}O$ 和高密度烧结 ZnO 界面上,此吸附水则发生在 ZnO 和 NiO 间 p-n 界面,依靠 p-n 异质结促进氢氧基化学吸附而不依靠陶瓷毛细管。

对于湿敏陶瓷的感湿机理,目前尚缺乏一种能适合任何情况的理论来加以解释。较常见的理论解释是粒界势垒论和质子导电论,前者适合于低湿情况(RH<40%),后者适合于高湿情况(RH>40%)。离子电子或质子-电子综合导电机理是假定吸湿后多孔陶瓷由固定晶粒和吸附水(也称准液态水)两相组成,分别具有晶粒电阻和吸附水电阻,是准液态水导电和晶粒导电的综合导电,可解释较多现象。

3. 湿敏半导体陶瓷的应用

湿敏陶瓷的应用日益广泛,而应用对材料提出了各种要求。主要有:

①稳定性、一致性、互换性要好。工业要求长期稳定性不超过±2% RH,家电要求在 (5%~10%)RH。

②精度高,使用湿区宽,灵敏度适当,在(10%~95%)RH 湿区内,要求阻值变化在 3 个数量级。低湿时阻值尽可能低,使用湿区越宽越好;

③响应快,湿滞小,能满足动态测量的要求;

④湿度系数小,尽量不用温度补偿线路;

⑤可用于高温、低温及室外恶劣环境;

⑥多功能化。

湿敏陶瓷材料最多的是用作湿度传感器件,有着十分广泛的应用前景,主要用途见表 4.18。

表 4.18　湿度传感器的应用领域

行　业	应用领域	使用温湿度范围		备　注
		温度/℃	湿度/%RH	
家　电	空调机	50～40	40～70	控制空气状态
	干燥机	80	0～40	干燥衣物
	电炊灶	5～100	2～100	食品防热、控制烹调
	VTR	−5～60	60～100	防止结露
汽　车	车窗去雾	−20～80	50～100	防止结露
医　疗	治疗器	10～30	80～100	呼吸器系统
	保育器	10～30	50～80	空气状态调节
工　业	纤维	10～30	50～100	制丝
	干燥机	50～100	0～50	窑业及木材干燥
	粉体水分	5～100	0～50	窑业原料
	食品干燥	50～100	0～50	
	电器制造	5～40	0～50	磁头、LSI、IC
农、林、畜牧业	房屋空调	5～40	0～100	空气状态调节
	茶田防冻	−10～60	50～100	防止结露
	肉鸡饲养	20～25	40～70	保健
计　测	恒温恒湿槽	−5～100	0～100	精密测量
	无线电探测器	−50～40	0～100	气象台高精度测定
	湿度计	−5～100	0～100	控制记录装置
其　他	土壤水分			植物培育、泥土崩坍

4.3.5　其他敏感陶瓷简介

敏感陶瓷除我们在前面所介绍的热敏、压敏、气敏和湿敏陶瓷外,作为新兴技术材料,还有磁敏、光敏、离子敏和多功能复合敏感陶瓷等。磁敏陶瓷是指能将磁性物理量转变为电信号的陶瓷材料,可利用于磁阻效应制成多种器件在科研和工业生产中用来检测磁场、电流角度、转速、相位等。光敏半导体陶瓷受光照射后,由于陶瓷电特性不同及光子能量的差异,产生不同光电效应,具有光电导、光生伏特和光电发射效应等。利用光敏陶瓷可以制成光电二极管、太阳能电池等,是未来将大力发展的清洁能源材料。离子敏陶瓷是指能将溶液或生物体内离子活度转变为电信号的陶瓷,用它制成的离子敏半导体传感器是化学传感器的一种,是迅速发展应用的一种新的电化学测试样头。在实际应用中,往往要求一个敏感元件能检测二个或更多个环境参数而又互不干扰,因此,有必要发展多功能敏感陶瓷的传感器,制备出具有多种敏感功能的传感器,使敏感陶瓷器件多元化集成化,更好地与计算机技术配合使用,迅速处理大量的信息,更好地完成所要求的检测功能,相信未来敏感陶瓷的技术将会更加日臻完善。

4.4 压电陶瓷

4.4.1 压电陶瓷概述

在没有对称中心的晶体上施加压力、张力或切向力时,则发生与应力成比例的介质极化,同时在晶体两端面将出现正负电荷(正压电效应)。反之,当在晶体上施加电场引起极化时,则将产生与电场强度成比例的变形或机械应力(逆压电效应)。这两种正逆效应统称为压电效应。晶体是否出现压电效应由构成晶体的原子和离子的排列方式,即结晶的对称性所决定。

晶体按对称性分为 32 个晶族,其中有对称中心的 11 个晶族不呈现压电效应,而无对称中心的 21 个晶族中有 20 个呈现压电效应。

属于固体无机材料的陶瓷,一般是用把必要成分的原料进行混合、成型和高温烧结的方法,由粉粒之间的固相反应和烧结过程而获得的微细晶粒不规则集合而成的多晶体。因此,烧结状态的铁电陶瓷不呈现压电效应。但是,当在铁电陶瓷上施加直流强电场进行极化处理时,则陶瓷各个晶粒的自发极化方向将平均地取向于电场方向,因而具有近似于单晶的极性,并呈现出明显的压电效应。利用此种压电效应将铁电性陶瓷进行极化处理所获得的陶瓷就是压电陶瓷。所有的压电陶瓷也都应是铁电陶瓷。

4.4.2 压电陶瓷的性能参数

经过人工极化后的铁电陶瓷就成为具有压电性能的压电陶瓷,除压电性能外,还具有一般介质材料所具有的介电性能和弹性性能。压电陶瓷是一种各向异性的材料。因此,表征压电陶瓷性能的各项参数在不同方向上表现出不同的数值,并且需要较多的参数来描述压电陶瓷的各种性能。

1. 机械品质因数

机械品质因数的定义为

$$Q_m = \frac{\text{谐振时振子储存的机械能}}{\text{谐振时振子每周所损耗机械能}} \times 2\pi$$

机械品质因数也是衡量压电陶瓷材料的一个重要参数。它表示在振动转换时,材料内部能量消耗的程度。机械品质因数越大,能量的损耗越小。产生损耗的原因在于内摩擦。机械品质因数可根据等效电路计算,即

$$Q_m = \frac{1}{c_1 \omega_s R_1} \tag{4-11}$$

式中,R_1 为等效电阻;ω_s 为串联谐振频率;c_1 为振子谐振时的等效电容。

当陶瓷片作径向振动时,可近似地表示为

$$Q_m = \frac{1}{4\pi(c_0 + c_1)R_1 \Delta f} \tag{4-12}$$

式中,c_0 为振子的静态电容,F;Δf 为振子的谐振频率 f_r 与反谐振频率 f_a 之差,Hz;Q_m 为无量纲的物理量。

不同的压电器件对压电陶瓷材料的 Q_m 值有不同的要求,多数陶瓷滤波器要求压电陶瓷的 Q_m 值要高,而音响器件及接收型换能器则要求 Q_m 值要低。图 4-32 为压电陶瓷谐振子的等效电路。

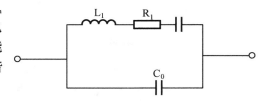

图 4-32 压电陶瓷谐振子的等效电路

2. 机电耦合系数

机电耦合系数 K 是综合反映压电材料性能的参数,它表示压电材料的机械能与电能的耦合效应。机电耦合系数可定义为

$$K^2 = \frac{电能转变为机械能}{输入电能}(逆压电效应)$$

$$K^2 = \frac{机械能转变为电能}{输入机械能}(正压电效应)$$

机电耦合系数是压电材料进行机 – 电能量转换的能力反映,它与机 – 电效率是完全不同的两个概念。它与材料的压电常数、介电常数和弹性常数等参数有关,因此,机电耦合常数是一个比较综合性的参数。

从能量守恒定律可知,K 是一个恒小于 1 的数。压电陶瓷的耦合系数现在能达到 0.7 左右,并且能在广泛的范围内进行调整,以适应各种不同用途的需要。

压电陶瓷元件的机械能与元件的形状和振动模式有关,因此对不同的模式有不同的耦合系数。例如对薄圆片径向伸缩模式的耦合系数为 K_p(又称平面耦合系数);薄形长片长度伸缩模式的耦合系数为 K_{31}(横向耦合系数),圆柱体轴向伸缩模式的耦合系数为 K_{33})(纵向耦合系数);薄片厚度伸缩式的耦合系数为 K_t;方片厚度切变模式的耦合系数为 K_{15} 等。表 4.19 为压电陶瓷的机电耦合系数。

表 4.19 压电陶瓷的机电耦合系数

机电耦合系数	振子形状和电极	不为 0 的应力应变成分	公 式
K_{31}	沿 x 方向长片 z 面电极	T_1, S_1, S_2, S_3	$\dfrac{d_{31}}{\sqrt{\varepsilon_{33}^T S_{11}^E}}$
K_{33}	沿 z 方向长圆棒 z 端面电极	$T_3, S_1 = S_2, S_3$	$\dfrac{d_{33}}{\sqrt{\varepsilon_{33}^T S_3^E}}$
K_p	垂直于 z 方向的圆片的径向振动 z 面电极	$T_1 = T_2, S_1 = S_2, S_3$	$h_{31}\sqrt{\dfrac{2}{1-\sigma^E}}$
K_t	垂直于 z 方向的片的宽度振动 z 面电极	$T_1 = T_2, T_3, S_2$	$h_{33}\sqrt{\dfrac{\varepsilon_{33}^s}{C_{33}^D}} = \dfrac{h_{33}-AR}{\sqrt{1-A^2}\sqrt{1-K_p^2}}$
K_{15}	垂直于 y 方向的面内的切变振动 x 面电极	T_4, S_4	$\dfrac{d_{15}}{\sqrt{\varepsilon_{11}^T s_{41}^E}} = h_{15}\sqrt{\dfrac{\varepsilon_{11}}{C_{44}^D}}$

注:表中泊松比 $\sigma^E = \dfrac{S_{12}^E}{S_{11}^E}$;$A = \dfrac{\sqrt{2}\, S_{12}^E}{\sqrt{S_{33}^E(S_{11}^E + S_{12}^E)}}$

　　机电耦合系数是一个没有量纲的物理量。压电陶瓷的机电耦合系数的计算,公式可由压电方程导出。

3. 弹性系数

　　根据压电效应,压电陶瓷在交变电场作用下,会产生交变伸长和收缩,从而形成与激励电场频率(信号频率)相一致的受迫机械振动。对于具有一定形状、大小和被覆工作电极的压电陶瓷体称为压电陶瓷振子(简称振子)。实际上,振子谐振时的形变是很小的,一般可以看作是弹性形变。反映材料在弹性形变范围内应力与应变之间关系的参数为弹性系数。

　　压电陶瓷材料是一个弹性体,它服从虎克定律:在弹性限度范围内,应力与应变成正比。当数值为 T 的应力(单位为 Pa)加于压电陶瓷片上时,所产生的应变 S 为

$$S = sT \tag{4-13}$$

$$T = cS \tag{4-14}$$

式中,s 为弹性柔顺系数,m^2/N;c 为弹性刚度系数,Pa。

　　由于应力 T 和应变 S 都是二阶对称张量,对于三维材料都有 6 个独立分量。因此,s 和 c 各有 36 个分量,其中独立分量最多可达 21 个,对于极化后的压电陶瓷,由于对称关系使独立的弹柔顺系数 s 和弹性刚度系数 c 各有 5 个,即

$$s_{11}, s_{12}, s_{13}, s_{33}, s_{44},$$
$$c_{11}, c_{12}, c_{13}, c_{33}, c_{44}。$$

　　对于压电陶瓷,因为应力作用下的弹性变形会引起电效应,而电效应在不同的边介条件下,对应变又会有不同的影响,就有不同的弹性柔顺系数和弹性刚度系数。电场(E)为恒定,即外电路中的电阻很小时,相当于短路的情况,此时测得的弹性柔顺系数称为短路弹性柔顺系数,以 s^E 表示;若电位移(D)为恒定,即外电路的电阻很大时,相当于开路的情况,称为开路弹性柔顺系数,以 s^D 表示。因此,共有 10 个弹性柔顺系数,即

$$s_{11}^E, s_{12}^E, s_{13}^E, s_{33}^E, s_{44}^E$$
$$s_{11}^D, s_{12}^D, s_{13}^D, s_{33}^D, s_{44}^D$$

同样,弹性刚度系数也有 10 个,即

$$c_{11}^E, c_{12}^E, c_{13}^E, c_{33}^E, c_{44}^E$$
$$c_{11}^D, c_{12}^D, c_{13}^D, c_{33}^D, c_{44}^D$$

4. 压电常数和压电方程

　　压电常数是压电陶瓷重要的特性参数,它是压电介质把机械能(或电能)转换为电能(或机械能)的比例常数,反映了应力或应变和电场或电位移之间的联系,直接反映了材料机电性能的耦合关系和压电效应的强弱。常见的四种压电常数:$d_{ij}, g_{ij}, e_{ij}, h_{ij}$($i = 1, 2, 3$;$j = 1, 2, 3\cdots6$)。第一个角标($i$)表示电学参量的方向(即电场或电位移的方向),第二个角标(j)表示力学量(应力或应变)的方向。压电常数的完整矩阵应有 18 个独立参量,对于四方钙钛矿结构的压电陶瓷只有 3 个独立分量,以 d_{ij} 为例,即 d_{31}, d_{33}, d_{15}。

（1）压电应变常数 d_{ij}

$$d = \left(\frac{\partial S}{\partial E}\right)_T$$

或
$$d = \left(\frac{\partial D}{\partial T}\right)_E \tag{4-15}$$

（2）压电电压常数 g_{ij}

$$g = \left(\frac{\partial E}{\partial T}\right)_D$$

或
$$g = \left(\frac{\partial S}{\partial D}\right)_T \tag{4-16}$$

由于习惯上将张应力及伸长应变定为正，压应力及压缩应变定为负，电场强度与介质极化强度同向为正，反向为负，所以 D 为恒值时，ΔT 与 ΔE 符号相反，故式（4-16）中带有负号。

如前所述的道理，对四方钙钛矿压电陶瓷，g_{ij} 有 3 个独立分量 g_{31}，g_{33} 和 g_{15}。

（3）压电应力常数 e_{ij}

$$e = \left(-\frac{\partial T}{\partial E}\right)_S$$

或
$$e = \left(\frac{\partial D}{\partial S}\right)_E \tag{4-17}$$

同样 e_{ij} 有 3 个独立分量 e_{31}，e_{33} 和 e_{15}。

（4）压电劲度常数 h_{ij}

$$h = \left(-\frac{\partial T}{\partial D}\right)_S$$

或
$$h = \left(-\frac{\partial E}{\partial S}\right)_D \tag{4-18}$$

同理，h_{ij} 有 3 个独立分量：h_{31}，h_{33} 和 h_{15}。

由此可见，由于选择不同的自变量，可得到 d,g,e,h 四组压电常数。由于陶瓷的各向异性，使压电陶瓷的压电常数在不同方向有不同数值，即有

$$
\begin{aligned}
d_{31} &= d_{32}, d_{33}; d_{15} = d_{24} \\
g_{31} &= g_{32}, g_{33}; g_{15} = g_{24} \\
e_{31} &= e_{32}, e_{33}; e_{15} = e_{24} \\
h_{31} &= h_{32}, h_{33}; h_{15} = h_{24}
\end{aligned} \tag{4-19}
$$

这四组压电常数并不是彼此独立的，有了其中一组，即可求得其他三组。

压电常数直接建立了力学参量和电学参量之间的联系，同时对建立压电方程有着重要的应用。

（5）压电方程

压电方程是反映压电陶瓷力学参量与电学参量之间关系的方程式，根据自变量的选取可有四组压电方程。

第一组压电方程：取应力（T）和电场（E）为自变量，边界条件是机械自由和电学短

路,所得的方程组为

$$
\left.\begin{array}{l}
S_i = S_{ij}^E T_j + d_{ni} E_n \\
D_m = d_{mj} T_j + \varepsilon_{mn}^T E_n
\end{array}\right\}
\tag{4-20}
$$

第二组压电方程:取应变(S)和电场(E)为自变量,边界条件为机械受夹和电学短路,所得的方程为

$$
\left.\begin{array}{l}
T_j = C_{ij}^E S_i - e_{nj} E_n \\
D_m = e_{mi} S_i + \varepsilon_{mn}^S E_n
\end{array}\right\}
\tag{4-21}
$$

第三组压电方程:取应力(T)和电位移(D)为自变量,边界条件是机械自由和电学开路,所得的方程为

$$
\left.\begin{array}{l}
S_i = S_{ij}^D T_j + g_{ni} D_m \\
E_n = -g_{nj} T_j + \beta_{mn}^T D_m
\end{array}\right\}
\tag{4-22}
$$

第四组压电方程:取应变(S)和电位移(D)为自变量,边界条件是机械受夹和电学开路,所得的方程为

$$
\left.\begin{array}{l}
T_j = C_{ij}^D S_i - h_{mj} D_m \\
E_n = -h_{mi} S_i + \beta_{mn}^S D_m
\end{array}\right\}
\tag{4-23}
$$

上述四组方程式中

$i,j = 1,2\cdots6; m,n = 1,2,3;$

β_{mn}^T 为自由介质隔离率(m/F);

β_{mn}^S 为夹持介质隔离率(m/F)。

4.4.3　压电陶瓷材料

从晶体结构上看,钙钛矿型、钨青铜型、焦绿石型、含铋层结构的陶瓷材料具有压电性能,目前,最常用的压电陶瓷钛酸钡、钛酸铅、锆钛酸铅都属于钙钛矿型晶体结构。

压电陶瓷生产工艺大致与普通陶瓷工艺相似,同时具有自己的工艺特点。

压电陶瓷生产的主要工艺流程:

配料→球磨→过滤、干燥→预烧→二次球磨→过滤、干燥→过筛→成型→排塑→烧结→精修→上电极→烧银→极化→测试。

$BaTiO_3$(钛酸钡)是在研究具有高介电常数钛酸盐陶瓷的过程中偶然发现的。$BaTiO_3$具有钙钛矿型晶体结构,在室温下它是属于四方晶系的铁电性压电晶体。钛酸钡陶瓷通常是把 $BaTiO_3$ 和 TiO_2 按等量摩尔分数混合后成形,并于 1 350 ℃ 左右烧结 2 ~ 3 h 制成的。烧成后在 $BaTiO_3$ 陶瓷上被覆银电极,在居里点附近的温度下开始加 2 000 V/mm 的直流电场,用在电场中冷却的方式进行极化处理。极化处理后,剩余极化仍比较稳定地存在,呈现出相当大的压电性。

由于 $BaTiO_3$ 陶瓷制造方法简便,最初被用于朗之万型压电振子,并于 1951 年把它装在鱼群探测器上进行实用化试验获得成功。但是,这种陶瓷在特性方面还没有完全满足要求。它的压电性虽然比水晶好,但比酒石酸钠差,压电性的温度和时间变化虽然比酒石酸钠小,但又远远大于水晶等。因此,后来又进行了改性。

$BaTiO_3$ 陶瓷压电性的温度和时间变化大是因为其居里点(约 120 ℃)和第二相变点

（约 0 ℃）都在室温附近。如在第二相变点温度下晶体结构在正交-四方晶系之间变化，自发极化方向从 [011] 变为 [001]，此时介电、压电、弹性性质都将发生急剧变化，造成不稳定。因此，在相变点温度，介电常数和机电耦合系数出现极大值，而频率常数（谐振频率×元件长度）出现极小值。这种 $BaTiO_3$ 陶瓷的相变点可利用同一类元素置换原组成元素来调节改善，因而改良了温度和时间变化特性的 $BaTiO_3$ 陶瓷得以开发并付诸实用。

用 $CaTiO_3$ 转换一部分 $BaTiO_3$ 时居里点几乎不变，但使晶体的第二相变点向低温移动，当转换 16% 时，第二相变点变成 −55 ℃。由于随着 $CaTiO_3$ 置换量的增加压电性降低，所以实用上最大转换量仅限于 8% mol 左右。

同时，当用 $PbTiO_3$ 来转换 $BaTiO_3$ 时，居里点向高温移动，而第二相变点移向低温区，由于矫顽场增高，从而可获得性能稳定的压电陶瓷。然而，当 $PbTiO_3$ 的转换量过多时，虽然温度特性得到改善，但因压电性降低，故实用上最大置换量限制在 8% mol 左右。在工业上已制造出居里点升至 160 ℃ 和第二相变点降至 −50 ℃，且容易烧结的 $Ba_{0.88}Pb_{0.88}Ca_{0.04}TiO_3$ 陶瓷。这种陶瓷因其居里点高，已在超声波清洗机等大功率超声波发生器以及声纳、水听器等水声换能器等方面得到了广泛应用。

另一方面，$BaTiO_3$ 铁电性的发现成为探索新型氧化物铁电体的转折点，在此基础上研究了转换 $BaTiO_3$ 所获得的 $BaTiO_3$、$(Ba,Pb)TiO_3$、$PbZrO_3$、$(Ba,Pb)ZrO_3$、PbH_5O_3 或同 $BaTiO_3$ 有类似结构的 ABC_3 型铁电体，如 $NaNbO_3$、$NaTaO_3$、$KNbO_3$、$KTaO_3$、$LiNbO_3$、$LiTaO_3$ 等的压电性。

$PbTiO_3$ 于 1936 年已人工合成，但由于它在居里点 490 ℃ 以下的结晶各向异性大，烧结后的晶粒容易在晶界处分离，得不到致密的、机械强度高的陶瓷，同时由于矫顽场大，极化困难，所以长期以来没能获得实用。人们对抑制 $PbTiO_3$ 陶瓷晶粒生长和对增加晶界结合强度效果较显著的添加物（如 $Bi_{2/3}TiO_3$、$PbZn_{1/3}Nb_{2/3}O_3$、$BiZn_{1/2}O_3$、$Bi_{2/3}Zn_{1/3}Nb_{2/3}O_3$、$Li_2CO_3$、$NiO$、$Fe_2O_3$、$Gd_2O_3$ 等）进行了研究，并通过在 $PbTiO_3$ 中同时添加 $La_{2/3}TiO_3$ 和 MnO_2 研制成密度高、机械强度大、可进行高温电场极化处理的具有高电阻率的陶瓷。这种陶瓷在 200 ℃ 下加 6 000 V/mm 的电场保持 10 min 便很容易极化。由于这种陶瓷介电常数小，耦合系数的各向异性大，所以容易抑制副共振的影响，而且由于具有各种压电特性的温度和时间变化小等特征，作为甚高频段（VHF）用陶瓷谐振子正获得广泛应用。

4.4.4　压电陶瓷的应用

近年来，随着宇航、电子、计算机、激光、微声和能源等新技术的发展，对各类材料器件提出了更高的性能要求，压电陶瓷作为一种新型功能材料，在日常生活中，作为压电元件广泛应用于传感器、气体点火器、报警器、音响设备、超声清洗、医疗诊断及通信等装置中。它的重要应用大致分为压电振子和压电换能器两大类。前者主要利用振子本身的谐振特性，要求压电、介电、弹性等性能稳定，机械品质因数高。后者主要是将一种能量形式转换成另一种能量形式，要求机电耦合系数和品质因数高。压电陶瓷的主要应用领域见表 4.20。

表 4.20　压电陶瓷的主要应用领域

应　用　领　域		主　要　用　途　举　例
电　源	压电变压器	雷达、电视显像管、阴极射线管、盖克计数管、激光管和电子复印机等高压电源和压电点火装置
信号源	标准信号源	振荡器、压电音叉、压电音片等用作精密仪器中的时间和频率标准信号源
信号转换	电声换能器	拾声器、送话器、受话器、扬声器、蜂鸣器等声频范围的电声器件
	超声换能器	超声切割、焊接、清洗、搅拌、乳化及超声显示等频率高于20 kHz 的超声器件
发射与接收	超声换能器	探测地质构造、油井固实程度、无损探伤和测厚、催化反应、超声衍射、疾病诊断等各种工业用的超声器件
	水声换能器	水下导航定位、通信和探测的声纳、超声测探、鱼群探测和传声器等
信号处理	滤波器	通信广播中所用各种分立滤波器和复合滤波器,如彩电中频滤波器;雷达、自控和计算机系统所用带通滤波器、脉冲滤波器等。
	放大器	声表面波信号放大器以及振荡器、混频器、衰减器、隔离器等
	表面波导	声表面波传输线
传感与计测	加速度计、压力计	工业和航空技术上测定振动体或飞行器工作状态的加速度计、自动控制开关、污染检测用振动计以及流速计、流量计和液面计等
	角速度计	测量物体角速度及控制飞行器航向的压电陀螺
	红外探测器	监视领空、检测大气污染浓度、非接触式测温及热成像、热电探测、跟踪器等
	位移发生器	激光稳频补偿元件、显微加工设备及光角度、光程长的控制器
存储显示	调制	用于电光和声光调制的光阀、光闸、光变频器和光偏转器、声开关等
	存　储	光信息存储器、光记忆器
	显　示	铁电显示器、声光显示器、组页器等
其　他	非线性元件	压电继电器等

　　展望压电陶瓷的未来,随着压电效应新应用的发展,满足所要求的各种新特性组合的压电陶瓷今后将不断发展。这是应用范围广的各种材瓷的必然趋势。在材料组成方面,在从单一组分向二种组分,进而向三至四种组分压电复合材料发展,那些具有特色的材料将会得到应用。又如,像作为高频压电陶瓷而发展的$(Na,Li)NbO_3$压电陶瓷那样,要发展不含 Pb 元的压电陶瓷,这是在生态学时代潮流中所热切希望的材料。可以认为,这是压电陶瓷材料发展的一种趋势。但是,要用这种材料代换过去的 Pb 系材料,还必须使其压电性能比现有水平有较大的提高才行。另一方面,在陶瓷制造性能方面的研究预期也会有稳步的发展,可以认为在不远的将来必将取得成果,这是因为,近年来随着应用范围的扩大和工作频率的提高,必须研制性能更高和能经受更严酷使用条件的材料。由于陶

瓷受到所采用的烧结制造方法的限制,晶界和气孔的存在或晶粒形状和晶轴方向的不规则性是不可避免的。但是可以认为,如果不断进行努力,尽量克服在均质性上不如单晶的这些缺点,那么满足上述要求的材料是完全有可能制造出来的。

在应用方面展望未来,如果考虑压电效应具有作为电能和机械能之间非常有效的换能器的功能这一点,那么可以说其发展前途是无量的。最近,在应用方面的新发展有生物医学的超声波诊断装置,非破坏检测仪器,体波 VIF 滤波器,压电式录像磁盘摄像器等。从这些例子可知,采用高性能的压电陶瓷就可以比较容易地构成高转换效率的器件。因此,今后作为电子学和力学相结合元件,其应用将会不断扩大。

4.5　半导体陶瓷

4.5.1　半导体陶瓷的导电特性

物质可根据其导电性的大小分为导体、半导体和绝缘体,在室温时如果按材料的电阻率大小一般如下划分:

导体　$\rho < 10^{-2}\ \Omega \cdot cm$

半导体　$10^{-2} < \rho < 10^{9}\ \Omega \cdot cm$

绝缘体　$\rho > 10^{9}\ \Omega \cdot cm$

绝缘体又称为电介质。大多数陶瓷是绝缘体,少数是导体,也有一部分是半导体。

由于半导体陶瓷有独特的电学性能,同时还具有优良的机械性能、热性能和良好的化学稳定性,因而已成为当代科学技术中不可缺少的重要材料。

由于陶瓷材料的结合键为离子键和共分键,它的导电载流子随电场强度的温度的变化而改变。在低温弱电场作用下,主要是弱联系填隙离子参加导电;随电场强度增加,联系强的基本离子也可能参加导电,高温时呈现电子导电。按其载流子性质不同,陶瓷材料的电导又分为电子电导和离子电导。

根据能带理论,电子电导的电导率取决于导带和满带中电子和空穴的浓度和迁移率,电子和空穴的浓度与温度的关系为

$$n = N\exp(-\Delta E/2kT) \tag{4-24}$$

式中,N 为摩尔分子晶体中满带中的电子总数;ΔE 为电子跃迁激活能;T 为绝对温度。

电子的电导率为

$$y = nZe^2\tau/m \tag{4-25}$$

式中,m 为电子质量;Z 为每个质点的电荷;e 为电子电荷,等于 1.6×10^{-19} ℃;τ 为两次碰撞之间电子的平均时间。

温度升高对电子电导率的影响表现在两个方面:其一使载流子浓度增大;其二使载流子迁移率减小。由于电子电导主要取决于载流子浓度,故总的表现是电导率随温度升高而增大。

由于单位体积内填隙离子或空位数目为

$$n = N\exp(-W/kT) \tag{4-26}$$

式中，W 为离子离解的活化能。所以离子电导的电导率为

$$y = nZ^2e^2D/kT \tag{4-27}$$

式中，$D = A\exp(-E/kT)$ 为离子或空位扩散系数；E 为离子或空位迁移活化能。

表明离子电导的电导率不仅取决于离子离解活化能，还取决于离子迁移活化能。

金属材料的导电机制为自由电子电导，温度升高增加晶格的热振动，增大电子的散射几率，降低电子的迁移率，使电导率减小。对于陶瓷材料，温度升高，一方面使离子的扩散系数增大；另一方面有更多电子被激发到导带上。虽然晶格热振动的加剧能导致电子迁移率的降低，但由于前面两个因素在半导体陶瓷中占支配地位，所以总的趋势是电导率随温度升高而增大。某些陶瓷与金属的电导率（K）随温度的变化，如图 4-33 所示。

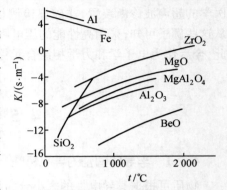

图 4-33　陶瓷材料电导率随温度的变化

又由于陶瓷的电导率是由横穿晶界的电导率和沿晶界的电导率 σ_{across}，σ_{along} 之和。因而控制晶粒整体电阻率和偏析于晶界的杂质种类及界面上原子价补偿效应，就能控制总体的电导率，获得所需要的半导体陶瓷材料。如利用 CdS 型半导体陶瓷中过剩的 Cd 离子的晶界扩散，在晶界区形成 p 型半导体层（Cd_{uz-x}S）。

4.5.2　半导体掺杂陶瓷及其应用

1985 年才出现的一类新的半导体型非线性光学材料——半导体微晶掺杂玻璃，具有大的非线性（$n_2 = 10^{-14}$ m^2/W）、几十皮秒的快速响应时间、室温下操作以及成本低等优点，使其在全光学开关、简并四波混频、光学双稳和光学相位共轭等光学信息处理和光计算中有着潜在用途。

半导体掺杂陶瓷举例：基础玻璃成分为：（40～60）% SiO_2；（0～10）% B_2O_3；（0～2）% Al_2O_3；（0～3）% P_2O_5；（1～10）% TiO_2；（0～2）% F；（10～30）% （Na_2O+K_2O）；（10～30）% ZnO。引入掺杂如 CdO、$CdCO_3$、CdS、S、Se 等。采用弱还原气氛熔制。该类陶瓷光谱特性重复性差，其原因是玻璃熔制过程中掺质组分挥发严重。F. G. West 和 Oram 等认为掺质引入原料的量是实际能够保留下来量的 10 倍。影响挥发的因素很多，如玻璃组成、熔制温度、掺质组分的比例、氧化还原剂的引入、制备手段等。作者认为如采取密封熔制、低温熔制或覆盖分步加料等，可有效控制挥发。随 Se 含量增加，带隙能减少，光谱吸收带边缘向长波方向移动；随着 Cd 质量分数的增加，带隙能增加，吸收带边缘向短波方向移动；而 S 质量分数增加到一定量后，会使玻璃着成棕色调；Zn 质量分数越过一定量时难于显晶。玻璃经成型、粗退火后于 430～650 ℃，6～24 h 显晶。微晶尺寸不仅决定于掺杂物比例，同时是显晶温度和时间的函数。温度或时间增加均使微晶尺寸变大；而微晶越小，其带隙能越大。微晶平均直径在 2～8 nm。其吸收边缘呈台阶形，归因陶瓷的量子限效应，与非量子限玻璃相比，吸收难于饱和，大的饱和表明陶瓷中杂质中心数目大，杂质中

心提供了第三能级,即增加光量子容量。

BaTiO$_3$,ZnTiO$_3$半导体陶瓷在几十电子伏特能量的电子冲击下,就使其表面放射出二次电子,具有高的二次电子发射系数、高电阻率,容易获得正或零电阻温度系数,耐气候污染、耐电子烧蚀、耐热,满足二次电子倍增管对材料的要求,并具有结构简单,对磁场不敏感、高增量、背景噪音低等优点。先采用挤压法成型为圆细管,然后在 1 300 ~ 1 450 ℃下烧结,最后在两端加上电极而成,已广泛用于微量电子和离子的测量,软 X 线和紫外线测量,核裂变、地震探测,宇宙线计数等。

4.5.3　陶瓷半导体元件

陶瓷半导体元件是一种新型"电-火"转换元件,它以陶瓷材料为基体,掺以适当比例的半导体材料,如 TiO$_2$,SiO$_2$,Cu$_2$O,Fe$_2$O$_3$ 等金属氧化物,制成两种形式:一种是经过先制坯,按照规定工艺烧结成团块式半导体;另一种则是在陶瓷基体上涂上半导体材料釉膜烧结而成的涂层式半导体。

陶瓷半导体是一种异向性元件,在宏观上不具有像晶体二极管那样的单向导电性。但是由于它内部材料的异向性,使各部位的导电性极不均匀,其电阻值一般在 $n+k\Omega$ 至 0.5 MΩ 之间,并具有负温度系数。

只要给陶瓷半导体的两端施加一定的电压,电流就流过,但在其截面上的电流分布是极不均匀的。往往在呈现电阻极小的区域,电流密度很快上升,该区域就很快被加热。由于材料本身具有负温度系数,这个区域的电阻值随着发热而减小,使流过的电流继续增长,更加发热。当电流密度达到 10^{-2} ~ 10^{-3}A/mm^2 时,导致电子产生"雪崩"式热游离,使温度迅速上升,沿半导体表面形成火花放电。陶瓷半导体的伏安特性曲线如图 4-34 所示。利用这一特性可以制成陶瓷半导体电嘴。

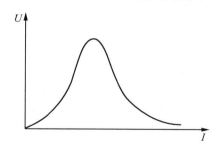

图 4-34　陶瓷半导体的伏安特性

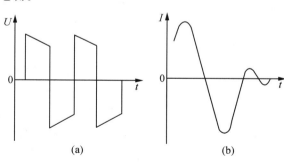

(a)　　　　　　　　　(b)

图 4-35　陶瓷半导体放电的电压、电流波形

陶瓷半导体电嘴具有如下特点:①放电电压低,在 130 V 以上就能表面放电;②放电火花能量大,放电电压波形如图 4-35(a)所示,放电电流波形如图 4-35(b)所示;③不受周围介质、温度等影响,在水中、冰里均能正常发火,可在 -55 ℃环境中冷起动,也能在 800 ℃环境中正常工作;④有很快的"自静"作用,即油污和积碳经表面强烈的放电作用而被清洗;⑤可用于各种燃油的直接点火;⑥安全可靠、寿命长。

利用陶瓷半导体电嘴可制成低压高效能点火器。最先用于航空发动机的点火系统,现已广泛用于电力锅炉点火、石油管道加热站、纺织印染行业中的煤气加热设备等方面。

除了我们上面介绍的以外，半导体陶瓷还主要包括热敏电阻（NTC、PTC）、变阻器瓷、半导体电容器等。NTC 主要用于通信及线路中温度补偿及测温。近年来需要适用于 SMT 的超小型器件，要求改进阻值及温度系数的精度，工作温区也扩大，并应有良好可靠性。高精度片型（chip）及球型热敏电阻，甚为需要，尤其在医疗中应用广泛。

PTC 用于温度检测、温度补偿，它的控流功能，用于自控发热、彩电消磁、过流防止等。低阻 PTC 材料用于办公自动化设备及汽车。高温（300 ℃）PTC 需求也有增长，但必须解决使用老化问题。PTC-双金属组合器件，可用于定温控温及时间延迟等，使用广泛，PTC 在中小功率自控加热应用方面有广阔天地，等待开发。

变阻器由于电子设备小型化及布置更紧凑，生成噪音的倾向增大，需要新的旁路电容器，有好的温度稳定性及吸噪音性能。这使得同时具有变阻器功能的 $SrTiO_3$ 半导电容器的应用逐渐普遍，用于保护半导线路，吸收浪涌及噪音。

上述 PTC、NTC 及变阻器，近年来需求增长较快，可能长时间内仍将继续增长，主要用在办公自动化、汽车、通信、家庭自动化设备中。

4.6　磁性陶瓷

磁性陶瓷分为含铁的铁氧体陶瓷和不含铁的磁性陶瓷。铁氧体和铁粉芯永久磁铁是磁性瓷的代表。铁氧体是作为高频用磁性材料而制备的金属氧化物烧结磁性体，可分为硬磁铁氧体和软磁铁氧体两种，前者不易磁化也不易消磁，主要用于磁铁及磁存储元件；软磁容易磁化及去磁，磁场方向可以变化，可用于对交变磁场响应的电子部件。磁性陶瓷一般主要是指铁氧体，其分子式为多种，有 MFe_2O_3，MFe_2O_4，M_3FeO_{12} · $MFeO_3$，$MFe_{12}O_{19}$ 等，M 代表一价或二价金属离子，主要有 Mg，Zn，Mn，Ba，Li 或三价稀土金属 Y，Sm 等。铁氧体属半导体，由于金属和合金材料的电阻率低（$10^{-8} \sim 10^{-6}$ Ω·m），损耗较大，无法适用于高频，而陶瓷质磁性材料电阻率较高（$1-10^6$ Ω·m），涡流损失小，介质损耗低，所以广泛用于高频和微波领域，在商用频率到毫米波范围内可以多种形态得到应用。金属磁性材料的应用频率不超过 $10 \sim 100$ kHz。铁氧体的缺点是饱和磁化强度低，居里温度不高，不适于在高温式低频大功率条件下工作。尽管如此，由于不同种类的铁氧体具有不同的特殊磁学性能，它们在现代无线电电子学、自动控制、微波技术、电子计算机、信息储存、激光调制等方面都得到广泛的应用。

4.6.1　磁性陶瓷的磁学基本性能

1. 固体的磁性

固体的磁性在宏观上是以物质的磁化率 X 来描写的。对于处于外磁场强度为 H 中的磁介质，其磁化强度 M 为

$$M = XH$$

磁化率为
$$X = M/H = \mu_0 M/B_0$$
式中,μ_0 为真空的磁导率,$\mu_0 = 4\pi \times 10^{-7} \text{H/m}$;$B_0$ 为磁场在真空中的磁感应强度,T。
$$B_0 = \mu_0 H$$
　　由上式得知材料中磁感应强度为
$$B = \mu_0(H + M) = \mu_0(1 + X)H = \mu B_0$$
式中,μ 为磁导率,$\mu = 1 + X$。

　　按照磁化率 X 的数值,固体的磁性可分成下面几类。

　　① 逆磁体。这类固体的磁化率是数值很小的负数,它几乎不随温度变化。X 的典型数值约 -10^{-5}。

　　② 顺磁体。其磁化率是数值较小的正数,它随温度 T 成反比关系,$X = \mu_0 C/T$,称为居里定律,式中 C 是常数。

　　③ 铁磁体。其磁化率是特别大的正数,在某个临界温度 T_c 以下,即使没有外磁场,材料中也会出现自发磁化;在高于 T_c 的温度,它变成顺磁体,其磁化率服从居里 - 外斯定律,即

$$X = \mu_0 C/(T - T_c) \tag{4-28}$$

其中 T_c 称为居里温度或居里点。

　　④ 亚铁磁体。这类材料在温度低于居里点 T_c 时像铁磁体,但其磁化率不如铁磁体那么大,它的自发磁化强度也没有铁磁体的大;在高于居里点的温度时,它的特性逐渐变得像顺磁体。

　　⑤ 反铁磁体。其磁化率是小的正数。

　　反铁磁性和亚铁磁性的物理本质是相同的,即原子间的相互作用使相邻自旋磁矩成反向平行。当反向平行的磁矩恰好相抵消时为反铁磁性,部分抵消而存在合磁矩时为亚铁磁性,所以,反铁磁性是亚铁磁性的特殊情况。亚铁磁性和反铁磁性,均要在一定温度以下原子间的磁相互作用胜过热运动的影响时才能出现,对于这个温度,亚铁磁体仍叫居里温度(T_c),而反铁磁体叫奈耳温度(T_N)。在这个临界温度以上,亚铁磁体和反铁磁体同样转为顺磁体,但亚铁磁体的磁化率 X 和温度 T 的关系比较复杂,不满足简单的居里 - 外斯定律,反铁磁体则在高于奈耳温度以上($T > T_N$),磁化率随温度的变化仍可写成居里 - 外斯定律的形式,即

$$X = \mu_0 C/(T + T_N) \tag{4-29}$$

　　式(4-28)与式(4-29)的差别在于式(4-29)分母中 T_N 前有(+)号,这说明反铁磁体的磁化率有一个极大值。

　　图 4-36 表示在居里点或奈耳点以下时铁磁性、反铁磁性及亚铁磁性的自旋排列。

2. 磁滞回线

表征磁性陶瓷材料各种主要特性的是图 4-37 中所示的磁滞回线。

图 4-36　铁磁性、反铁磁性、亚铁磁性的自旋排列

图 4-37 中横轴表示测量磁场 H（外加磁场），纵轴表示磁感应强度 B。磁介质处于外磁场 H 中，当外磁场 H 按照 $0 \rightarrow H_{\mathrm{m}} \rightarrow 0 \rightarrow -H_{\mathrm{c}} \rightarrow -H_{\mathrm{m}} \rightarrow 0 \rightarrow H_{\mathrm{c}} \rightarrow H_{\mathrm{m}}$ 方向变化时，磁感应强度 B 则按 $0 \rightarrow B_{\mathrm{m}} \rightarrow B_{\mathrm{r}} \rightarrow 0 \rightarrow -B_{\mathrm{m}} \rightarrow -B_{\mathrm{r}} \rightarrow 0 \rightarrow B_{\mathrm{m}}$ 顺序变化。这里，把 H_{c} 称为矫顽力（矫顽场），H_{m} 称为最大磁场，B_{r} 称为剩余磁感应强度，B_{m} 称为最大磁感应强度（或叫饱和磁感应强度）。

3. 磁导率 μ

磁导率是表征磁介质磁化性能的一个物理量。铁磁体的磁导率很大，且随外磁场的强度而变化；顺磁体和抗磁体的磁导率不随外磁场而变，前者略大于 1，后者略小于 1。

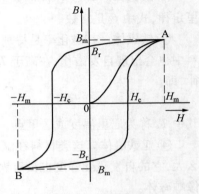

图 4-37　磁滞回线

对铁磁体而言，从实用角度出发，希望磁导率越大越好。尤其现今，为适应数字化趋势，磁导率的大小已成为鉴别磁性材料性能是否优良的主要指标。

由磁化过程知道，畴壁移动和畴内磁化方向旋转越容易，磁导率 μ 值就越大。要获得高 μ 值的磁性材料，必须满足下列三个条件：

① 不论在哪个晶向上磁化，磁能的变化都不大（磁晶各向异性小）；

② 磁化方向改变时产生的晶格畸变小（磁致伸缩小）；

③ 材质均匀，没有杂质（没有气孔、异相），没有残余应力。

如果以上三个条件均能满足，磁导率 μ 就会很高，矫顽力 H_{c} 就会很小。金属材料在高频下，涡流损失大，μ 值难以提高，而铁氧体磁性陶瓷的 μ 值很高，即使在高频下也能获得很高的 μ 值。若能找到使磁晶各向异性常数 K_1 和磁致伸缩系数 λ_{s} 同时变小的合适的化学组成，就可提高 μ 值。铁氧体可以获得的最高 μ 值大约为 40 000，但实际应用的工业产品，其 $\mu \approx 15\ 000$。

4. 最大磁能积 $(BH)_{\max}$

图 4-38 的磁化曲线可以来说明最大磁能积的意义。把该图第 Ⅱ 象限的磁化曲线相应于 A 点下的 (BH) 乘积（即图中划斜线的矩形面积）称为磁能积，退磁曲线上某点下的 (BH) 乘积的最大值与该磁体单位体积内储存的磁能的最大值成正比，因此用 $(BH)_{\max}$ 表示最大磁能积。$(BH)_{\max}$ 随铁氧

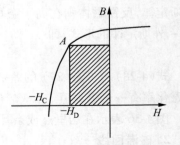

图 4-38　$B-H$ 曲线与 $(BH)_{\max}$ 关系

体种类而不同。

4.6.2　磁性陶瓷的分类

铁氧体陶瓷是以氧化铁和其他铁族、稀土族氧化物为主要成分的复合氧化物,按晶体结构可以把它的分成三大类:尖晶石型(MFe_2O_4)、石榴石型($R_3Fe_5O_{12}$)、磁铅石型($MFe_{12}O_{19}$),其中 M 为铁族元素,R 为稀土元素。按铁氧体的性质及用途又可分为软磁、硬磁、族磁、矩磁、压磁、磁泡、磁光及热敏等铁氧体。按其结晶状态又可分为单晶和多晶体铁氧体,按其外观形态又可分为粉末、薄膜和体材等见表 4.21。

表 4.21　常见铁氧体的分类及其性质

组　　成	类别	晶系	典型分子式	饱和磁化率/ T	居里点/ ℃	磁　　性
$MnFe_2O_4$	尖	立		0.52	300	铁氧体磁性
$FeFe_2O_4$	晶	方	$M^{2+}Fe^{3+}O_4$	0.60	585	铁氧体磁性
$NiFe_2O_4$	石	晶		0.34	590	铁氧体磁性
$CoFe_2O_4$	型	系		0.50	520	铁氧体磁性
$CuFe_2O_4$	尖	立		0.17	455	铁氧体磁性
$MgFe_2O_4$	晶	方	$M^{2+}Fe^{3+}O_4$	0.14	440	铁氧体磁性
$ZnFe_2O_4$	石	晶		——	——	反铁磁性
$Li_{0.5}F_{2.5}O_4$	型	系		0.39	670	铁氧体磁性
$BaF_{12}O_{19}$ （各向异性）	磁 铅	六 方	$Me^{2+}Fe^{3+}O_{19}$	0.40	450	铁氧体磁体
$BaF_{12}O_{19}$ （各向同性）	石 型	晶 系		0.22	450	铁氧体磁性
$SrFe_{12}O_{19}$				0.40	453	铁氧体磁性
$Y_3Fe_5O_{19}$	石榴石型	纺晶系	$Me_3^{3+}Fe_5^{3r}O_{12}$	0.17	287	铁氧体磁性
$Gd_3Fe_5O_{12}$				——	291	铁氧体磁性
$YFeO_3$	钙钛矿型		$Me^{3+}Fe^{3+}O_3$		375	寄生铁磁性

常用的多晶铁氧体生产最后都要通过烧结达到致密化,因此要求获得微细、均匀,具有一定烧结活性的铁氧体粉末。铁氧体粉料的制备方法有氧化物法、盐类热分解法、共沉淀法和喷雾干燥法等。成型可采用干压成型、磁场成型、压热铸成型、冲压成型、浇铸成型等静压和挤压成型等方法。烧结可分在空气中,气氛或热压中进行。性能良好的多晶取向铁氧体采用磁场取向成型和热压法制造,常用生产工艺流程如图 4-39 所示。

此外,还可以用溅射法、化学气相沉积法及液相外延法等技术生产铁氧体的单晶薄膜。而铁氧体的多晶薄膜多采用电弧等离子体喷涂法、射频溅射法、气相法、喷雾热分解法、涂覆或化学附着后烧成法及金属真空蒸发高温氧化方法来进行制备。

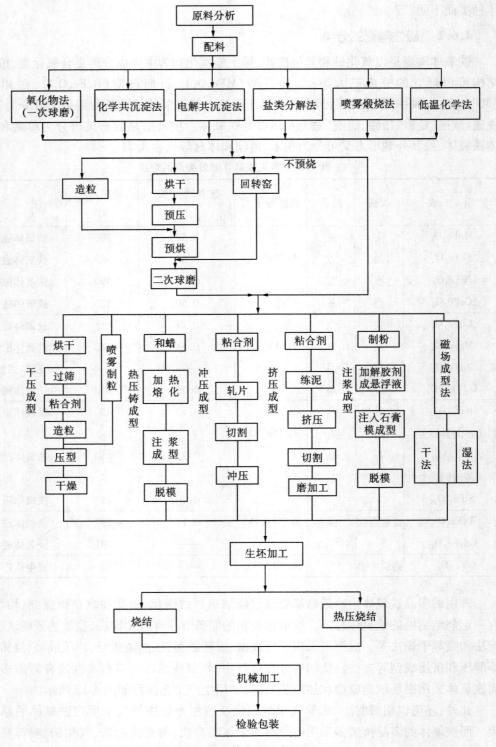

图 4-39　铁氧体生产工艺流程

4.6.3 磁性陶瓷材料及其应用

1. 软磁铁氧体

软磁铁氧体是目前各种铁氧体中品种最多应用最广泛的一种磁性材料,其通式为 $M^{2+}O \cdot Fe_2O_3$,特点是起始磁导率 μ_0 高,这样对于相同电感量要求的线圈的体积可以缩小。对它的要求是磁导率的温度系数 $\alpha\mu$ 要小,以适应温度的变化;矫顽力 H_c 要小,以便在弱磁场下容易磁化,也容易退磁而失去磁性。此外,它们的比损耗因素 $\tan\delta/\mu_0$ 要小、电阻率要大,这样材料的损耗就小,适用于高频下使用。比较常用的软磁铁氧体有尖晶石型的 MnZn 铁氧体,LiZn 铁氧体及磁铅石型的甚高频铁氧体,如 $Ba_3Co_2Fe_{24}O_{41}$ 等,主要性能参数见表 4.22。

表 4.22 软磁铁氧体的磁学性能参数

铁 氧 体	起始磁导率 μ ($H \cdot m^{-1}$)	$\tan\dfrac{\delta}{\mu}/$ $\times 10^{-6}$	磁导率温度系数/ $\times 10^{-6}$	适用频率/ MHz	居里温度/ ℃	电阻率 $\rho/$ $\Omega \cdot m$
Mn-Zn 铁氧体	400～6 000	<10～15(100 kHz)	1 000～4 000	0.3～1.5	120～180	5～10
Ni-Zn 铁氧体	10～2 000	<100(1MHz) 300～500(40MHz)	100～2 000	1～300	100～400	$10^3 \sim 10^5$
Mg-Zn 铁氧体	50～500	——		1～25	100～300	$2\times10^2 \sim 8\times10^3$
Li-Zn 铁氧体	20～120	3 500～5 000(50MHz)	——	10～100	100～500	
甚高频铁氧体	10～50	——		100～1 000	300～600	$10^2 \sim 10^8$

软磁铁氧体主要用于各种电感线圈的磁芯、天线磁芯、变压器磁芯、滤波器磁芯、录音机和录像机磁头、电视机偏转磁轭、磁放大器等,因此又称软磁铁氧体为磁芯材料。由于软磁铁氧体易于磁化和退磁,作为对交变磁场响应良好的电子部件,广泛应用。由于大屏幕电视及精确显示电视的普及,加上办公自动化设备中开关电源的应用,使磁性材料市场日益扩大。

通常在音频、中频及高频范围用尖晶石型铁氧体,如 Mn-Zn 铁氧体、Ni-Zn铁氧体和 Li-Zn 铁氧体等;在超高频范围(大于 10^8 Hz)用磁铅石型铁氧体,如 Co-Zn 铁氧体。在既考虑初始磁导率 μ_0,又同时考虑频率情况下,一些主要软磁铁氧体的性质和用途如图 4-40 所示。

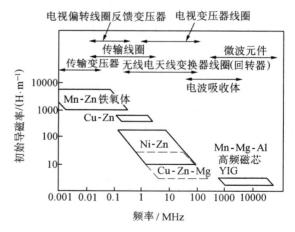

图 4-40 主要软磁铁氧体的性质和用途

2. 硬磁铁氧体

硬磁铁氧体又称永磁铁氧体,其矫顽力 H_c 大,是一种磁化后不易退磁,能长期保留磁性的铁氧体,一般可作为恒稳磁场源。

硬磁铁氧体的主要性能要求与软磁铁氧体相反。首先要求 H_c 大,剩磁 B_r 大,较高的最大磁能积 $(BH)_{max}$,这样才能保证保存更多的磁能,磁化后既不易退磁,又能长久保持磁性。此外,还要求对温度和时间的稳定性好,又能抗干扰等。作为永磁材料,上面三个参数越大越好,一般情况是 B_r:$0.3 \sim 0.5$ T(1 T $\approx 10^4$(G)),H_c:$0.1 \sim 0.4$ T,$(BH)_{max}$:$8\,000 \sim 4\,000$ J/m³。

硬磁铁氧体的化学式为 $MO-6Fe_2O_3$($M = Ba^{2+}$、Sr^{2+}),具有六方晶系磁性亚铅酸盐型结构。例如钡铁氧体可表示为 $BaO \cdot 6Fe_2O_3$,但实际材料中,当 $BaO:Fe_2O_3 = 1:(5.5 \sim 5.9)$ 时能得到最好的磁性能,其主要性能及用途见表 4.23。

表 4.23 硬磁铁氧体产品的典型性能及用途

类 别	序号	特 点	磁 性 能			主要用途举例
			剩磁 B_r/ T	矫顽力 H_c/ ($kA \cdot m^{-1}$)	最大磁能积/ $(BH)_{max}$/($kJ \cdot m^{-3}$)	
钡铁氧体	1	各向同性	$0.21 \sim 0.22$	$127 \sim 131$	$7.2 \sim 7.6$	儿童玩具、微型电机
	2	各向异性,高 H_c	$0.36 \sim 0.37$	$223 \sim 239$	$23.9 \sim 25.5$	电子灶、磁控管电机(大转矩)起重磁铁、磁软水器
	3	各向异性,高 B_r	$0.40 \sim 0.43$	$135 \sim 175$	$27.9 \sim 31.8$	扬声器、磁性吸盘、拾音器、汽车电机、微电机
锶铁氧体	4	各向异性,高 H_c	$0.35 \sim 0.40$	$239 \sim 263$	$23.9 \sim 27.9$	汽车电机、磁悬浮装置磁控管
	5	各向异性,高 B_r	$0.41 \sim 0.45$	$151 \sim 159$	$30.2 \sim 35.8$	磁选机、耳机、拾音器、大型扬声器
	6	干压磁场成型	$0.33 \sim 0.37$	$215 \sim 255$	$19.9 \sim 25.5$	小型扬声器、汽车电机
橡胶硬磁铁氧体	7	压 制	0.14	80	3.2	门锁磁铁、磁性卡片、
		挤 压	0.21	135	6.4	儿童玩具、磁性密封

永磁铁氧体的性能除与配方有关外,还与制备工艺密切相关。因此在生产硬磁铁氧体的工艺过程中,延长球磨时间,并适当提高烧成温度($1\,100 \sim 1\,200$ ℃)(过高烧成温度反使晶粒由于重结晶而长大),这样就可有效地提高矫顽力。另外,采用磁致晶粒取向法,也可得到性能优良的硬磁材料。磁性亚铅酸盐型六方晶系,其 C 轴是易磁化轴,若在其粉末上附加磁场,则各微粒就沿其 C 轴的磁场方向整齐排列。把经高温合成和球磨过的粉末,在磁场下模压成型,烧结后可得到各晶粒沿 C 轴的磁场方向排列整齐的烧结物。除去磁场后,各晶粒的磁矩仍保留在这个方向上。这种各向异性硬磁铁氧体的磁能积要比各向同性的大 4 倍。

硬磁铁氧体主要用于磁路系统中作永磁材料,以产生稳恒磁场,如用作扬声器、助听器、录音磁头等各种电声器件及各种电子仪表控制器件,以及微型电机的磁芯等。

3. 旋磁铁氧体

旋磁铁氧体又称微波铁氧体,是一种在高频磁场作用下,平面偏振的电磁波在铁氧体中按一定方向传播过程中,偏振面会不断绕传播方向旋转的一种铁氧体材料。偏振面因反射而引起的旋转称为克尔效应;因透射而引起的旋转称为法拉第效应。旋转铁氧体主要是用于制作微波器件。

由于金属磁性材料的电阻小,在高频下的涡流损失大,加之趋肤效应,磁场不能达到内部,而铁氧体的电阻高,可在几万兆赫的高频下应用,因此,在微波范围几乎都采用铁氧体。旋磁铁氧体主要用作微波器件,故又称为微波铁氧体。铁氧体在微波波段中具有许多特殊性质和效应,主要利用铁氧体如下三方面特性制作微波器件:

①铁磁共振吸收现象:用于工作在铁磁共振点的器件,例如共振式隔离器。

②旋磁特性:用于各种工作在弱磁场的器件,例如法拉第旋转器、环行器、相移器。

③高功率非线性效应:用作非线性器件,例如倍频器、振荡器、参量放大器、混频器等。

法拉第旋转效应有反倒易性,当传播方向与磁场方向一致时偏振面右旋,相反时则左旋。利用这种旋转方向正好相反的特性,不仅可制回相器、环行器等非倒易性器件及调制器、调谐器等微波倒易性器件,还可用作大型电子计算机的外存储器——磁光存储器。因为通过控制这两种不同取向对偏振状态的不同作用,即可作为二进制的"1"和"0",从而达到信息的"读"、"写"功能。利用铁氧体这种磁光材料制作的存储器具有很高的存储密度(10^7 位$/cm^2$),比一般的磁鼓、磁盘存储器要高 $10^2 \sim 10^3$ 倍。

在上述微波器件中所使用的铁氧体材料中,目前大多是石榴石型旋磁铁氧体,其中又以钇铁石榴石铁氧体(简称 YIG)最重要。石榴石型旋磁铁氧体的分子式可表示为 $3M_2^{3+}0.5Fe_2O_3$,M^{3+} 代表 Y,Sm,Eu,Gd 等稀土元素。其中最重要的是钇石榴石铁氧体,简称 YIG,在微波 3 cm 波段作为低功率器件材料,性能优异。

在更高频段,例如 $6×10^4$ MHz 时,采用磁铅石型旋磁铁氧体,它是在钡、锶及铅铁氧体的基础上发展起来的。当用铝代替部分铁时,铁氧体的内场提高,适用于更高的频段。

因此,在 $10^8 \sim 10^{11}$ Hz 的微波领域里,旋磁铁氧体广泛用于制造雷达、通信、电视、测量、人造卫星、导弹系统等所需微波器件。

4. 矩磁铁氧体

矩磁铁氧体是指具有矩形磁滞回线、矫顽力较小的铁氧体。矩磁铁氧体主要用于电子计算机及自动控制与远程控制设备中,作为记忆元件(存储器)、逻辑元件、开关元件、磁放大器的磁光存储器和磁声存储器。矩磁材料在磁存储器中主要用于制作环形磁芯,至今仍是内存储器中的主要材料,而且随着计算机向大容量和高速化发展,矩磁铁氧体磁芯也向小型化发展,现已能制造出 $15.24×10^{-7}$ cm 的磁芯。

矩磁铁氧体磁芯的存储原理如图 4-41 所示,其工作原理是这样的:利用矩形磁滞回线上与磁芯感应强度 B_m 大小相近的两种剩磁状态 $+B_r$ 和 $-B_r$,分别代表二进制计算机的"1"和"0"。当输进 $+I_m$ 电流脉冲信号时,相当于磁芯受到 $+H_m$ 的激励而被磁化至 $+B_m$,脉冲过后,磁芯仍保留 $+B_r$ 状态,表示存入信号"1"。反之,当通过 $-I_m$ 电流脉冲后,则保

留 $-B_r$ 状态,表示存入信号"0"。在读出信息时可通入 $-I_m$ 脉冲,如果原存为信号"0",则磁感应的变化由 $-B_r \rightarrow -B_m$,变化很小,感应电压也很小(称为杂音电压 V_n),近乎没有信号电压输出,这表示读出"0"。而当原存为信号"1"时,则磁感应由 $+B_r \rightarrow -B_m$,变化很大,感应电压也很大,有明显的信号电压输出(称为信号电压 V_s),表示读出"1"。这样,根据感应电压的大小,就可判断磁芯原来处于 $+B_r$ 或 $-B_r$ 的剩磁状态。利用这种性质就可以使磁芯作为记忆元件,可判别磁芯所存储的信息。

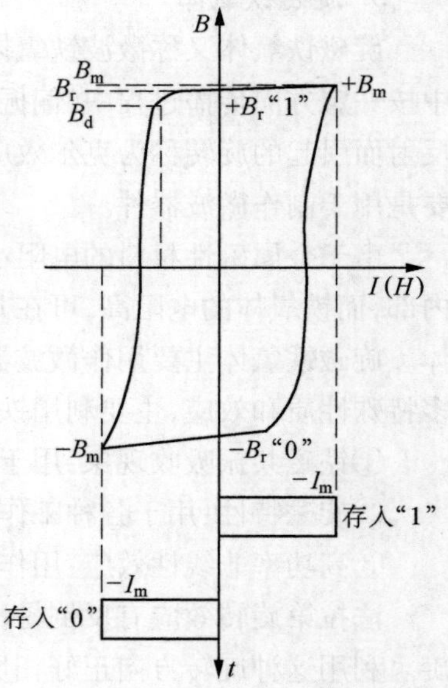

利用上述性质,还可以使磁芯作为开关元件,若令 V_s 代表"开",V_n 代表"关",便可得到无触点的开关元件,对磁芯输入信号,从其感应电流上升到最大值的 10% 时算起,到感应电流重又下降到最大值的 10% 的时间间隔定义为开关时间 t_s,可表示为

$$S_\omega = (H_a - H_0)t_s$$

图 4-41　磁芯的存储原理

式中,S_ω 为开关常数,而常用的矩磁铁氧体材料 S_ω 在 $(2.4 \sim 12) \times 10^{-5}$ C/m 之间;H_a 为外磁场强度,A/m;$H_s \approx H_c$ (矫顽力)。

铁氧体磁芯的开关时间 t_s 很小,约为 10^{-14} s 级。

利用上述性质还可以做成逻辑元件。把磁芯绕上不同的线圈并按一定的方式连接起来,就可得到能完成各种逻辑功能的逻辑元件。

从应用观点看,对于矩磁铁氧体材料的要求是:

① 高的剩磁比 B_r/B_m,特别情况下还要求高的 $B_{-\frac{1}{2}m}/B_m$;

② 矫顽力 H_c 小;

③ 开关系数 S_ω 小;

④ 信噪比 V_s/V_n 高;

⑤ 损耗 $\tan\delta$ 低;

⑥ 对温度、振动和时间稳定性好。

常温下的矩磁铁氧体材料有 Mn-Mg 系,Mn-Zn 系 Cu-Mn 系,Cd-Mn 系等,在-65 ~ +125 ℃温度范围内的宽温矩磁材料有 Li-Mn,Li-Ni,Li-Cu,Li-Zn 和 Ni-Mn,Ni-Zn,Ni-Cd 等,它们大多为尖晶石结构,使用较多的是 Mn-Mg 系和 Li 系,主要性能见表 4.24。

表 4.24　几种铁氧体矩磁材料的磁性

铁氧体系统	B_r/B_m	$B_{-\frac{1}{2}m}/B_m$	$H_c/(\text{A} \cdot \text{m}^{-1})$	$S_\omega/10^{-5}(\text{C} \cdot \text{m}^{-1})$
Mg-Mn	0.90 ~ 0.96	0.83 ~ 0.95	52 ~ 200	6.4
Mg-Mn-Zn	>0.90	——	32 ~ 200	1.6 ~ 2.4
Mg-Mn-Zn-Cu	0.95	0.83	59	——

续表 4.24

铁氧体系统	B_r/B_m	$B_{-\frac{1}{2}m}/B_m$	$H_c/(\text{A}\cdot\text{m}^{-1})$	$S_\omega/10^{-5}(\text{C}\cdot\text{m}^{-1})$
Mg–Mn–Ca–Cr	——	——	223	4.0
Cu–Mn	0.93	0.76	53	6.4
Mg–Ni	0.94	0.84	——	17.5
Mg–Ni–Mn	0.95	0.83	——	——
Li–Ni	——	0.78	——	8.0
Co–Mg–Ni	——	0.85 ~ 0.95	——	20.7

5. 磁泡材料

磁泡材料是一种新型磁存储材料,应用广泛。磁泡因用于计算机存储,因而引起人们的广泛注意与重视。所谓磁泡,就是铁氧体中的圆形磁畴。磁性晶体一般由许多小磁畴组成,在每个磁畴内部,原子中的电子自旋由于交换作用排列成平行状态,因而磁畴表现为自发磁化。磁畴之间由一定厚度的畴壁彼此相隔。由于各原子磁矩是逐渐由一个方向转到另一方向的,因此在畴壁上蓄有交换能以及由晶体的磁各向异性加在一起的畴壁能。垂直于晶体的易磁化轴切出薄片,当它的单轴磁各向异性强度大于表面磁化引起的退磁场强度的自发磁化时,在退磁状态下出现弯曲的条状磁畴。这时磁畴的磁化方向只能取向上或向下任一种方向。垂直于薄片施加向下的磁场,逐渐增加磁场强度,有利于磁化向下的磁畴扩张,于是磁化向上的磁畴逐渐缩小,并且在磁场增加到一定程度时,磁化向上的磁畴便缩成圆柱状。这时,力图使磁畴半身扩大的静磁能与迫使磁畴缩小的磁场能及磁畴能的和,正好处于平衡状态,所以形成为圆柱状的磁畴。如再继续加强向下方向的磁场强度,圆柱状的磁畴就会进一步缩小以至消失。正是这种圆柱状磁畴的形状以及在外加磁场控制下具有自由移动的特征,所以被称为磁泡(从垂直于膜面的方向看上去就像是气泡,如图 4-42 所示。由于磁泡受控于外加磁场,在特定的位置上出现或消失,而这两种状态正好和计算机中二进制的"1"和"0"相对应,因此可用于计算机的存储器。

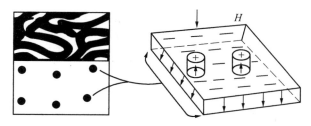

图 4-42　在厚度约 0.5 mm 的正铁氧体(TbFeO$_3$)单晶薄片上,垂直于薄片面加 3 978.9(A·m^{-1})磁场后所观察到的磁泡示意图,泡径约 0.03 mm

磁泡材料必须具备如下性能:

①饱和磁化强度 M_s 适当地小;

②具体各向异性 K_u 大,$2K_u/M_s = H_k \geqslant 4\pi M_s$;

③矫顽力 H_c 小;

④泡径小,泡径以特征长度 l 的 8～10 倍为宜;

⑤畴壁的迁移速度快,即迁移率 μ 大;

⑥容易制备大面积膜;

⑦缺陷少,温度稳定性良好。

对磁泡材料,要求缺陷尽量少,透明度尽量高,磁泡的迁移速度要快,材料的化学稳定性和机械性能要好。从目前已取得的研究成果看,正铁氧体 $RFeO_3$(R 是稀土元素)和石榴石型铁氧体是最合适的磁泡材料,而石榴石更优,其磁泡直径小,迁移率高,是已实用化的磁泡材料。它是以无磁性的钆镓石榴石($Gd_3Ga_5O_{12}$ GGG)作衬底,以外延法生长能产生磁泡的含稀土石榴石薄膜,如 $Fu_2Er_1Fe_{4.3}Ge_{0.7}O_{12}$,$Eu_1Er_2Fe_{4.3}Ga_{0.7}O_{12}$ 等单晶膜。

由于磁泡的大小只有数微米,所以单位面积存储(记忆)的信息量非常大,鉴于此,作为记忆信息元件,人们自然寄希望于磁泡材料。磁泡存储器具有容量大、体积小、功耗小、可靠性高等优点。例如,一个存储容量为 1.5×10^6 位的存储器体积只有 16.4 cm^3,消耗功率只有 5～10 W,而目前相同容量的存储器却要消耗功率 1 000 W。

6. 压磁铁氧体

压磁性是指应力引起磁性的改变或磁场引起的应变。狭义的压磁性是指已磁化的强磁体中一切可逆的与叠加的磁场近似成线性关系的磁弹性现象,即线性磁致伸缩效应。具有磁致伸缩效应的铁氧体称为压磁铁氧体。

压磁铁氧体的几个主要参数

① 线性磁致伸缩系数 λ_s 为 $\qquad \lambda_s = dl/l$

② 压磁耦合系数 K(一般常用剩磁状态下的 K_r 表示)为

$$K_r^2 = \frac{能转换成机械能的磁能}{材料中的总磁能}$$

③ 灵敏度常数 d 为

$$d = \left(\frac{\partial \lambda}{\partial H}\right)_T = \left(\frac{\partial B}{\partial T}\right)_H$$

对超声接收器,$\left(\dfrac{\partial B}{\partial T}\right)_H$ 便是接收灵敏度的量度。

压磁铁氧体主要用于超声工程方面作为超声发声器、接收器、探伤器、焊接机等;在水声器件方面作为声纳、回声探测仪等;在电信器件中作滤波器、稳频器、振荡器等;在计算机中作各类存储器。

此外,压磁铁氧体还可用作敏感元件。利用感温铁氧体的热磁效应制成的热敏元件,已广泛用于自动电饭锅、汽车用热敏器件。

压磁铁氧体材料目前应用的都是含 Ni 的铁氧体系统,最主要的是 Ni–Zn 铁氧体;其他还有 Ni–Cu,Ni–Cu–Zn 和 Ni–Mg 铁氧体系统。

在制造压磁铁氧体时,必须力求提高密度,在工艺上可采用提高烧成温度,加大成型压力及高温预烧后再加工等方法。

7. 磁记录材料

随着现代科学技术的发展,磁记录已广泛应用于社会生活的各个方面。主要的磁记录介质有磁带、硬磁盘、软磁盘、磁卡片及磁鼓等。从构成上看有磁粉涂布型磁材料和连续薄膜型磁材料两大类。对磁粉和磁性薄膜等磁记录材料一般有如下的要求:

①剩余磁感应强度 B_r 高;

②矫顽力 H_c 适当地高;

③磁滞回线接近矩形,H_c 附近的磁导率 dB/dH 尽量高;

④磁致伸缩小,不产生明显的加压退磁效应;

⑤基本磁特性(B_r、H_c 等)的温度系数小,不产生明显的加热退磁效应;

⑥磁层均匀,厚度适宜,记录密度越高,磁层越薄。

常用磁粉和常用连续薄膜型磁记录材料的性能见表 4.25 和表 4.26。

表 4.25　常用磁粉的主要磁性能

特　性	磁　粉	$\gamma-Fe_2O_3$	Co-FeO$_x$ (1.33<x<1.5)	CrO$_2$	米粒状 Co-FeO$_x$	Ba 铁氧体微粉
粒子尺寸	长轴/μm	0.2~0.5	0.2~0.5	0.2~0.5	0.1~0.3	0.05~0.5
	短轴/μm	0.03~0.07	0.03~0.07	0.03~0.07	0.03~0.06	0.01~0.05
矫顽力 H_c（kA·m^{-1}）		23.9~31.8	31.8~79.6	35.8~63.7	47.7~95.5	47.7~159
比饱和磁化强度 σ_s（emu·g^{-1}）		70~75	70~75	70~78	70~75	45~55
矩形比 B_r/B_m		0.80~0.86	0.80~0.86	0.86~0.90	0.65~0.85	0.50~0.70
比表面积/（m^2·g^{-1}）		15~30	15~40	20~40	10~30	20~40
晶体结构		立方	立方	正方	正方	六角

表 4.26　几种磁记录材料的性能

介质类型	制备方法		材　料	矫顽力 H_c/（kA·m^{-1}）	饱和磁化强度 M_s/（kA·m^{-1}）
薄膜介质	干法	蒸镀	Co—Ni	7.96~87.5	600
		溅射	$\gamma-Fe_2O_3$（掺 Co）	39.8~119.4	200
	湿法	电镀	Co—P	47.7~119.4	800
		化学镀	Co—Ni—P		
涂布介质（Be 铁氧体）	玻璃晶化法		BaFe$_{12-2x}$-CoxTi$_x$O$_{19}$	79.6~318.3	380

磁粉涂布层磁记录材料主要有下面三种:

①γ-Fe_2O_3 磁粉。在录音磁带、计算机磁带、软磁盘和硬磁盘的制备中，主要是用 γ-Fe_2O_3 磁粉。制备针状 γ-Fe_2O_3 的过程为：a. 制备细小针状 α-FeOOH 晶体；b. 在上述晶种上生长所需尺寸的针状 α-FeOOH；c. α-FeOOH 脱水，生成 α-Fe_2O_3；d. 将 α-Fe_2O_3 还原为 Fe_3O_4 磁粉。将 Fe_3O_4 氧化为 γ-Fe_2O_3。

②包钴的 γ-Fe_2O_3 磁粉。γ-Fe_2O_3 磁粉掺入 Co 后，矫顽力明显增大，但由于加热退磁及应力退磁效应显著，尚未得到实用，而采用在 γ-Fe_2O_3 粒子上包敷一层氧化钴的方法，可制备矫顽力高达 143.2 kA/m 的磁粉（Co 的包敷量为 9.6%）。

不论是 γ-Fe_2O_3 磁粉，还是包钴的 γ-Fe_2O_3 磁粉，均需用针状 α-FeOOH 粒子为起始原料。α-FeOOH 的形貌对磁性有直接影响。若 α-FeOOH 粒子具有枝叉，在转变为 α-Fe_2O_3 的过程中被粉碎或在脱水过程中出现孔洞，致使磁特性被破坏。

③CrO_2 磁粉。CrO_2 磁粉是 1967 年美国杜邦公司首先研制成功的。由于粒子的形貌很好，CrO_2 磁带的录放特性非常好，缺点是磁头磨损大，化学稳定性较差。

CrO_2 磁粉的矫顽力来源于形状各向异性，所以矫顽力与粒子的形状、大小及分布关系极为密切。为了改变粒子间的磁相互作用，以利提高 H_c，需添加 Sb_2O_3 和 Fe_2O_3。

此外，垂直磁记录用的片状钡铁氧体微粉也是一种性能很好的涂布型磁记录材料。

连续薄膜型磁记录材料的制备可采用干法或湿法。溅射法，真空蒸镀法和离子喷镀法属前者，为物理方法。含有少量 Co 的 γ-Fe_2O_3 粉末是最近研制出的高磁能积磁粉。它通常采用溅射法制备。溅射 γ-Fe_2O_3 薄膜有以下优点：

①用添加 Co 的方法容易控制薄膜矫顽力。

②同基板黏着力强。

③不怕氧化，稳定性好。

④薄膜厚度和磁性的均匀性好。

⑤采用阳极化的高纯度铝合金基板，平直度和粗糙度均很高，容易减小磁头的浮动高度，提高磁记录密度。

溅射法制备 Co-γ-Fe_2O_3 薄膜，可采用不同的靶材，如 Fe，α-Fe_2O_3 及 Fe_3O_4、通常用纯 Fe 为靶材，方法如下：

$$方法 \text{ I} \qquad \alpha\text{-Fe} \xrightarrow[\text{(Ar}+O_2)]{\text{溅射}} \alpha\text{—}Fe_2O_3 \xrightarrow{\text{还原}} Fe_3O_4 \xrightarrow{\text{氧化}} \gamma\text{-}Fe_2O_3$$

$$方法 \text{ II} \qquad \alpha\text{-Fe} \xrightarrow[\text{(Ar}+O_2)]{\text{溅射}} Fe_3O_4 \xrightarrow{\text{氧化}} Fe_2O_3$$

在各种添加 Co 的 γ-Fe_2O_3 中，作为基质的氧化铁，γ-Fe_2O_3 和 Fe_3O_4 的中间体，为 FeO_x（$3/4 \leqslant x \leqslant 1.5$）时，即使 Co 的添加量相同，$H_c$ 增大，加压退磁也减少，温度变化也小，而饱和磁化强度 I_s 增大。而且用磁场冷却处理来改善矩形比，能得到剩磁 B_r 高达 0.15 T 的磁带材料，广泛用于制备录制性能良好的磁带产品。

思考题

1. 说明功能陶瓷粉体应具备的技术要素。
2. 简述坯体成形方法。
3. 简述烧结工艺图。

4. 简述敏感陶瓷概念。

5. 简述压电效应、机械品质因数、机电耦合系数、压电常数。

6. 简述压电陶瓷的工艺流程。

第5章 结构陶瓷的制备

5.1 结构陶瓷概论

结构陶瓷和功能陶瓷一样,属于高技术新型陶瓷的两大不同种类之一。结构陶瓷是指具有力学和机械性能及部分热学和化学功能的高技术陶瓷,特别适合于在高温下应用的则称为高温结构陶瓷。高温结构陶瓷材料具有金属等其他材料所不具备的优点,如有耐高温、高硬度、耐磨损、耐腐蚀、低膨胀系数、高导热性和质轻的特点。高温结构陶瓷材料最早主要是指氧化物系统,现在已发展到非氧化物系统及氧化物和非氧化物的复合系统。高性能结构陶瓷的材料体系主要是由 Si-O-N-C-B-Me 元素构成的氧化物和非氧化物体系,这里的 Me 代表碱金属、碱土金属或稀土元素,目前研究最多的是 Si_3N_4,SiC 和 ZrO_2 三大材料体系。高温结构陶瓷可在能源和空间技术等对材料要求比较苛刻的情况下使用,如用它制成的磁流体发电通道既耐高温又能很好地承受高压气流的冲刷和腐蚀,广泛用于石油化工的反应装置中,也可以制成航天器的喷嘴,燃烧室的内衬,喷气发动机的叶片等装置。它的缺点是有一定的脆性。随着科学技术的发展,新材料不断出现,新功能不断开发,结构陶瓷和功能陶瓷的界限也逐渐模糊,有的材料已同时具有优越的物理力学性能和优良的功能效应,因而登上新材料革命的主角地位,结构陶瓷在耐高温、耐腐蚀、高强度、低密度、抗氧化等一系列优良性能的基础上,近年来借助于各种机制提高陶瓷韧性也取得了很大进展,从而使结构陶瓷和复合材料逐渐成为新能源材料和战略替代材料而倍受重视。结构陶瓷的功能和应用分类见表5.1。

表 5.1 结构陶瓷的功能和应用分类

功能区分	氧 化 物			非 氧 化 物		
	功 能	材 料	应 用	功 能	材 料	应 用
机械功能	耐 磨 性	Al_2O_3,ZrO_2 等	抛光材料 磨料、磨具	耐磨性	B_4C_r 粘石	耐磨材料 磨石
	机械切削性	Al_2O_3,ZrO_2 等	切削工具	机械切削性	C-BN,TiC WC,TiN	切削工具
				强度功能	Si_3N_4,SiC Sialon 等	引擎,机械部件
				润滑功能	C,MoS_2,h-BN	润滑剂,松模剂

续表5.1

功能区分	氧　化　物			非　氧　化　物		
	功　能	材　料	应　用	功　能	材　料	应　用
热功能	耐　热　性	Al_2O_3	结构用耐高温材料	耐热性	SiC,Si_3N_4 $h-BN,C$	各种耐高温材料
	绝热性	$K_2O \cdot nTiO_2$ $CaO \cdot nSiO_2$ ZrO_2	绝热材料	绝热性	C,SiC	各种绝热材料
	导热性	BeO	基板	导热性	C,SiC	各种绝热材料
核能发电功能	核反应器材料	UO_2 BeO	核燃料 减速剂	核反应器材料	UC,C BiC	核燃料,减速剂 控制杆材料

应用较早的高温结构陶瓷主要是氧化物陶瓷,主要有 Al_2O_3 陶瓷、MgO 陶瓷、BeO 陶瓷和 ZrO_2 陶瓷,一般均采取传统工艺制造,经原料煅烧→磨细→配方→加黏结剂→成型→素烧→修坯→烧结→表面处理等工序制备而成。

非氧化物陶瓷是由金属碳化物、氮化物、硫化物、硅化物和硼化物等制造的陶瓷总称,在非氧化物陶瓷中,碳化物、氮化物作为结构材料比以往的氧化物陶瓷和金属材料更引人注目,因为这些材料的原子键类型大多为共价键,所以在高温下抗变形能力强。非氧化物不同于氧化物,在自然界存在很少,需要人工首先合成原料,然后再按陶瓷工艺制成成品。在原料的合成过程中,必须避免与氧气接触,否则将首先得到氧化物,而不是预期生成的氮化物或碳化物,因为相比较氧化物更稳定、更易生成。因此,这些非氧化物的合成及其烧结时必须在保护性气体条件下进行,一般采用 N_2 或稀有气体气氛,以免生成氧化物,影响材料的高温性能。非氧化物陶瓷的特性及用途见表5.2。

表5.2　非氧化物陶瓷的特性及用途

名　称	化学式	特　性	用　途
碳化硅	SiC	高硬度、良好导热性、高强度、高韧性、导电性	耐磨材料、热交换器、耐火材料、发热体、高温机械部件
碳化钛	TiC	高硬度	切削刀具
碳化硼	B_4C	高硬度	耐磨材料
氮化硅	Si_3N_4	高强度、高韧性	发动机部件、切削切具
氮化铝	AlN	高强度、高韧性	高温机械部件
赛　隆	Sialon 系	高强度、高韧性	高温机械部件
氮化硼	BN(六方晶)	和金属不重合	坩埚,耐火材料
	BN(立方晶)	高硬度	耐磨材料
二硅化钼	$MoSi_2$	耐氧化性导体	高温发热体
硫化镉	CdS	光传导性	光敏、太阳能电池

1. 碳化硅陶瓷制备

碳化硅由于其共价键结合特点,很难采取通常离子键结合材料所用的单纯化合物常压烧结途径来制取高致密化的材料。因此,必须采用一些特殊工艺手段或者依靠第二相物质促进其烧结,常用烧结方法及其特点见表5.3。

表 5.3　SiC 的烧结方法及其特点

烧结方法	特　　点	烧结时形状变化
反应烧结	多孔质,强度低	
再结晶烧结	多孔质,强度低	
常压烧结	质地致密,少量添加物,强度低(高温时强度并不下降)	
高温等静压	质地致密	
热压	与常压烧结相同,各向异性,不能制备形状复杂的制品。	
化学气相沉积	高纯度薄层,各向异性,不能制备厚壁制品。	
Si－SiC	质地致密,　Si,SiC 两相,高温时强度下降。	

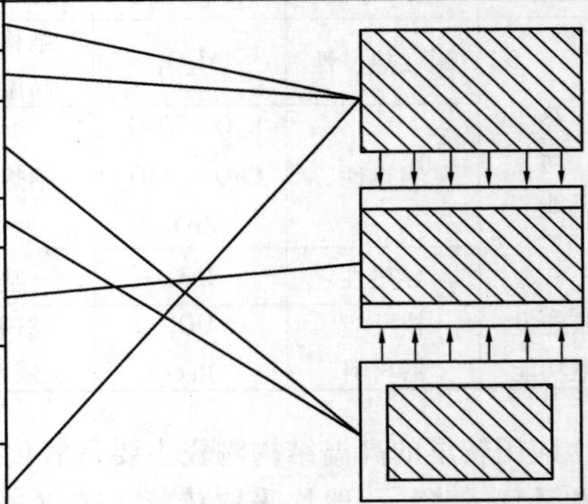

注:□ 压粉体;▨ 烧结体。

2. 氮化硅陶瓷的制备

Si_3N_4 是很难烧结的物质,很难实现氧化物陶瓷那样的致密烧结,其烧结方法大致可分为利用氮化反应的反应烧结和采用外加剂的致密烧结法两大类,后一种方法要求具备优质的粉末原料,因而对 Si_3N_4 粉料的性能有较高要求。表 5.4 为 Si_3N_4 的烧结方法及特点。

表 5.4　Si_3N_4 的烧结方法及特点

烧结方法	特　　点	烧结时形状变化
反应烧结	多孔质,强度低	
二次反应烧结	质地致密	
常压烧结	质地致密 低温时强度高 高温时强度下降	
气氛加压烧结	质地致密 低温时强度高 高温时强度下降 减少添加剂含量	
高温等静压(HIP)	质地致密 质地均匀	
超高压烧结	无添加剂 质地致密的烧结小片	
热压烧结	质地致密,各向异性,不能制成形状复杂的制品	
化学气相沉积(CVD)	高纯度薄层,各向异性,不能制备厚壁制品	

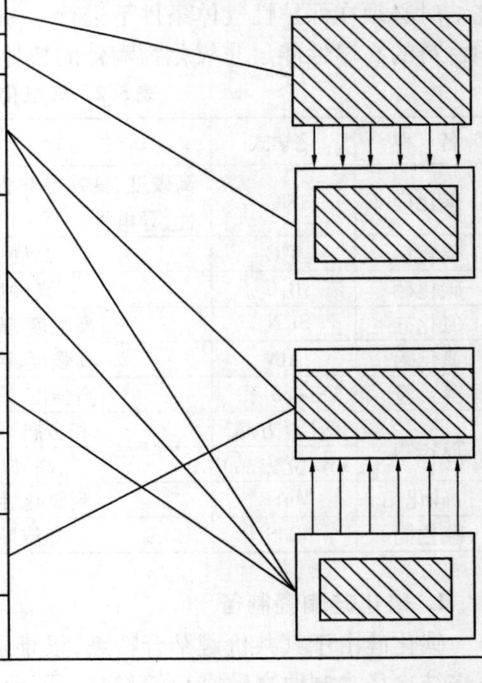

注:□ 压粉体;▨ 烧结体。

氮化硅作为高温工程材料而引人注目,20 世纪 60 年代法国、英国最先开发这种陶瓷。到 70 年代,中国、美国、日本等国致力于这方面的研究。氮化硅陶瓷具有一系列的特性,即轻(相对密度 3.19);硬(维氏硬度约 19 GPa);高强度(弹性模量约 300 GPa);热膨胀系数小(约 $3×10^{-6}$/ ℃)。

Si_3N_4 的高温蠕变小,特别加入适量 SiC 之后,抗高温蠕变性显著提高;抗氧化性很好,可耐氧化到 1 400 ℃,实际使用温度达 1 200 ℃;抗腐蚀性好,能耐大多数酸的侵蚀,但不能耐浓 NaOH 和 HF 的侵蚀;摩擦系数较小,只有 0.1,与加油的金属表面相似。Si_3N_4 陶瓷的性能见表 5.5。

表 5.5　Si_3N_4 陶瓷的性能

材　料　种　类	Si_3N_4		
	反应烧结	常压烧结	热压烧结
密度/(g·cm⁻³)	2.70	3.0	3.12
热膨胀系数 /×10⁶℃⁻¹	3.2(RT~1 200 ℃)	3.4(RT~1 000 ℃)	2.6(RT~1 000 ℃)
导热系数/[W·(m·K)⁻¹]		14.65(RT)	29.31(RT)
弹性模量/GPa	250(RT)	280(RT)	320(RT)
抗弯强度/MPa	340(RT) 300(1 200 ℃)	850(RT) 800(1 000 ℃)	1 000(RT) 900(1 200 ℃)
维氏硬度/GPa			18(RT)
抗热震性 ΔT_c/ ℃	350	800~900	800~1 000

Si_3N_4 陶瓷作为一种高温结构陶瓷,在许多领域获得应用,特别是在发动机上的应用是非常有吸引力的。

3. ZrO_2 陶瓷的制备

过去用单纯的 ZrO_2 很难生产 ZrO_2 陶瓷(ziconia ceramics),由于晶形转变,发生体积变化,一般都会开裂。后来通过实践,发现加入某些适量的氧化物(例如 Y_2O_3,CaO,MgO,CeO 等),可使 ZrO_2 变成无异常膨胀、收缩的等轴晶型、四方晶型的稳定 ZrO_2(stabilized zirconia)。利用稳定和部分稳定的 ZrO_2(partially stabilized zircona)备料,能获得性能良好的 ZrO_2 陶瓷。Y_2O_3-PSZ(Y_2O_3 部分稳定 ZrO_2)是将原来稳定 ZrO_2 所需的 Y_2O_3 量从 8%以上减少到 3%~4%。据报道,Y_2O_3 质量分数为 3%的组成能明显提高 ZrO_2 陶瓷的强度。

制备稳定 ZrO_2 时,可采用电熔合成法(约 1 000 ℃)及高温合成法(1 600~1 650 ℃保温 4 h)。电熔合成的 ZrO_2 反应完全,部分或全部为等轴固溶体。高温合成的 ZrO_2 中还有一定量的单斜晶型 ZrO_2。

ZrO_2 陶瓷成型可采用注浆法或干压法。注浆成型时,可向 ZrO_2 细粉中加入少量的阿拉伯树胶(浓度为 10%的约 7%)和 20%左右的蒸馏水,具有良好的注浆性能浆料。用

热压法可制得透明 ZrO_2 陶瓷。粉料中粗颗粒多则体积收缩小,细颗粒多则产品致密度高,烧成温度为 1 650 ~ 1 800 ℃,保温 2 ~ 4 h。ZrO_2 陶瓷耐火温度高,比热和导热系数小,是理想的高温绝缘材料,化学稳定性也好,高温时能抗酸性和中性物质的腐蚀。ZrO_2 坩埚用于冶炼金属及合金,对钢水也稳定,是连续铸锭用的耐火材料。

结构陶瓷的制备除常规所采用的制粉、成型和烧结技术以外,新技术新材料的发展也日新月异,下面重点介绍几种新的陶瓷制备技术。

5.2　超微粉料的制备方法

近年在开发和应用新材料的热潮中,高性能结构陶瓷的生产和制备除材料本身所具备的性能外,新工艺、新技术的研究也很重要,已成为高性能陶瓷发展的关键环节。因此,在陶瓷粉料制备,成型方法,烧结工艺等方面新的技术不断涌现。制备超微粉粒的技术已有几十种之多,从粉料粒度变化可分为两大类:即将粗大粒子粉碎为超微粒,或由离子或原子通过成核和成长成超微粒。如以制备原料品种划分,有金属、无机、有机超微粉;从原料状态上分,可以从固体、液体、气体制备超微粉粒。

5.2.1　超微粉的结构特点

一般物质粉粒大小是按筛目大小来区分的,当粒径很小时,如小到几微米,此时,由于粒子间相互附着力增大,微粒很容易附着在筛目和器壁上。通常把微粒粒径为 100 μm 以上的称为粉粒;粒径为 10 ~ 0.1 μm 的称为微粒;而粒径为 10 ~ 1 nm 的称为超微粒。超微粉料的微粒粒径为 1 ~ 100 nm,介于原子、分子和胶态之间,具有下列特点:

(1)非常大的比表面积。微粒越小,每克微粒的表面积越大,即表面的原子数在构成微粒的原子总数中所占比率越大。

(2)特殊表面结构物质表面的原子处于非平衡态,超微粒具有特殊结构:吸附层、氧化层、非晶层、组织变质层、残留应力层等,表面原子不断重排,会有不同的配位数和不同的配位多面体。

(3)电荷分布的特殊性是对称性的,表面电子结构发生变化,形成了特有的接触电位和界面电气现象,表面活性增强,似小水滴那样互相融合。

(4)金属超微粒的非稳定结构。

(5)很高的比表面自由能。粒径越小,比表面越大,比表面自由能的增量(ΔA)越大。

(6)小体积效应。超微粉料(粒)的热学、电学、光学性质和大块物质相比都有很大的不同。

(7)熔点降低效应。超微粉料的熔点比正常的金属要小。

高性能陶瓷与普通陶瓷不同,通常要以化学计量配料,比例精确控制,对粉料的要求更高,要求粉料高纯超细,小于 1 μm,特别是纳米材料,更要求粉料的细度要达到纳米级的尺寸范围,用一般传统的方法,已很难实现。通过机械粉碎和分级的固相法及固相反应法已不能满足要求,因此,许多新的制备技术先后出现。这些制备技术在原理上的一个共同的特征是在可精确控制的条件下,由离子、原子通过成核和生成两个阶段制得粉料,可采用液相法和气相法,下面介绍几种较为先进的超微粉料的制备方法。

5.2.2　超微粉料的制备

1. 化学共沉淀法

这种方法是在含有多种可溶性阳离子的盐溶液中通过加入沉淀剂(OH^-, CO_3^{2-}, $C_2O_4^{2-}$, SO_4^{2-}等)形成不溶性氢氧化物、碳酸盐或草酸盐的沉淀,将溶剂或溶液中原有的阳离子滤出,沉淀物经热分解后即可制得高纯度超微粉料。此法可以广泛用来合成多种单一氧化物和钙钛矿型、尖晶石型的陶瓷微粉。例如,由 Zr, Y 的盐类溶液和 NH_4OH 反应生成氢氧化物共沉淀,再过滤水洗,经干燥和煅烧可制得粒径为15~40 mm 的 ZrO_2 粉,其工艺流程如图5-1 所示。采用此法制得的 Al_2O_3 粉纯度为 99.99% 以上,细度为 0.1~0.2 μm。这种高活性 Al_2O_3 粉,比通常

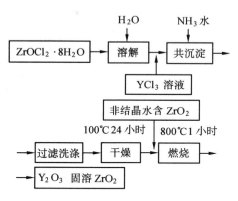

图5-1　共沉淀法制造 Y_2O_3 固溶 ZrO_2 粉料工艺流程

α-Al_2O_3的烧结温度低 200 ℃,可在1 600 ℃下烧结得到密度为 3.89 g/cm³ 的透明 Al_2O_3 陶瓷。此法应用的另一特点是能够以原子尺度进行混合得到具有化学计量组成的烧结性良好的 $BaTiO_3$, $PbTiO_3$, $MnFe_2O_4$ 等粉料。此法制备设施简单,较为经济,便于工业化生产,因此发展很快,成为许多氧化物陶瓷超细粉的一个主要来源。

2. 溶胶-凝胶法(Sol-Gel)

溶胶-凝胶法是20 世纪80 年代迅速发展起来的新型液相制备法,其制备过程是将所需组成的前驱体配制成混合溶液,再经凝胶化和热处理(即把金属氧化物或氢氧化物的溶胶转变为凝胶,再将凝胶干燥后进行煅烧)。此法广泛用于莫来石,蕴青石,Al_2O_3, ZrO_2 等氧化物粉末制备,由于胶体混合时可以使反应物质获得最直接的接触,使反应物达到最彻底的均匀化,所以制得的原料性能相当均匀,具有非常窄的颗粒分布,团聚性小,同时此法易在制备过程中控制粉末颗粒尺度。例如用此法制备出平均粒径为 0.4 μm 的 α-Al_2O_3粉末,粒度为 0.1~0.5 μm 的 $NaZr_2P_3O_{12}$ 及 0.08~0.15 μm 的钛酸铝晶相粉末。此法已成为继化学共沉淀法后最有吸引力的一种液相制备法。

3. 激光合成法

激光合成法是以激光为热源的气相合成法。最先倡导始于美国麻省理工学院(MIT),之后法国,日本及中国等也先后开展了激光制粉的研究。其制备原理是选用吸收带与激光的激发波长相吻合的反应气体(两者不一致时可引入光增感剂,如 SF_5, SiF_4等),通过对激光能量的共振吸收和碰撞传热,在瞬间达到自反应温度并完成反应,产物在高的过饱和度下迅速成核、生长,因产物不吸收激光能量,因而以极快的速率冷却成为超细粉。图5-2 为 SiC 超细粉末激光合成过程示意图。即反应气体 SiH_4 和 C_2H_4 分别经质量流量计(MFC)进入预混合室(MB),然后经喷嘴进入聚焦后激光光束内,吸收激光能

量而发生反应,生成的 SiC 超细粉随 Ar 气流进入收集器(CF)。

激光法对于合成氮化物、碳化物、硼化物超细粉尤为合适特别是 Si_3N_4,SiC 的纳米级粉末,而这些非氧化物超细粉用化学共沉淀法和溶胶-凝胶法等液相法不易制备。表5.6 为激光合成非金属超细粉末实例,与其他气相合成法相比,激光法合成粉末更宜保证高纯超细且不团聚,通常粉末细度为 10 ~ 20 nm。激光合成 Si_3N_4,SiC 等正向商业化发展。

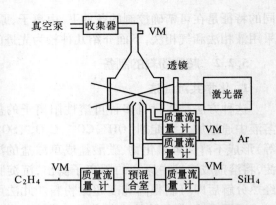

图 5-2　SiC 超细粉末激光合成过程示意图

表5.6　激光合成非金属超细粉末实例

产　物	反应体系	反应举例
Si	SiH_4 SiH_2Cl_2	$SiH_4 = Si + 2H_2$
SiC	SiH_4/C_2H_4	$SiH_4 + \frac{1}{2}C_2H_4 = SiC + 3H_2$
Si_3N_4	SiH_4/CH_4 SiH_4/C_2H_4 SiH_2Cl_2/C_2H_2 SiH_4/NH_3 SiH_2Cl_2/NH_3 $SiCl_4/NH_3$	$3SiH_4 + 4NH_3 = Si_3N_4 + 12H_2$
Si/C/N	$SiH_4/NH_3/C_2H_2$ SiH_4/CH_3NH_2	$SiH_4 + NH_3 + C_2H_2 \rightarrow Si/C/N$
B	BCl_3/H_2 B_2H_4	$BCl_3 + \frac{3}{2}H_2 = B + 2HCl$
B_4C	$BCl_3/H_2/CH_4$ $BCl_3/H_2/C_2H_4$	$4BCl_3 + CH_4 + 4H_2 = B_4C + 12HCl$
ZrB_2	$Zr(BH_4)_4$	$Zr(BH_4)_4 \longrightarrow ZrB_2$
TiB_2	$TiCl_4/B_2H_6$	$TiCl_4 + B_2H_6 = TiB_2 + 4HCl + H_2$
TiO_2	$Ti(OBu)_4$	$Ti(OBu)_4 \rightarrow TiO_2$
(Ti/O/C)	$Ti(OCHMc_2)_4$ $Ti(i\text{-}OPr)_4$	
Al_2O_3	$Al(OC_2H_7)_2$	$Al(OC_3H_7)_3 \rightarrow AlO_3$
$FeSi_2$	$SiH_4/Fe(CO)_5$	$SiH_4 + Fe(CO)_5 \rightarrow FeSi_2$
Fe/Si/C	$SiH_4/C_2H_4/Fe(CO)_5$	$SiH_4 + C_2H_4 + Fe(CO)_5 \rightarrow Fe/Si/C$
Ge	GeH_4	$GeH_4 \longrightarrow Ge + 2H_2$

4. 等离子气相合成法

从工艺设备和工艺过程来看,等离子体气相合成法与等离子体 CVD 法大同小异。差别在于前者的产品是粉末制品,后者是薄膜。与激光法比较,该法制备粉末量大。美国已采用等离子体合成法制备超细 WC 和 TiC 粉末,国内已建立超细 TiO_2(钛白粉)和 Sb_2O_3(锑白粉)的等离子体合成生产线,正在试生产的有日产量达 1 kg,细度约为 50 nm 的 Si_3N_4 超细粉生产线。

5.3　微波烧结技术

正确地选择烧结方法,是高技术陶瓷具有理想性能结构的关键,为获得无气孔和高强度的陶瓷材料,烧结技术也在不断改进,陶瓷微波烧结是自 20 世纪 80 年代中期迅速发展起来的一种新型烧结技术。

微波是指波长在 1 mm ~ 1 m 之间的电磁波,其频率为 0.3 ~ 300 GHz,微波可以加热有机物,用微波烹调食物的家用微波炉已普遍使用,微波也能加热陶瓷与无机物,它可以使无机物在短时间内急剧升温到 1 800 ℃ 左右,所以可用于微波化学合成,微波下的陶瓷连接及陶瓷的高温烧结。

5.3.1　微波与材料的相互作用

根据材料对微波的反射和吸收情况的不同可将其分成四种情况,即导体、绝缘体、微波介质和磁性化合物四种材料。

1. 良导体

金属物质(如银铜等)为良导体,它们能反射微波,如同可见光从镜面上反射一样,金属导体可用作微波屏蔽,也可以用于传播微波的能量,常用的波导管一般由黄铜或铝制成。

2. 绝缘体

绝缘体可被微波穿透,正常时它所吸收的微波功率极小可忽略不计,微波与绝缘体相互间的作用,与光线和玻璃的关系相似,玻璃使光的一部分反射,但大部分被透过,吸收则很少,玻璃、云母及聚四氟乙烯等和部分陶瓷属于此类。

3. 微波介质

介质的性能介于金属和绝缘体之间,能不同程度吸收微波能而被加热,特别是含水和脂肪的物质,吸能升温效果明显。图 5-3 为微波介质的分类。

4. 磁性化合物

一般类似于介质,对微波产生反射、穿透和吸收的效果,微波的加热效果,主要来自交变电磁场对材料的极化作用,交变电磁场可以使材料内部的偶极子反复调转,产生更强的振动和摩擦,从而使材料升温,酒精和水以及有机溶剂的加热,主要是偶极子的弛豫效应,高浓度盐的存在,产生电导分

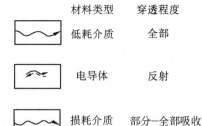
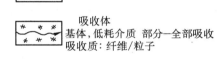

材料类型	穿透程度
低耗介质	全部
电导体	反射
损耗介质	部分—全部吸收
基体,低耗介质	部分—全部吸收

吸收体
吸收质:纤维/粒子

图 5-3　微波介质的分类

布,而使产生介电损耗。

材料内可极化的因子,依不同层次有电子极化、原子极化、分子极化、晶格极化、电(磁)畴极化及晶粒极化、晶界极化和表面极化等。由于极化区域尺度不同,采用不同的频率偶合而在技术上加以区别,材料吸收微波引起的升温主要是由于分子极化和晶格极化,也就是说,在分子和晶格尺度的极化反转越容易,该材料就越容易吸收微波场能而升温。

在微波加热过程中,处于微波电磁场中的陶瓷制品加热难易与材料对微波吸收能力大小有关,其吸收功率计算公式为

$$P = 2\pi f \varepsilon_0 \varepsilon'_t \tan\delta |E|^2$$

式中,P 为单位体积的微波吸收功率;f 为微波频率;ε_0 为真空介电常数;ε'_t 为介质的介电常数;$\tan\delta$ 为介质损耗角正切;E 为材料内部的电场强度。

可见当频率一定,试样对微波吸收性主要依赖介质自身的 ε'_t,$\tan\delta$ 及场强 E。

影响微波加热效果的因素首先是微波加热装置的输出功率和耦合频率,其次是材料的内部本征状态。

微波加热所用的频率一般被限定为 915 MHz 和 2 450 MHz,微波装置的输出功率一般为 500~5 000 W,单模腔体的微波能量比较集中,输出功率在 1 000 W 左右,对于多模腔的加热装置,微波能量在较大范围内均匀分布,而且需要更高的功率(实验室装置大约2 000 W左右)。

在指定的加热装置上,材料的微波吸收能力,与材料的介电常数和介电损耗有关,真空的介电常数为1,水的介电常数大约为80,而多数陶瓷类材料的室温介电损耗一般比较小,所以,对无机陶瓷类材料的加热,一般要采用比家用微波炉功率更大的微波源。

正如前面所述,微波能够穿透绝缘体而不损耗能量,微波不能穿过金属等良导体而只被反射回去,对于介质材料,微波穿过其内部时能量衰减并转化成热能和非热能。

材料的介电损耗越大越容易加热,但是许多材料的介电损耗是随温度而变化的,图 5-4 为氧化铝在微波加热时的介电损耗率的变化,反映出在 600 ℃ 开始急速增加,在 18 000 ℃ 附近达到室温时的 100 倍以上,这暗示着微波加热有一定"起动温度",达到这一温度以上,材料对微波能的吸收迅速增加。

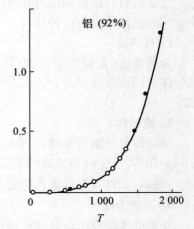

图 5-4　氧化铝陶瓷的微波吸收能力随温度的变化

由于大多数材料的介电损耗随温度的增加而增加,许多在室温和低温下不能被微波加热的材料,在高温下可显著吸收微波而升温。

5.3.2　微波烧结的优点

图 5-5 为传统加热和微波加热模式的对比。由于微波加热利用微波与材料相互作用,导致介电损耗而使陶瓷介质表面和内部同时受热,即材料自身发热,也称体积性加热,

具有传统的外源加热所无法实现的优点。微波烧结模式与常规烧结相比,具备以下特点。

①利用材料介电损耗发热,只有试件处于高温而炉体为冷态,即不需元件也不需绝热材料,结构简单,制造维修方便。

②快速加热烧结,如 Al_2O_3,ErO_2 在 15 min 内可烧结致密。

③体积性加热,温场均匀,不存在热应力,有利于复杂形状大部件烧结。

④高效节能,微波烧结热效率可达 80% 以上。

⑤无热源污染,有利于制备高纯陶瓷。

⑥可改进材料的微观结构和宏观性能,获得细晶高韧的结构陶瓷材料。

微波烧结不仅可适用于结构陶瓷(如 Al_2O_3,ZrO_2,$ZTASi_3N_4$,AlN,BC 等),电子陶瓷($BaTiO_3$,$Pb–Zr–Ti–O$)和超导材料的制备,而且也可用于金刚石薄膜沉积和光导纤维棒的气相沉积。微波烧结可降低烧结温度,缩短烧结时间,在性能上也与传统方法制备的样品相比有很大区别,此外,导电金属中加入一定量的陶瓷介质颗粒后,也可用微波加热烧结。

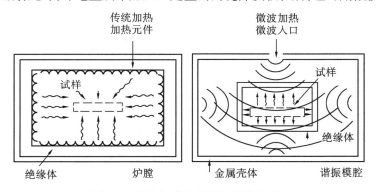

图 5-5　传统加热和微波加热模式对比

对于陶瓷材料,微波加热的应用主要在于微波焊接和微波烧结,与其他加热方法相比,微波加热有三个显著特点,首先是加热选择性,因为只有吸收微波的材料才能被加热,对于复合材料中不同介质损耗的材料有不同的升温效果,可以避免相连的导体和绝缘体部分过热受损;二是材料整体变热,避免材料内部与表面有温差,从而使材料部件内外的结构均匀;三是微波加热更强化材料内部的原子离子的扩散,从而能够缩短高温烧结时间,降低烧结温度,对于高温化学反应,微波能够使反应更加均匀和快速完成。

5.3.3　微波烧结在材料研究中的应用

1. 陶瓷材料的低温快速烧结和材料的微波合成

继陶瓷烧结及陶瓷接合之后,利用微波合成陶瓷材料粉料的研究也在增多,Kozuka 等人利用氧化物的加热反应,在微波场中分别合成 SiC,TiC,NbC,TaC 等超硬粉料,而只要 10 ~ 15 min。

材料的合成过程,使用微波加热,可以使化学反应远离平衡态,也就是说,利用微波可以获得许多常用高温固相反应难于得到的反应产物,作者等人的研究发现,一般加热的 ZrC–TiC 的固溶反应,固溶量只在 5% 以内,而采用微波加热的固相反应,可以使相互固溶量超过 10%,这是微波能够使固溶相快速冷却的结果。Patil 等人用微波合成了尖晶石

（$MgO-Al_2O_3 \rightarrow MgAl_2O_4$），结果发现，用微波能合成单相的尖晶石，几乎不含其他相，表明了微波促进合成反应和增加固溶相的稳定性。Ahainad 等人的研究也发现，ZrO 与 Al_2O_3 反应生成尖晶石时，微波加热有利于反应进行得更完全。

2. 利用微波加热处理的特殊性进行复合材料微观结构设计

针对微波的加热特点，可以设计和制造特殊的复合材料，在以下几个方面微波热处理具有优势。

①组分上，良导体-介质-绝缘体的复合；高吸收相与低吸收相的复合等。

②结构上，从零维到三维的复合，包括层状、条状以及颗粒状的复合。

③不同"起动温度"的吸收相的组合；例如将低温响应的 SiC 加入到高温响应的 ZrO_2 中可以在各温度段加热。

④刚性相与柔性相的复合。

⑤大晶粒与小晶粒的复合。

⑥晶粒与玻璃相的组合形式。

⑦树脂与陶瓷的复合。

通过多坐标的综合设计，可以制备出微观结构可控的新型陶瓷材料。

3. 微波烧结工程陶瓷的应用

微波烧结工程陶瓷有利于提高烧结速率，改善显微结构和性能，并且在节能方面也存在巨大潜力。美国 Los Alamos National Lab 采用功率为 6 kW，频率为 2.45 GHz，容积为 5.7×10^{-2} m^3 的多模腔，对每炉旋转直径为 2 cm 的 20 个圆柱形 Al_2O_3 基陶瓷进行烧结，密度达 99%，能耗为 1.2 kW·h，即每公斤材料耗能仅为 4.8 kW·h，按美国电价计算只需 0.4 美元能耗。加拿大 ALCAN 国际铝业有限公司采用 2.45 GHz，最大输出功率为 5 kW 微波源和圆柱形多模腔，烧结用于机械工业的 Si_3N_4 刀头（$\phi15 \times 10$ mm 和 15 mm× 15 mm×10 mm），每次可烧 0.54 kg，时间为 45 min，耗能 3.1 kW·h/kg，而常规烧结需 12 h，耗能为 19.7 kW·h/kg，两者比较，微波烧结节能达 80%。以上这些都显示了微波烧结工程陶瓷的良好前景。

由于微波烧结陶瓷过程的复杂性，既涉及材料科学，又涉及电磁场、固体电解质等理论，因此仍有许多技术问题有待解决与完善，概括地说主要有：

（1）陶瓷材料介电特性的测量技术及材料介电特性的调控技术，包括各种陶瓷于不同频率和不同温度下 ε' 及 $\tan\delta$ 值的准确获得。

（2）高均匀度，高电场强度，大容积的微波烧结系统设计，目前主要有两种思路，其一，采用价格较为低廉的 2.45 GHz 磁控管微波功率源，重在微波应用器（如烧结腔）设计，以提高腔内电场均匀性和能量密度，满足实际陶瓷批量快速烧结的要求。其二，采用超高频回旋管微波发生源（如 28 GHz，30 GHz，82 GHz）。因为从陶瓷材料与微波相互作用原理来看，微波频率越高，波长越短，越有利于烧结，这是由于：①介质材料的吸收功率与微波频率成正比，由于吸收功率提高甚至可以实现低介损陶瓷的直接快速烧结（不必采用混合式加热保温结构），如美国橡树岭国家实验室采用 28 GHz 微波源和 $\phi76.2 \times$ 101.6 cm 烧结腔，直接烧结 ZTA 陶瓷，于 1 200 ℃即可达到 99% 相对密度。②频率越高，波长越短，越有利于烧结腔内场强均匀性提高，如美国 28 GHz 和俄罗斯 30 GHz 微波烧结系统,其烧结腔内场强变化<4%。这样温场更均匀,更有利于形状复杂的陶瓷部件烧结。然而,这种回旋管超高频微波发生器目前造价较高,工业上能否接受尚需综合考虑。③微波烧结工艺过程放大与系统评估,这方面工作及大量基本数据尚待完善。

　　微波可以从材料部件内部开始加热,并且能够快速升温和急剧降温,微波加热的能量转换效率高,比常用加热方法可节能50%～70%还多,微波加热具有非接触性加热并对环境污染少等优点,微波加热使材料受到热效应和场效应(机电耦合等)的双重作用,人们期待可在高温扩散、高温相变和材料的微观结构设计方面,微波将展现其特殊的优点。在注意微波泄漏防护的同时,利用微波电磁场对材料的特殊作用,精确地设计材料的微观结构,将成为今后新型材料研究的一个重要的新领域。

5.4　成型制备技术新工艺

　　成型工艺影响到材料内部结构、组成均匀性,从而直接影响到材料使用性能,特别是对于陶瓷材料至关重要的可靠性,因而引起极大重视。美国一陶瓷材料技术中心曾对冷等静压、注浆成型和注射成型三种工艺制备的 Si_3N_4 陶瓷材料的抗弯强度和韦伯模数(可靠性分析的一个重要指标)进行研究,结果如图 5-6 所示。发现注射成型的材料性能最佳,而常规使用的冷等静压成型制备的材料性能最差。

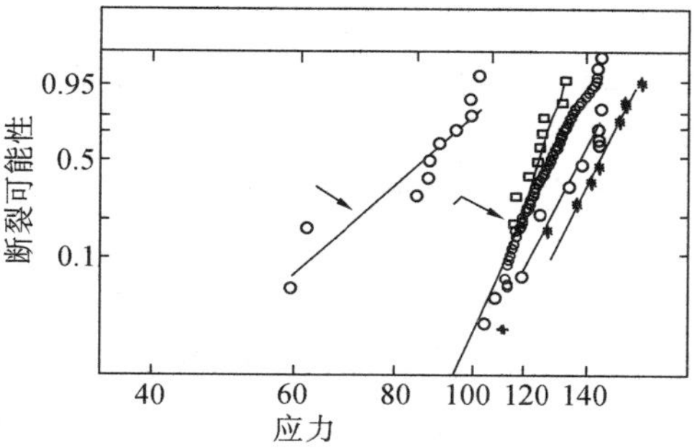

图 5-6　三种工艺制备的 Si_3N_4 陶瓷材料的抗弯强度和韦伯模数分析结果

　　另外,现代精细陶瓷部件形状复杂多变,尺寸精度要求高,加之成型所用原料大多为超细粉,极易团聚,因此对成型技术提出更高的要求,一些传统的成型工艺(如等静压成型、模压成型、注浆成型等)已不能满足需要,促使许多新的成型技术迅速发展起来。下面介绍几种新的成型工艺技术。

1. 压力渗滤工艺

　　该工艺是在注浆成型基础上发展起来的,此法成型可避免一般工艺中发生超细粉团聚和重力再团聚现象,并可获得较高的生坯密度。其基本原理如图 5-7 所示,即陶瓷浆料通过静压移入多孔模型腔内,让液态介质通过多孔模壁排出而使陶瓷颗粒固体成坯。美国 UCSB(U. C. Santa Barbara) Lange 教授用此法制得坯体密度达70%。这种方法特别适用

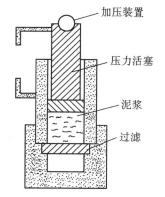

图 5-7　压力渗滤工艺示意图

于 whisker, fiber 补强的复合材料的成型,然后经过处理使表面所带电荷与泥浆所带电荷相同,互相之间产生强烈的排斥力,使泥浆粒子能充满预制块的各部分。此工艺关键是分散性、稳定性良好的浆料的制备。

2. 注射成型法

陶瓷注射成型是借鉴塑料的注塑成型,以制备形状复杂,尺寸精确的热机用陶瓷部件为应用背景而发展起来的。这种成型方法是将陶瓷粉料与有机载体混练后得到具有熔融流动的混合物料,然后在注射机上于一定温度和压力下高速注入模具,迅速冷凝后,脱模取出坯体(成型时间通常为数十秒),然后经 $500 \sim 600\ ^{\circ}\mathrm{C}$ 脱脂(排出坯体内有机物),即可得到致密度在 60% 以上的均匀素坯。由于此成型技术制备陶瓷部件尺寸精度高,机加工量少,易实现自动化大规模生产,因此在日本、美国等发达国家发展最快,已成为绝热发动机中涡轮增压器转子等复杂陶瓷部件的主要制备方法。国内这方面的研究也取得了很大进展,如清华大学材料系采用此技术已制备出 Si_3N_4 陶瓷以及用于燃气轮机中的 $SiC(W)/Si_3N_4$ 叶片。

3. 带式浇注式流延成型

这种工艺是由加入高分子聚合物的陶瓷胶体浆料制成薄膜层,然后把这些层叠在一起进行烧结,成为陶瓷基层状复合材料。这种工艺的特点是可以进行材料的微观结构和宏观结构设计,对于表面不相容的两种材料可以用梯度化工艺叠层连接,可以实现一材多功能,获得倾斜机能材料,如硬质表面/轻质内部,抗腐蚀表面/韧性基体,陶瓷外壳/陶瓷-金属梯变复合层/金属内部等,都可以用此工艺来实现。这工艺可实现的材料联合是无穷无尽的。

4. 化学蒸汽渗透法(CVI)

化学气相渗透法是材料成型与致密化同时进行的一种制备新工艺,适合于各种陶瓷复合材料的制备。在美国此法用于制备航天航空器中的推力导向件、燃烧室内衬及火箭喷嘴、热交换器及陶瓷发动机部件。此工艺是先制得纤维预形体,再将所需陶瓷组分蒸镀,以气相形式渗透填充到预形体内,其工艺流程如图 5-8 所示。此法须解决的关键问题是渗透速率。最早采用这种工艺制备一个厚度为 1 cm 的部件需费时一周,甚至一个月。最近美

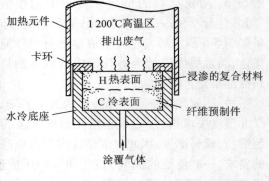

图 5-8　CVI 工艺流程示意图

国西北大学(North-western University)和橡树岭国家实验室(Oak Ridge National Lab)都有重大突破,他们已能在 24 h 内制造厚度 1 cm 以上的陶瓷发动机部件和强化陶瓷线。

5. 热等静压法(HIP)

热等静压技术近年来也在陶瓷等尖端技术材料生产方面广泛应用。热等静压是用惰性气体如 N2, Ar 等作为传递压力的介质,将原料粉末压坯或将装入包套的粉料放入高压容器中,使粉料经受高温和均衡压力,降低烧结温度,避免晶粒长大,可获得高密度、高强度的陶瓷材料。加热炉由加热元件、隔热屏和热电偶组成,工作温度在 $1\ 700\ ^{\circ}\mathrm{C}$ 以上,加热元件采用石墨、铂丝或钨丝,$1\ 200\ ^{\circ}\mathrm{C}$ 以下可用 Fe-Cr-Al-Co 电热丝。

热等静压法已用于陶瓷发动机零件的制造:核废料煅烧成氧化物并与性能稳定的金属陶瓷混合,用热等静压法将混合料制成性能稳定的致密件,深埋到地下后可经受地下水

的浸渍和地球的压力,不发生裂变。用热等静压法制备结构陶瓷六方 BN,Si_3N_4,SiC 等复合材料的致密件和 Y-Ba-Cu-O,La-Sr-Cu-O 系超导材料已获得成功。热等静压法一般在 100~300 MPa 的气压下,将被处理物体升到 800~2 000 ℃ 的高温下压缩烧结。HIP 法和一般热压法相比,它可以使物料受到各向同性的压力,因而陶瓷的显微结构均匀,另外,HIP 法中施加压力高,这样就能使陶瓷坯体在较低的温度下烧结,使得常压下不可能烧结的材料烧结成功。

近年来,热等静压设备的压力越来越高,某些热等静压机的工作压力已达 294~980 MPa,其温度可达到 2 600 ℃。日本开发的含氧介质的热等静压机的最大工作压力可达 196 MPa,最高温度为 1 500 ℃,氧浓度在 1×10^{-3} ~ 2×10^{-1} 单位间,用此设备处理 ZrO_2 和 $BaTiO_3$ 等陶瓷,可避免着色并改变性能。在材料复合化方面,可以通过薄膜技术和热等静压方法处理,如在 Si_3N_4 预烧结表面用热等静压技术涂敷一层耐磨损的 Al_2O_3 后,用于切削钢。而在金属基板上涂敷一层 ZrO_2 并经 1 200~1 300 ℃ 热等静压处理,可显著提高

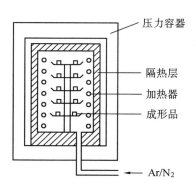

图 5-9　HIP 设备结构图

其热疲劳强度,为了抑制热等静压处理 Si_3N_4 时发生热分解,可以用高压氮气取代氩气。热等静压方法的缺点是设备费用较高和待加工工件尺寸受到限制。

5.5　陶瓷原位凝固胶态成型工艺

原位凝固就是指颗粒在悬浮液中的位置不变,靠颗粒之间的作用力或者悬浮体内部的一些载体性质的变化,从而使悬浮体的液态转变为固态。在从液态变为固态的过程中,坯体没有收缩,介质的量没有改变,所采用的模具为非孔模具,这样的成型方法,叫做原位凝固胶态成型工艺。传统的注浆成型就是一种典型的胶态成型方法,但它不是一种原位成型方法。在高技术高性能陶瓷的生产过程中,主要需要解决的问题之一是陶瓷材料的性能分散性大,使陶瓷部件的成型很难达到近净尺寸成型,因而制造成本和加工成本较高,而陶瓷的原位凝固胶态工艺由于可以有效地控制颗粒的团聚,成本低、操作简单、可靠性好,适合制造形状复杂的陶瓷零部件,因而受到广泛重视,是一种新的适合产业化、规模化生产较为理想的成型技术,传统的注浆成型技术一直被用于生产卫生陶瓷等较大部件,为了获得均匀的高密度产品,先后采用了压滤成型技术和离心注浆成型技术,但它们仍无法很好地保证陶瓷的可靠性。原位凝固胶态成型工艺与其他胶态成型工艺之间的区别主要在于凝固技术的不同,这将会导致对浆料性质要求的差异和整个工艺过程的差异。目前,成熟的原位凝固胶态成型工艺主要包括:凝胶注膜成型工艺,温度诱导絮凝工艺,胶态振动注模成型,直接凝固注模成型和快速凝固注模成型,是 20 世纪 90 年代以后迅速发展起来的成型工艺。

5.5.1 凝胶注模成型工艺

凝胶注膜成型技术是由美国发明的一种陶瓷尺寸成型技术。这种方法是首先将陶瓷粉料分散在含有有机单体和交联剂的水溶液或非水溶液中,形成低黏度且高固相体积分数的浓悬浮体,然后加入引发剂和催化剂,将悬浮体注入非孔的模具中,在一定的温度条件下,引发有机单体聚合,使悬浮体黏度剧增,从而导致原位凝固成型,最后经长时间的低温干燥后可得到强度很高而且可进行加工的坯体。一般加入的有机单体的质量可占溶剂的10%～20%左右,溶剂可通过干燥排除,而在干燥过程中的网络聚合物不会随之迁移。由于形成的聚合物含量较低,可以容易地排除。悬浮体的黏度、成型固化的时间及排胶时间可以通过加入的交联剂、引发剂、催化剂和分散剂来调控,所以此方法有利于成型工艺的连续化和机械化。

凝胶注膜成型可分为水溶液凝胶注模成型和非水溶液凝胶注膜成型,前者适合于大多数成型体系,后者则主要适用于那些与水发生化学反应的成型体系。水溶液凝胶注膜成型工艺中使用较多的有两种体系,即丙烯酸酯体系和丙烯酰胺体系,丙烯酸酯体系并不是纯水溶液体系,需要共溶剂,有相分离现象,并且分散效果不佳,因此使用较多的是丙烯酰胺体系。丙烯酰胺($C_2H_3CONH_2$,简称 AM)是单体,N—N′—亚甲双丙烯酰胺($C_7H_{10}N_2O_2$,简称 MBAM)是交联剂,比例为 AM∶MBAM = 35∶9～90∶1,用过硫酸钾 $K_2S_2O_8$ 或过硫酸铵($(NH_4)_2S_2O_8$)为引发剂,N,N,·N′,N′—四甲基乙二胺($C_5H_{26}N_2$)为催化剂,分散剂可根据不同的体系来选择。在结构陶瓷的制备过程中,凝胶注模成型已用于 Al_2O_3 和 Si_3N_4 陶瓷的成型,选用25%的聚甲基丙烯酸铵或25%的聚丙烯酸铵,把微波加热技术应用于氧化铝浓悬浮体的原位固化中,使固化时间大大缩短,抑制了氧气对聚合反应的阻聚作用,成型胚体的表面光滑,没有起皮现象,此外,在莫来石陶瓷的生产中也可以采用凝胶注膜成型。

任何单体在一定的条件下聚合,都会发生收缩。凝胶注模成型由于使用的单体少,加入的固相陶瓷粉末的体积分数占到50%以上,因此成型后的坯体收缩非常小,在干燥过程中,坯体一般收缩1%～2%。为了保证成型坯体的原位凝固,要求悬浮体的固相体积分数要大于50%。可见浓悬浮体的制备便成为凝胶注模成型的关键。另外,成型后的坯体干燥一般要求室温且高湿度的条件下阴干100～200 h,它虽然避免了注射成型工艺耗时耗能的脱脂环节,但其干燥过程已成为限制其规模化应用的原因之一。从环境的角度看凝胶注模成型使用的单体具有一定的毒性,对环境会造成一定的污染。

凝胶注模成型的显著优点是成型坯体的强度很高,可进行机加工。因为陶瓷浓悬浮体内的有机单体在交联剂、催化剂及引发剂的共同作用下,可以形成相互交联三维网络结构的高聚物,使陶瓷浓悬浮体形成凝胶而固化。凝胶注模成型是在浆料中进行凝胶共聚反应,AM 和 MBAM 在浆料中分布均匀,反应后生成聚合物网络,陶瓷粉末均匀分散于网络中并与高聚物链段发生吸附作用,借此网络浆料转变为凝胶得以固化成型。这种成型的坯体类似于粒子补强的聚合物,只不过这里的粒子要远多于聚合物。

除了上面讨论的依靠有机单体聚合反应的凝胶注模成型外,近年来一些利用多糖高分子高温溶解、室温形成凝胶特性的陶瓷注模成型方法也在发展,如清华大学材料系陶瓷胶态成型小组采用琼脂糖等天然凝胶物质进行了涡轮转子等多种形状复杂陶瓷部件的制备已取得进展。这种凝胶成型方法的优点是有机物添加量少(质量分数约为 1%),且无任何毒性和污染。

凝胶注模成型工艺于 20 世纪 80 年代末开始研究,有关的报道见于 90 年代初,是最早的原位凝固成型工艺。因为它可保证坯体均匀性,增加陶瓷材料的可靠性,所以该工艺的提出标志着陶瓷胶态成型工艺的研究向着原位凝固的近净尺寸成型工艺的方向发展。

5.5.2　温度诱导絮凝成型

这种成型工艺是由瑞典的表面化学研究所的 Bergstrom 教授发明的一种胶态净尺寸原位凝固成型工艺。它首先将陶瓷粉料在有机溶剂中分散以制备高固相体积分散的浓悬浮体,分散剂的极性一端牢固地吸附在颗粒的表面;另一端为低极性的长碳氢链,伸向溶剂中,起到空间位阻稳定的作用。该分散剂在溶剂中其溶解度随着温度的改变而变化,也就是其分散效果在变化。在商业所售的分散剂中,英国 ICI 公司的 Hypermer KD-3 就是这样一类分散剂,它属于聚酯类型。该分散剂在温度降低至 -20 ℃,失去分散功能,悬浮体颗粒团聚,黏度升高,从而原位凝固。有趣的是这类分散剂在有机溶剂中溶解度具有可逆性,随温度的回升,分散剂的溶解度重新增大,重新恢复分散功能,这说明溶剂的干燥或排除不能使用升温的办法。Bergstrom 提出在 -20 ℃,压力降至 100～1 000 Pa 的条件下,用冷冻干燥的办法,使溶剂升华,从而去除溶剂,然后在 550 ℃将分散剂通过氧化降解的途径而排除。在该工艺中选用的溶剂要求随着温度的降低没有体积收缩和膨胀,一般选用的成熟溶剂为戊醇。该成型方法已成功地用于 Al_2O_3,Si_3N_4 及其复合材料及部件的研究。该法的主要优点在于成型后不合格的坯体可作为原料重新使用。

5.5.3　胶态振动注模成型

1993 年,Lange 教授在压滤成型和离心注浆成型的基础上,又提出的一种新的注模成型技术。根据胶体稳定性的 DLVO 理论,在悬浮液中的颗粒间除范德瓦耳斯吸引力和双电层排斥力之外,当颗粒间距离很近时,还存在一种短程的水化排斥力,当悬浮液的 pH 在等电点或悬浮液中的离子浓度达到临界聚沉离子浓度时,颗粒间的作用能即静电排斥能和范德瓦耳斯吸引力之和为零,颗粒间紧密接触。除这种状态外,如果反离子吸附在颗粒表面,形成一个接触的网络结构,会使颗粒呈分散态,在分散态时颗粒间的作用能大于零,即静电排斥能远大于范德瓦耳斯吸引能,颗粒在悬浮液中被分散开来。当悬浮液中的离子浓度大于临界聚沉离子浓度时,水溶液中的反离子不再与颗粒紧密吸附,静电排斥力完全消失,颗粒间的水化排斥力与范德瓦耳斯引力相互作用,使此时的颗粒形成一个非紧密接触的网络结构,颗粒间的吸引力也由于水化排斥力的作用而减弱,此时的悬浮液形成一个不能流动的密实结构。在外界条件的作用下,如振动等,它可以转变为流动态,胶态振动注膜成型也正是利用了这一特性。在固相体积分数为 20% 以上的陶瓷悬浮体中加入 NH_4Cl,使颗粒之间形成凝聚态,然后采用压滤或离心的成型方法让悬浮体形成密实的结构,在这种状态下,固相体积分数较高(>50%),然后采用振动的办法,使其由固态变为流动态,注入一定形状的模腔中,振动停止后它又变为密实态,并且可以注模,制成具有一定形状的胚体。这种工艺的特点是可以连续化全封闭生产,可减少外部杂质的引入。

5.5.4　直接凝固注模成型

这种方法由瑞士人提出,简称 DCC 工艺,是一种制造高可靠性陶瓷的胶态净尺寸原位凝固成型工艺。该工艺的思路为调节水基悬浮液的 pH 值或加入少量分散剂及絮凝剂,以保持颗粒间足以分散的静电排斥作用,制备成低黏度的陶瓷高浓悬浮体,然后,将浆料从室温冷却至 0～5 ℃之间,加入生物酶和底物,此时生物酶在低温时保持惰性,不与底物发生作用,当将悬浮体升高至 20～50 ℃之间,酶的活性被激发,与底物发生反应,使悬浮体内部 pH 值调节至等电点或者增加悬浮体的离子强度,使颗粒间的排斥位垒下降,范德华吸引能增加,颗粒发生团聚,悬浮体的黏度剧增,形成原位凝固。凝固后的坯体十分均匀且没有收缩,形成足以脱模的湿坯,经干燥后可烧结成各种陶瓷材料及制品。这种工艺避免了注射成型中耗时和耗能的脱脂环节,也避免了凝胶注模成型工艺长时间低湿干燥的缺点,不需加入黏结剂,不需要有机物或所加有机物极少(0.1%～1%)。

由于该工艺是一种原位凝固成型工艺,悬浮体的固相体积分数就是成型坯体的相对密度,因此悬浮体的固相体积分数越高,坯体的相对密度便越大,成型坯体的性能便越好。该成型工艺又不同于其他上述的几种成型工艺,它没有加入黏结剂,坯体的强度直接取决于坯体的密度,也即取决于悬浮体的固相体积分数。如果悬浮体的固相体积分数小于 50%,即使通过调节 pH 值至等电点或增加离子强度使悬浮体聚沉,也难以形成有一定强度足以脱模的坯体,仍然是一种流体;而当悬浮体的固相体积分数大于 50% 时,则通过 DCC 的思路可形成固化的坯体。虽然 DCC 成型工艺具有很多的优点,然而制备大于 50% 的浓悬浮体是 DCC 首要解决的问题。

DCC 工艺的创新思路在于使用了生物醇与底物的酶催化反应,在悬浮体内部调节 pH 值至等电点或增加内部离子强度使悬浮体原位凝固,因此选择内部可控延迟催化反应很重要,酶催化反应活性强烈地受到悬浮体 pH 值的影响,在强酸和强碱的条件下,酶一般都要失活,而且失活是不可逆的,因此脂类和内脂类的水解可适用于 pH 值更广泛的区域。有人在研究 SiC 和 Si₃N₄ 材料的 DCC 成型时,成功地使用磺酸内脂的水解将悬浮体的 pH 值从强碱性调至偏酸性的等电点。但磺酸内脂是一种致癌物质,不宜推广使用。解决这一问题的另一方法是通过尿酶催化尿素反应,增加悬浮体内部的离子强度,从而原位固化成型,但需要的尿酶量大,导致工艺成本提高,因此也无法满足市场和工业化生产的要求。尚未发现有能将强酸调节偏碱性范围的催化反应或水解反应。除了依靠寻找新的更广泛的催化反应之外,进行深入研究颗粒的表面改性技术也将是广泛应用 DCC 工艺的重要研究课题,因为可以通过表面改性技术来调节颗粒的等电点或胶体行为,以满足现有催化反应的要求。

DCC 这种原位凝固胶态成型工艺可有效地提高坯体的均匀性,并且可制备高密度的坯体,同时具有近净尺寸成型陶瓷复杂形状部件的能力。此外,模具材料的选择范围广(塑料、金属、橡胶、玻璃等),加工成本低。然而,其湿坯强度低,脱模困难,不利于工艺操作和规模化生产。因此,如何提高坯强度是 DCC 工艺面临的主要问题之一。

5.5.5　快速凝固成型技术

快速凝固成型技术也称快速固化注射成型,它与传统的注射成型显著的区别是在于它不使用大量的高分子黏结剂,因此可以避免有机物脱脂过程中的坯体缺陷。在成型过程中使用的悬浮介质是一种名为"孔隙流体"的液体,这种液体的液态变为固态时体积没有变化,是一种原位固化的过程。它首先将陶瓷粉末分散于孔隙流体中,采用有机物为分散剂,制备体积分数为 55% ~ 65% 的陶瓷悬浮体,然后注入非孔封闭的模腔中,降低温度至流体的冷冻点以下,陶瓷浓悬浮体在瞬间之内可固化,再降低压力,使孔隙流体升华,从而获得较好的坯体。这种成型工艺的优点是近净尺寸成型,生产合乎要求的不同形状陶瓷部件,不合格的成型坯体可重复加工,从而节省材料不会造成材料的浪费。

上面介绍了几种新的原位凝固胶态成型工艺,就陶瓷胶态成型工艺而言,在某种意义上讲,成型便是固化,不同的凝固方法便会产生不同的成型工艺,从而产生不同的坯体性能。无论哪一种胶态成型工艺,悬浮体的固化都是依靠增加悬浮体的黏度,使其失去流动性,从而固化成型。但是不同的固化方式,将会导致不同的坯体强度。总体而言,原位凝固胶态成型有如下几种固化方式。

(1)依靠悬浮介质的某些特性而固化

例如,快速凝固注射成型技术是利用悬浮介质的凝冻升华特性而固化成型;传统注射成型是依靠高聚物的热塑性、热固性或者是水溶性有机物的凝胶特性而固化成型。在此需要提及传统注射成型固化时有机物有不同程度的收缩,因此只能算是一种准原位固化成型。

(2)依靠颗粒之间的作用力而固化成型

例如,直接凝固注模成型是通过调节 pH 值至等电点或增加悬浮体中的离子浓度使颗粒团聚而固化成型。

(3)依靠外加剂的某些特性而固化成型

例如,凝胶注模成型是依靠悬浮介质中的有机单体交联形成高聚物而固化;温度诱导絮凝成型是依靠分散剂的分散特性随温度而变化的特性成型。

(4)依靠悬浮体的流变特性而固化成型

胶态振动注模成型便是靠浆料的触变性而固化成型。

陶瓷的悬浮体是由颗粒、悬浮介质和外加剂(包括分散剂、固体剂等)组成,不难看出以上几种成型工艺的固化方式已经涉及多种方面。固化的方式直接影响坯体的均匀性和强度,因此浓悬浮体的固化方式也是原位凝固胶态成型的另一个重要的关键技术。过去对固化技术的研究不够重视,其原因之一是它涉及多种学科,深入研究存在着一定的难度。

为了使高性能结构陶瓷尽快实现产业化,加强浓悬浮体的制备技术和固化技术的研究,是今后应该着重加强的两个重要环节。同时不同成型工艺和烧结技术对陶瓷可靠性的影响,是今后急需加强的一个关键环节。由于这方面的研究工作量大,各种不同的新技术不断出现,所以有关数据的积累存在很大难度。但是这些数据对陶瓷材料的应用就像相图对相变的研究一样至关重要。近年来,以陶瓷凝胶注模成型和直接凝固注模成型工艺为代表的原位凝固技术相继出现,摆脱了传统胶态成型的思路,提出了以陶瓷低黏度浓悬浮体制备为基础的原位凝固成型的概念,使陶瓷材料的可靠性大幅度提高,因此受到了各国政府、研究部门和产业界的广泛关注,被认为是高性能结构陶瓷走向专业化的关键。

5.6　高性能结构陶瓷的应用

近年来,高性能结构陶瓷中的氧化物、硅化物、氮化物、碳化物及硼化物等在汽车、机械、电力、军事等各领域都获得广泛应用。

1. 高性能结构陶瓷在燃气轮机上的应用

车用燃气轮机上应用陶瓷的目的是提高热效率,充分燃烧各种燃料,降低排放污染,从而使陶瓷燃气轮机在节能、生态环保方面成为未来极富竞争力的车用发动机。车用发动机功率范围为 $50\sim120$ kW,通常采用径流式结构,零件尺寸较小,制备工艺容易,都选择它作为高温燃气轮机应用的突破口。

热机使用陶瓷件具有很多优点,如低摩擦、质量轻、惯性小、允许操作温度高。见表5.7,如果燃气轮机的涡轮燃烧室回热器和燃气接触部件改为陶瓷,则入口燃气温度可提高到 $1\,300\sim1\,400$ ℃,这样不仅大幅度提高燃气轮机的热效率,而且可省去复杂的冷却系统和冷却损耗,用丰富的陶瓷资源替代大量镍、钴、铬等战略物质,使燃烧室内的燃烧温度提高 $200\sim300$ ℃,从而使燃烧比较完全,减少环境污染。由于陶瓷优良的抗腐蚀和耐磨损性,将允许使用多种燃料,甚至品质较差的燃料。

表5.7　燃气轮机中典型陶瓷零部件及其候选材料

部件名称	使用温度	候 选 陶 瓷 材 料	考虑性能要求*
燃烧室	1 391 ℃	烧结碳化硅(SiC)	③,⑤,⑥
火焰筒	1 391 ℃	常压烧结 α-SiC(SaSC)	③,⑤,⑥
导向叶片	1 391 ℃ (100 MPa)	热压氮化硅(HPSN) 反应重烧结氮化硅(SRBSN) 常压烧结 α-SiC(SaSC)	⑤,③,⑥
涡轮砖子	1 200 ℃ (200 MPa)	热压氮化硅(HPSN) 反应重烧结氮化硅(SRBSN) 烧结氮化硅(SSN) 常压烧结 α-SiC(SaSC)	①,③
热交换器 超薄壁复杂组件	1 063 ℃	硅酸镁铝(MAS) 硅酸铝(AS)	③
涡形管	1 090 ℃ (23 MPa)	常压烧结 α-SiC(SaSC) 反应烧结 SiC(RBSC)	
密封板、 圈隔热片	1 063~1 390 ℃ (41 MPa)	铝硅酸锂(LAS) 反应烧结碳化硅(RBSN)	⑦,⑧
气流分离器	1 063 ℃	铝硅酸锂(LAS) 反应烧结氮化硅(RBSN)	③,④,⑦
螺栓衬垫	1 063 ℃	热压氮化硅(HPSN) 烧结氮化硅(SSN)	①,⑨
导柱	1 063 ℃	Al_2O_3	④,⑦,①
轴承		Si_N4、SiC 等	⑩,光黏度

*①强度,②耐腐蚀,③热应力,④成本,⑤耐久,⑥耐热冲击,⑦现成利用,⑧相容性,⑨韧性,⑩耐磨损。

20 世纪 80 年代起,世界火电站发生巨大变革,蒸汽轮机为动力长期占统治地位的局面已被动摇。燃气-蒸汽轮机联合循环成为发展的主要方向。燃油或天然气的联合循环装置技术已成熟并应用,装机容量每年以 2×10^7 kW 速度增长。热点开始集中在燃煤的联合循环上。随着石油资源急剧减少,各国对以煤代油的能源利用寄以厚望,燃煤联合循环把高效的联合热力系统和洁净燃煤技术结合起来,对合理解决能源供需、生态环保问题有重大作用,无疑将成为跨世纪的主要火力动力发展方向,而此领域中高温结构陶瓷有着极为广阔的应用前景。

在航空燃气轮机中,高温结构陶瓷材料近期有实用前途的是替代高温合金制造燃烧室、火焰筒和燃烧室衬套、瓦片、喷嘴、火焰稳定器喷嘴架、挡热板等高温构件。美国 V-2 500 发动机中已经采用。英国 R-R 公司 GEM-27 型直升机发动机中已用陶瓷部件,试验 300 h。美国 Gemiet 涡轮喷气发动机中应用陶瓷滚珠轴承,并用于 FOG-M 导弹上。成本低、不设置润滑、密封装置。

2. 结构陶瓷的其他最新应用

(1)军事上的应用

陶瓷作为装甲材料日益受到重视。如 B_4C 陶瓷可作为飞机、车及人的防弹装甲,这种材料可以阻挡小型装甲弹。若用玻璃纤维和 B_4C 复合(B_4C 为内衬),一块 0.64 cm 厚的 B_4C 内衬可阻挡小口径的装甲弹。用钢板作装甲则要厚得多,如用 Al_2O_3 则没有这种保护作用且较重。

(2)耐磨部件

工业中磨损部件很多,每年都要消耗大量金属材料。因此研究陶瓷耐磨部件取代金属材料具有重大意义。当前已有不少金属部件被陶瓷材料取代并取得很好的效果,如陶瓷密封、陶瓷刀具、陶瓷磨球、陶瓷轴承、陶瓷泵阀等得到不断开发和应用。

用作耐磨件的陶瓷要求具有韧而硬,高强和低膨胀的特性,同时也要求具有抗热震性和自润滑性。目前采用材料系列为 W-Co,SiC,SiC-Al_2O_3,金刚石薄膜,Ni-TiC,SiC(晶须)-Al_2O_3,Si_3N_4,SiC(晶须)-Si_3N_4 等。

陶瓷刀具是应用面较广的耐磨件,不仅用于切削而且可以用于铣、铇等,无论从切削速度还是耐用度方面都比合金刀好。现在开发的陶瓷刀具材料主要有 Al_2O_3,Si_3N_4,TiC,TiN 和复合材料。复合 Si_3N_4 刀具具有良好的耐磨性和使用寿命,切削寿命为复合 Al_2O_3 刀具的 2~10 倍,为硬质合金刀具的 10~100 倍。抗热冲击韧性也很好,对 HRC65 硬化铸铁毛坯件粗加工切削深度达 10 mm。在 1 000~1 300 ℃ 条件下维持切削能力,而且可以干切,也可以湿切。

(3)热交换器

热交换器用的陶瓷,要求具有良好的抗腐蚀和抗热震性,特别是当用暖气来预热入口空气或燃气时,兼用热腐蚀和热震作用,陶瓷要承受的温差有时高达 1 300 ℃。

作为热交换器的陶瓷材料有 SiC,Si_3N_4,ZrO_2,复合氧化物(堇青石、硅酸锆)等。同时也不断研究开发陶瓷基复合材料。

(4)涂层

涂层在生产实际中应用极为广泛,几乎所有部件都可以采用涂层的办法来满足使用要求。涂层方法很多,通常采用的有 CVD,PCVD,Sol-gel。对材料的性能要求根据不同使用条件而异,但一般要求涂层具有一定硬度、耐高温及耐化学腐蚀作用。要求涂层和基体材料具有良好界面附着力。涂层材料种类很多,但比较有应用前景的涂层材料有金刚石薄膜、莫来石、氧化铝、ZrO_2,SiC,BN,TiC 等。在热机、耐磨部件,热交换器和医用陶瓷等方面已有不少成功应用实例。

(5)医用陶瓷

医用陶瓷也称生物陶瓷(Bioceramics),有惰性、表面活性和吸收型三种类型。惰性型医用陶瓷在生物器官内是稳定的,是生物相容的,同时具有耐磨、耐腐蚀、高强度、低摩擦系数的特性,常用材料有碳、Al_2O_3 和硅、钽氧化物陶瓷。表面活性型医用陶瓷,因为陶瓷和生理环境互相形成细胞并和植入物表面化学结合,生长在骨骼上变成生物的一部分。这类材料有羟基磷酸钙玻璃、玻璃陶瓷、复合材料等,要求这些材料具有化学相容性。吸收型医用陶瓷,是新细胞生长的临时空间,可以用来治疗生理中缺陷,可以起人造腱和骨骼作用等,使用的材料有三钠磷酸盐,钙磷酸盐等。预计在今后 25 年内,生物陶瓷将会有比较大的发展。

(6)隔热材料

航天飞机外壁的陶瓷隔热瓦,即为玻璃纤维复合陶瓷,玻璃纤维直径 11 μm,长度 0.31 cm的铝硼硅酸盐纤维与直径为 1~3 μm 的氧化硅纤维混合物,中间充填有少量 SiC 作为黏结剂,其特性是轻质、耐热、耐冲击性好,低热导率。其他工业和民用隔热材料应用也十分广泛。

(7)燃料电池

高温燃料电池被视为能量转换效率高又不污染地球环境的"绿色能源",其中的固体电解质燃料电池,用陶瓷(ZrO_2 等)作大型电池的核心部件,正常运行的温度很高,除要求陶瓷具有很好的耐热性能外,还需坚实耐用。

思考题

1. 简述微波烧结的优点。
2. 简述陶瓷原位凝固胶态成形工艺。

第6章 功能高分子材料制备

6.1 概 述

随着人们在生产和生活方面对新型高分子材料的需求以及高分子化学研究的深入和发展,众多的有着不同于以往定义的常规高分子材料的特征,带有特殊物理化学性质和功能的高分子材料大量涌现,其性能和特征都超出了原有常规高分子材料的范畴,称之为功能高分子材料。

加快功能高分子材料的研究与应用是当前世界化学工业发展的重要趋势。我国在这方面虽然起步较晚,但随着化学工业产业结构的调整,加快功能高分子材料的研究与生产,满足各种高技术产业的需要,已经成为我国化学工业发展的必然趋势。

功能高分子材料的研究、开发与利用对现有材料的更新换代和发展新型功能材料具有重要意义。

人们对功能高分子材料的划分普遍采用了按其性质、功能或实际用途划分的方法。按照性质和功能划分,可以将其划分为六种类型:

①反应型高分子,包括高分子试剂和高分子催化剂。

②光敏型高分子,包括各种光稳定剂、光刻胶、感光材料和光致变色材料等。

③电活性高分子材料,包括导电聚合物、能量转换型聚合物和其他电敏材料。

④膜型高分子材料,包括各种分离膜、缓释膜和其他半透性膜材料。

⑤吸附型高分子材料,包括高分子吸附性树脂、高分子絮凝剂和吸水性高分子吸附剂等。

⑥其他未能包括在上述各类中的功能高分子材料。

功能高分子材料的制备是通过化学的,甚至是物理的方法,按照材料性能要求对材料结构进行设计,将功能基与高分子骨架相结合。虽然功能高分子材料的制备方法千变万化,但是归纳起来主要有以下三种类型:通过功能型小分子材料的高分子化;已有高分子材料的功能化和多功能材料的复合;已有功能高分子材料的功能扩展,或者以上述几种方法相结合制备。其中发挥主要作用的功能基可以在高分子主链内,可以直接或间接与高分子骨架相连。高分子骨架也可以是预先制备的聚合物,通过接枝、吸附、包络等方法实现功能化,或由带有功能基团的单体通过均聚、共聚等高分子化方法制备。

6.1.1 功能型小分子材料的高分子化

这种方法是利用聚合反应将功能型小分子高分子化,使制备得到的功能材料同时具有聚合物和小分子的共同性质。功能型小分子与聚合物骨架的连接,有通过化学链连接的化学方法,如共聚、均聚等聚合反应;也可以通过物理作用力连接,比如通过形成聚合物时对功能小分子产生包埋作用。功能型小分子材料的高分子化主要可以分成以下两种类型。

1. 功能型可聚合单体的聚合法

这种制备方法主要包括下述两个步骤,首先是合成可聚合的功能型单体,然后进行均聚或共聚反应生成功能聚合物。合成可聚合的功能型单体目的是在小分子功能化合物上引入可聚合基团,这类基团包括端双键、吡咯基或噻吩等基团。

2. 聚合物包埋法

第二种功能高分子制备方法是在单体溶液中加入小分子功能化合物,在聚合过程中小分子被生成的聚合物所包埋。聚合物骨架与小分子功能化物之间没有化学键连接,固化作用通过聚合物的包络作用来完成。这种方法制备的功能高分子类似于用共混方法制备的产物,但是均匀性更好。另外一个优点是方法简单,功能小分子的性质不受聚合物性质的影响,因此特别适于对酶这种敏感材料的固化。缺点是在使用过程中包络的小分子功能化合物容易逐步失去,特别是在溶胀条件下使用时,将加快固化酶的失活过程。

6.1.2　高分子材料的功能化

功能高分子材料的第二种制备策略是通过化学或物理方法对已有聚合物进行功能化,使这些常见的高分子材料具备特定功能,成为功能高分子材料。这种制备方法的优点是可以利用大量的商品化聚合物,通过高分子材料的选择,得到的功能型聚合物机械性能比较有保障。通过高分子材料的功能化制备功能高分子材料,包括化学改性和物理共混两种方法。

1. 高分子材料的化学功能化方法

这种方法主要是利用接枝反应在聚合物骨架上引入活性功能基,从而改变聚合物的物理化学性质,赋予其新的功能。能够用于这种接枝反应的聚合材料有很多都是可以买到的商品。

2. 聚合物功能化的物理方法

虽然聚合物的功能化主要采用化学方法,通过化学键使功能基成为聚合物骨架的一部分,但是仍然有一部分功能高分子材料是通过对聚合物采用物理功能化的方法制备的。其主要原因,首先是物理方法比较简单、快速,多数情况不受场地和设备的限制,特别是不受聚合物和功能型小分子官能团反应活性的影响,适用范围宽,有更多的聚合物和小分子功能化合物可供选择,得到的功能化聚合物功能基的分布比较均匀。

聚合物的物理功能化方法主要是通过小分子功能化合物与聚合物的共混来实现。共混方法主要有熔融态共混和溶液共混。熔融态共混与两种高分子共混相似,是将聚合物熔融,在熔融态加入功能型小分子,搅拌均匀。小分子如果能够在聚合物中溶解,将形成分子分散相,获得均相共混体。否则,小分子将以微粒状态存在,得到的是多相共混体。因此,小分子在聚合物中的溶解性能直接影响得到共混物的相态结构。溶液共混是将聚合物溶解在一定溶剂中,同时,功能型小分子溶解在聚合物溶液中,为分子分散相,或者悬浮在溶液中在混悬体,溶剂蒸发后得到共混聚合物。在第一种条件下得到的是均相共混体,在第二种条件下得到的是多相共混体。无论是均相共混,还是多相共混,其结果都是功能型小分子通过聚合物质包络作用得到固化,聚合物本身由于功能型小分子的加入,在使用中发挥相应作用而被功能化。

6.1.3　功能高分子材料的多功能复合与功能扩大

在功能高分子研究中我们经常会碰到这种情况,只用一种高分子功能材料难以满足某种特定需要。例如,单向导电聚合物的制备,必须要采用两种以上的功能材料加以复合才能实现。再例如,聚合物型光电池中光电转换材料不仅需要光吸收和光电子激发功能,为了形成电池电势,还要具有电荷分离功能。这时也必须要有多种功能材料复合才能完成。在另外一些情况下,有时为了满足某种需求,需要在同一分子中引入两种以上的功能基。例如同时在聚合物中引入电子给予体和电子接受体,使光电子转移过程在分子内完成。此外,某些功能聚合物的功能单一,作用程度不够,也需要对其用化学的或者物理的方法进行二次加工。我们将两处以上功能高分子材料的复合,在功能高分子材料中引入第二种功能基和扩大已有功能高分子材料功能的过程,归类于功能高分子材料的多功能复合与功能扩大,作为功能高分子材料的第三种制备策略。

1. 功能高分子材料的多功能复合

将两种以上的功能高分子材料以某种方式结合,形成的新的功能材料具有任何单一功能高分子均不具备的性能,这一结合过程被称为功能高分子材料的多功能复合过程。

2. 在同一分子中引入多种功能基

在同一种功能材料中,甚至在同一个分子中引入两种以上的功能基团,也是制备新型功能聚合物的一种方法。以这种方法制备的聚合物,或者集多种功能于一身,或者两种功能协同,创造出新的功能。

3. 原有功能高分子材料功能的拓展与扩大

在功能高分子材料的研究中,有时为了适应和满足科研和生产的需要,需要对已有功能高分子材料的功能进行拓展和扩大。采用的方法多种多样,但是总体来说主要包括物理方法和化学方法两种。物理方法为对功能高分子材料进行机械处理和加工,改变其宏观结构形态,使其具有新的功能。

本章仅就当前成为研究热点的几个功能高分子材料方面的合成做一介绍,有关功能高分子方面的更详细的介绍请参阅有关书籍。

6.2　高分子化学试剂

高分子化学反应试剂包括高分子氧化还原试剂、高分子磷试剂、高分子卤试剂、高分子烷基化试剂、高分子酰基化试剂等,是功能高分子中非常重要的一类。

6.2.1　高分子氧化还原试剂

1. 氧化还原型高分子试剂

这是一类既有氧化作用,又有还原功能,自身具有可逆氧化还原特性的一类高分子化学反应试剂。特别是反应过后,经过氧化或还原反应,试剂易于再生使用。根据这一类高分子反应试剂分子结构中的活性中心的结构特征,最常见的该类高分子试剂可以分成以下 5 种结构类型。含醌式结构的高分子氧化还原试剂、含硫醇结构高分子试剂、含吡啶结构高分子试剂、含二茂铁结构高分子试剂和含杂原子的多环芳烃结构高分子试剂。

这 5 种高分子试剂都是比较温和的氧化还原试剂,常用于有机化学反应中的选择性氧化反应或还原反应。在结构上都有多个可逆氧化还原中心与高分子骨架相连。在化学反应中氧化还原活性中心与起始物发生反应,是试剂的主要活性部分。而聚合物骨架在试剂中一般只对活性中心起担载作用。

(1)氢醌氧化还原高分子反应试剂的合成路线

氢醌氧化还原高分子反应试剂的制备过程是以溴取代的二氢醌为起始原料,经与乙基乙烯基醚反应,对酚羟基进行保护,形成酚醚。再在强碱正丁基锂作用下,在溴取代位置形成正碳离子;正碳离子与环氧乙烷反应,得到羟乙基取代物;羟乙基在碱性溶液中发生脱水反应,得到可聚合基团——乙烯基。再经聚合反应生成聚乙烯类高分子骨架,脱去保护基团便取得具有与常规醌型氧化还原试剂同样性能的高分子反应试剂,如图 6-1 所示。

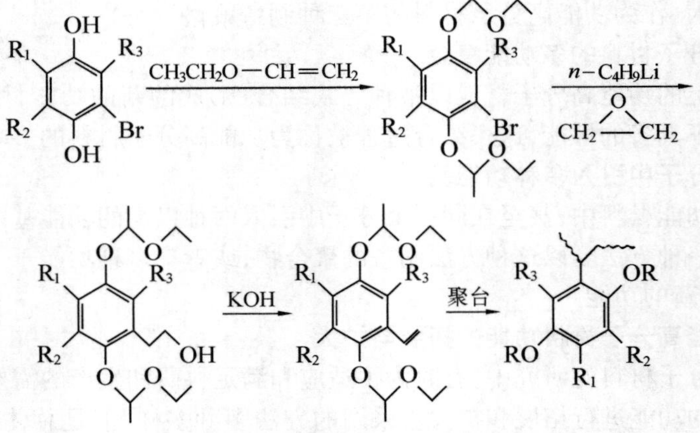

图 6-1 醌型高分子氧化还原试剂的合成

(2)硫醇型氧化还原高分子反应试剂的制备

硫醇型高分子化学反应试剂的合成路线有两条,第一种方法是以聚氯甲基苯乙烯为原料,与硫氢酸钠发生亲核取代反应,直接生成含有硫醇基团的聚苯乙烯聚合物。第二种方法是首先合成含有巯基的可聚合单体。对-巯基苯乙烯,用乙酰化反应保护巯基,再以此为原料,以双偶氮异丁腈(AIBN)为引发剂制备聚合物,经水解脱保护后得到硫酚类高分子试剂,如图 6-2 所示。

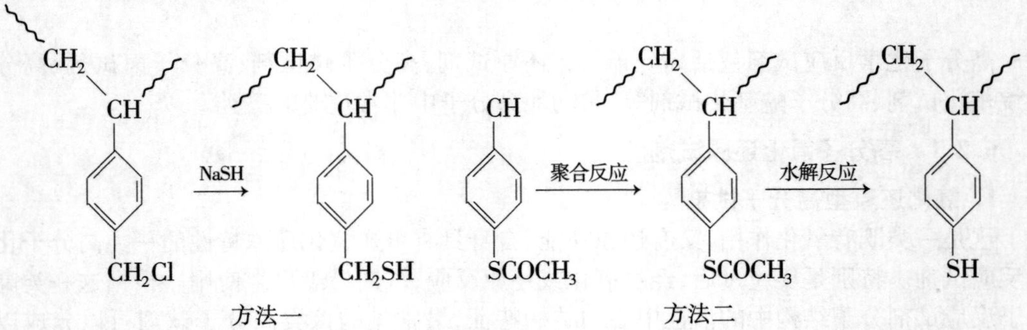

图 6-2 硫醇型高分子化学反应试剂合成

（3）吡啶类氧化还原型高分子试剂——聚合型烟酰胺的制备

与前两种试剂制备过程相类似,吡啶类高分子试剂的制备也可以分成两类,即由聚合物为起始原料和以功能型单体合成为出发点的两种制备方法。第二种方法较为常见。聚合型烟酰胺的合成常常以对-氯甲基苯乙烯为起始原料,苄基氯与烟酰胺上的芳香氮原子直接反应,生成带有吡啶反应活性基团的单体,如图 6-3 所示。这种活性单体可以通过多种聚合反应生成高分子反应试剂。

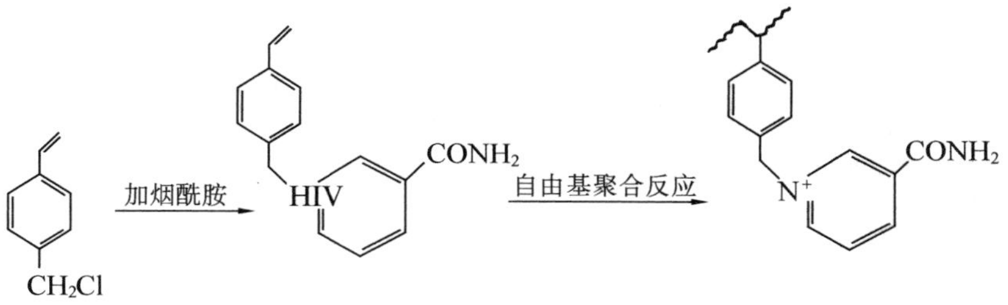

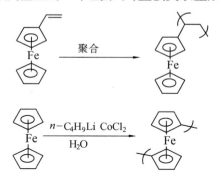

图 6-3　吡啶类氧化还原型高分子试剂合成

（4）聚合型二茂铁试剂的合成路线

二茂铁类高分子反应试剂的制备可以先从合成聚苯乙烯基二茂铁入手,再经乙烯基的聚合反应生成具有聚乙烯骨架的高分子试剂;或者由聚苯乙烯重氮盐与二茂铁直接反应,生成有聚苯乙烯结构骨架的聚合二茂铁试剂,如图 6-4 所示。也有人将二茂铁试剂与正丁基锂强碱作用,夺取环戊基上的一个氢原子,直接交联生成聚合型二茂铁试剂。

图 6-4　二茂铁类高分子反应试剂的合成

（5）聚合型多核杂芳环类化学反应试剂——聚吩噻嗪合成

多核芳杂环类聚合型高分子化学反应试剂的种类较多,情况比较复杂。但是,以上介绍的类似的方法也适用于多核芳杂环氧化还原型试剂的合成。如聚合成的吩噻嗪试剂就是由对一氯甲基苯乙烯聚合物为原料,与先期制备的二胺基吩噻嗪反应制得的,其反应式如图 6-5 所示。

2. 高分子氧化试剂

下面以两种常用的高分子氧化反应试剂,即高分子过氧酸试剂和高分子硒试剂为例,介绍它们的制备方法。

（1）聚苯乙烯过氧酸的制备过程

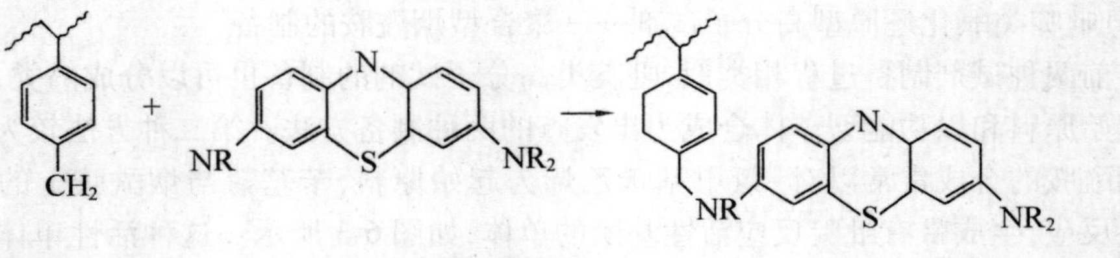

图 6-5 聚吩噻嗪的合成

以聚苯稀为原料,与乙酰氯发生芳香亲电取代反应,生成聚乙酰苯乙烯聚合物。然后在酸性条件下经与无机氧化剂(高锰酸钾或铬酸)反应,乙酰基上的羰基被氧化,得到苯环带有羧基的聚苯乙烯氧化剂中间体。最后在甲基磺酸的参与下,与 70% 双氧水反应,生成过氧键,得到聚苯乙烯型高分子氧化试剂,反应式如图 6-6 所示。

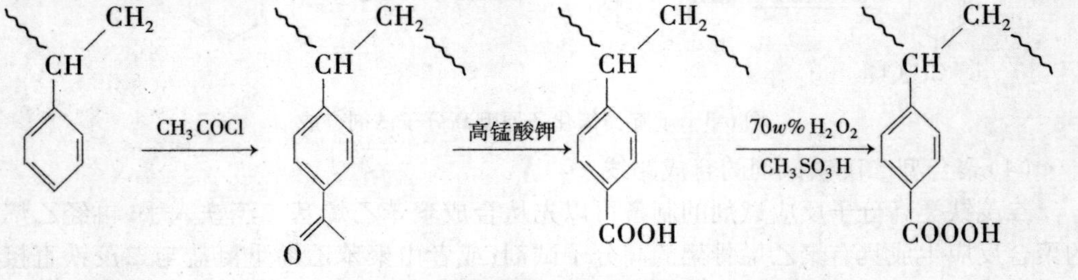

图 6-6 聚苯乙烯过氧酸的合成

（2）高分子硒试剂

以对氯苯乙烯为原料,与革氏试剂和硒反应,经酸性水解生成含硒的苯乙烯单体,再经聚合反应(AIBN 引发)得到还原型高分子有机硒试剂,此试剂再经氧化过程即可得到选择性很好的高分子硒氧化试剂,如图 6-7 所示。这种试剂也可以以聚对溴苯乙烯为原料,与苯基硒化钠反应,经氧化后得到。

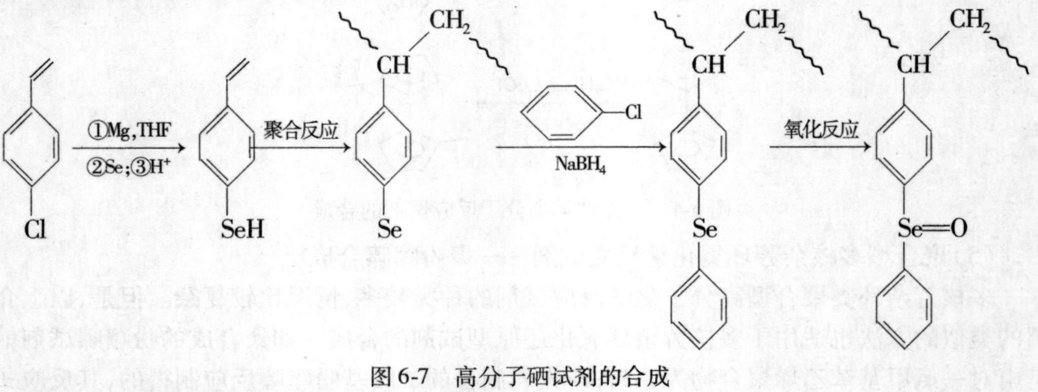

图 6-7 高分子硒试剂的合成

3. 高分子还原反应试剂

一种高分子锡还原试剂的合成方法是以聚苯乙烯为原料,经与锂试剂(正丁基锂)反应,生成聚苯乙烯的金属锂化合物。再经革氏化反应,将丁基二氯化锡基团接于苯环,最后与氢化铝锂还原剂反应,得到高分子的锡还原试剂,如图 6-8 所示。

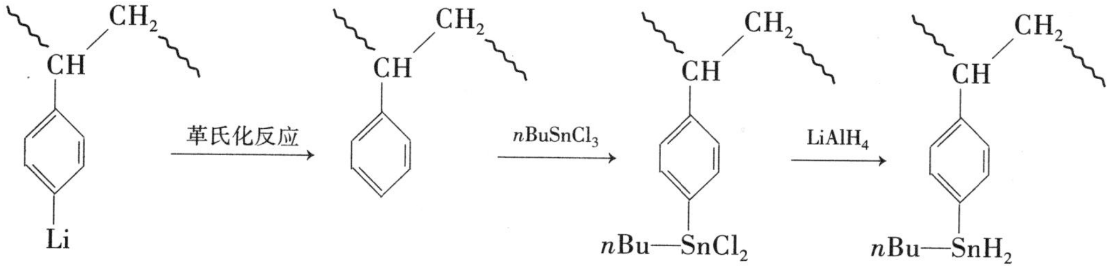

图 6-8　高分子锡还原试剂的合成

　　另外一种高分子还原反应试剂——聚苯乙烯磺酰肼也可以以聚苯乙烯为原料,经磺酰化反应,得到聚对磺酰氯苯乙烯中间产物。再与肼反应,得到有良好还原反应特性的磺酰肼高分子试剂,如图 6-9 所示。

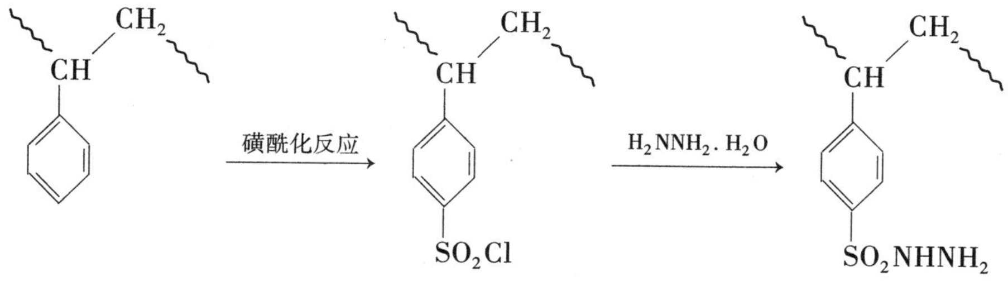

图 6-9　聚苯乙烯磺酰肼的合成

6.2.2　高分子卤代试剂

　　有三苯基化磷结构的化合物经常作为化学试剂或催化剂的母体,其中含有三苯基二氯化磷结构的高分子可以作为卤代试剂。这种卤代试剂的合成有两种路线可供选择。一种是以对溴苯乙烯为起始物,经聚合反应生成带有溴苯结构的聚苯乙烯聚合物。在溴原子取代位置,在强碱正丁基锂的辅助作用下与二苯基氯化磷发生取代反应,生成高分子卤代试剂的前体——三苯基磷聚合物,如图 6-10 所示。这种结构的产物与某些金属反应生成的络合物是一种优良的高分子催化剂。三苯基磷聚合物再与过氧酸反应,生成的含有羰基的五价磷化合物与光气反应,即可得到高分子氯代试剂——三苯基二氯化磷聚合物。

　　此外,这种卤代试剂也可以由聚苯乙烯为原料,在乙酸钛催化下,与溴水反应制备聚对溴苯乙烯,再用以上介绍的同样方法合成高分子氯代试剂。

　　N–卤代酰亚胺是一种优良的卤代试剂,特别是在溴代和磺代反应中应用较多,其中溴代试剂称 NBS。N–卤代酰亚胺的高分子化过程比较简单,带有双键的五元环酰亚胺本身有聚合能力,为了有利于聚合反应的进行和提高高分子试剂的整体性能,通常采用酰亚胺与苯乙烯共聚来实现该试剂的高分子化,得到的共聚物再与溴水在碱性条件下反应,使溴原子取代酰亚胺氮原子上的氢原子,使其成为具有溴代反应能力的高分子试剂,如图 6-10所示。另外一种合成路线是一种也具有聚合能力的丁烯内二酸酐构成的五元环与苯乙烯共聚,生成的聚合物与羟胺反应,将五元环中的氧原子由氮原子替换,得到高分子卤代试剂的中间体——聚酰亚胺,N 基卤代后成为高分子卤代试剂,如图 6-11 所示。

　　氯和氟等体积比较小的卤族元素的卤代反应用上述试剂常常得不到理想结构,需要

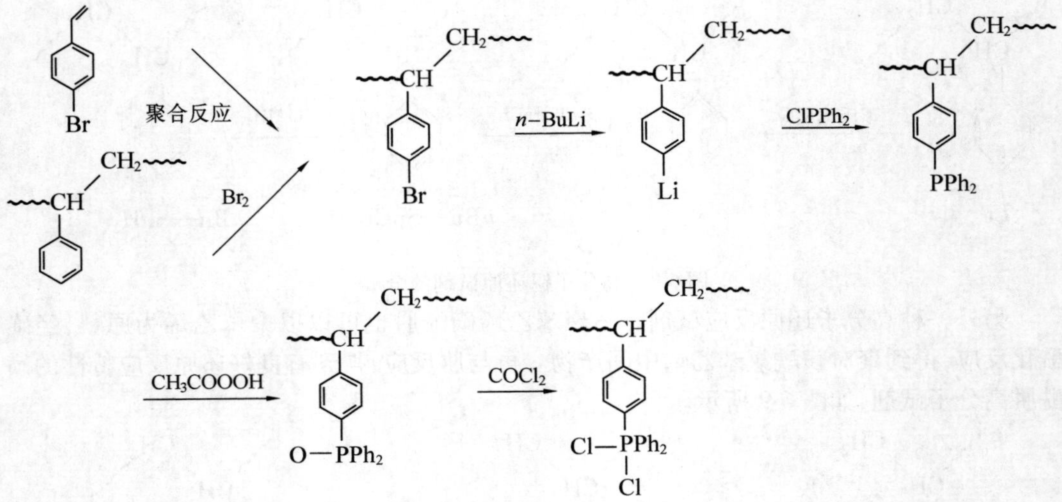

图 6-10　三苯基二氯化磷型高分子卤代试剂的合成

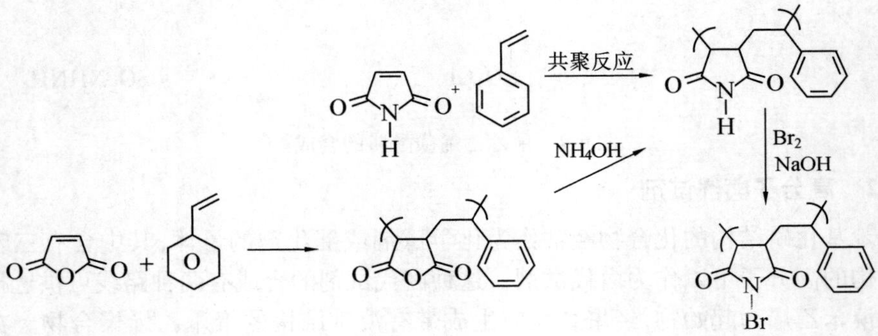

图 6-11　高分子 NBS 试剂的合成路线

用到另外一种卤代试剂——三价磺高分子卤代试剂。这种试剂的合成也可以直接从聚苯乙烯开始，在磺酸、硫、硝基苯的共同作用下，在聚苯乙烯中的苯环上发生磺代反应。此后苯环上生成的磺原子与氯或氟化合物进行氧化取代反应得到磺原子上带有氯或氟的三代磺高分子试剂。如图 6-12 所示。

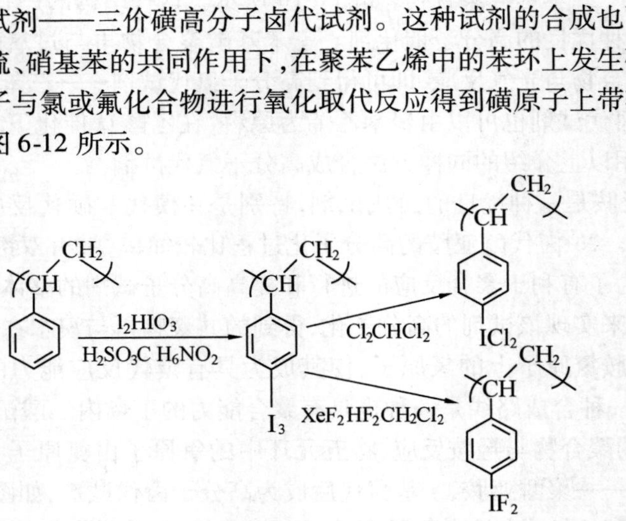

图 6-12　三价磺高分子卤代试剂的合成路线

6.2.3　高分子酰基化反应试剂

高分子活性酯反应试剂在结构上可以清楚地分成两部分,高分子骨架和与之相联的酯基。在高分子活性酯中酰基 RCO– 是通过共价键以活性酯的形式与聚合物中的活泼羟基相联接的,生成的高分子活性酯有极高的反应活性,可以与有亲核特性的化合物发生酰基化反应,将酰基传递给反应物。高分子活性酯的合成可以从可聚合单体合成开始,在苯环上引入双键。然后将得到的对甲氧基苯乙烯与二乙烯苯(交联剂)共聚。共聚反应产生的聚合物经三溴化硼脱保护,将甲基醚转变成活性酚羟基,再经硝酸硝化以增强酚羟基的活性,即可得到制备高分子活性酯的前体——间硝基对羟基聚苯乙烯。该化合物与酰卤代反应,即产生有很强酰基化能力的高分子活性酯反应试剂,下列反应式为高分子活性酯酰基化试剂的合成,如图 6-13 所示。

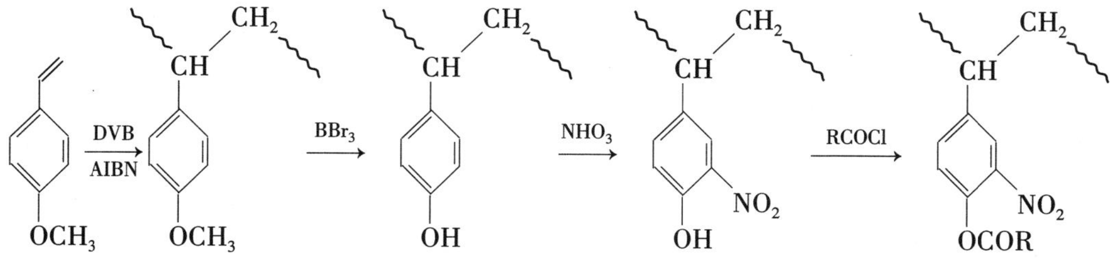

图 6-13　高分子活性酯酰的合成

另一种酯键是通过苯环与聚苯乙烯骨架相连的高分子活性酯,其合成方法采用聚苯乙烯和对氯甲基邻硝基苯酚为原料,在三氯化铝催化下反应得到高分子活性酯前体,如图 6-14 所示。其活性中心与聚苯乙烯骨架之间通过柔性亚甲基相联,可以降低聚合物骨架对活性点的干扰。

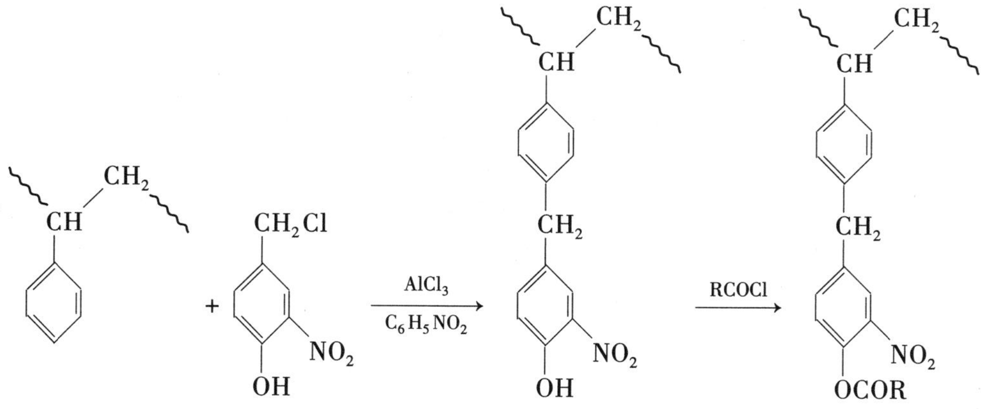

图 6-14　高分子活性酯酰基化试剂合成

除了活性酯以外,高分子化的酸酐也是一种很强的酰基化试剂。酸酐型的高分子酰基化试剂的合成也可以采用聚羟甲基苯乙烯为原料与光气反应生成反应性很强的碳酰氯,再与适当的羧酸反应得到预期的高分子酸酐型酰基化试剂,如图 6-15 所示。或者首先合成对乙烯基苯甲酸,经聚合反应生成的聚合物与乙二酰氯反应制备聚合型酰氯,再与苯甲酸反应得到高分子酸酐。

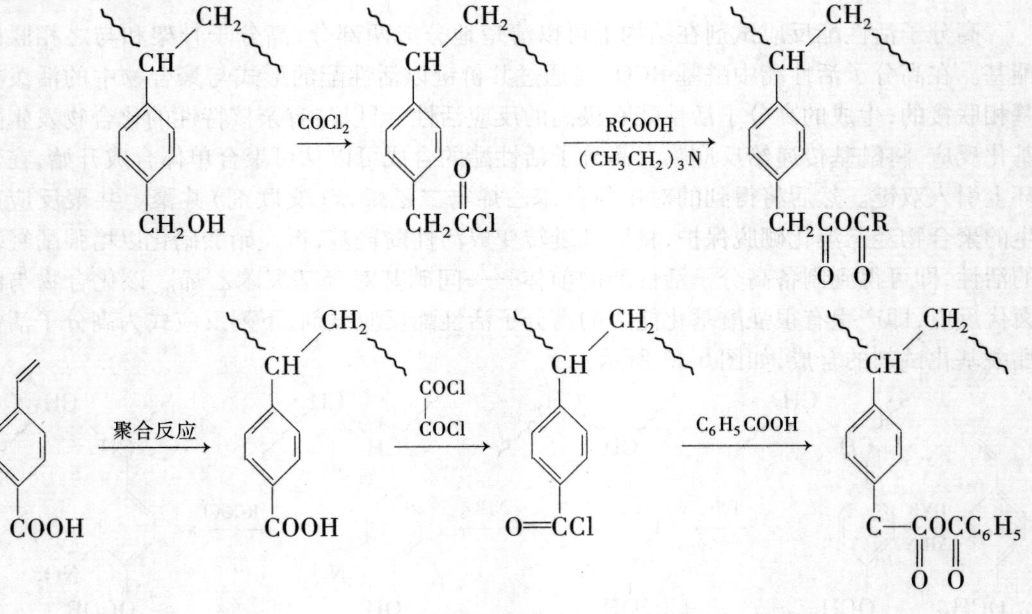

图 6-15　酸酐型高分子酰基化试剂的合成

6.2.4　高分子烷基化试剂

　　烷基化反应主要在合成反应中用于碳—碳键的形成,用以增长碳骨架。在烷基化反应中高分子烷基化试剂也已经获得应用。在反应中可以通过高分子烷基化试剂提供碳原子,如甲基或氰基等。高分子烷基化试剂的种类比较多,主要包括高分子金属有机试剂、高分子金属络合物和有叠氮结构的高分子烷基化试剂。高分子烷基化反应试剂的制备方法有多种,前面介绍的方法大多可以借用到制备高分子烷基化试剂过程中来。

　　高分子烷基化试剂在有机合成中的应用比较普遍,如硫甲基锂型高分子烷基化试剂主要用于碘代烷和二碘代烷的同系列化反应,用以增长碘化物中的碳链长度,如图 6-16 所示,而且可以得到较好的收率。反应后回收的烷基化试剂与甲基锂反应再生后可以重复使用。带有叠氮结构的高分子烷基化试剂与羧酸反应可以制备相应的酯,副产物氮气在反应中自动除去,使反应很容易进行到底,如图 6-17 所示。

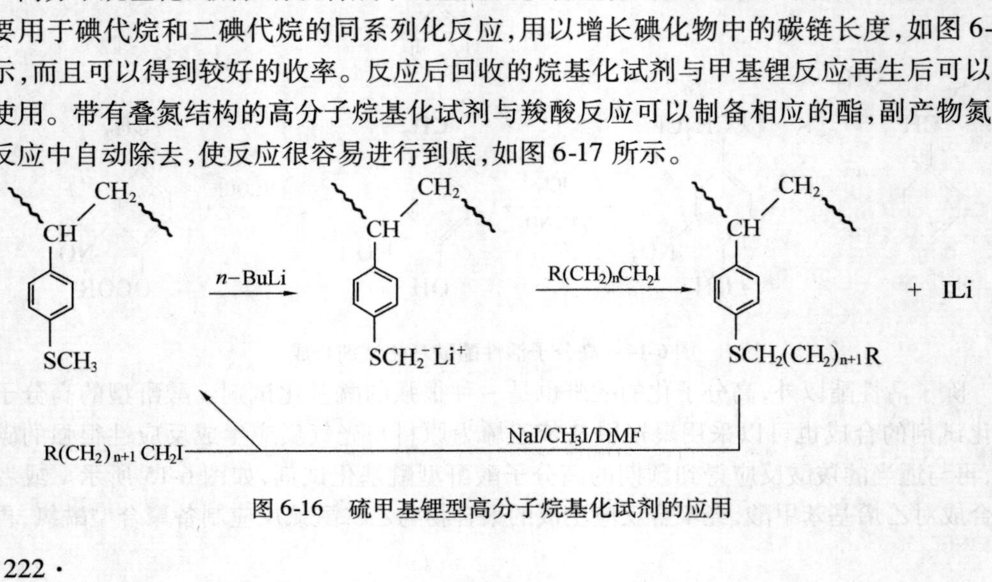

图 6-16　硫甲基锂型高分子烷基化试剂的应用

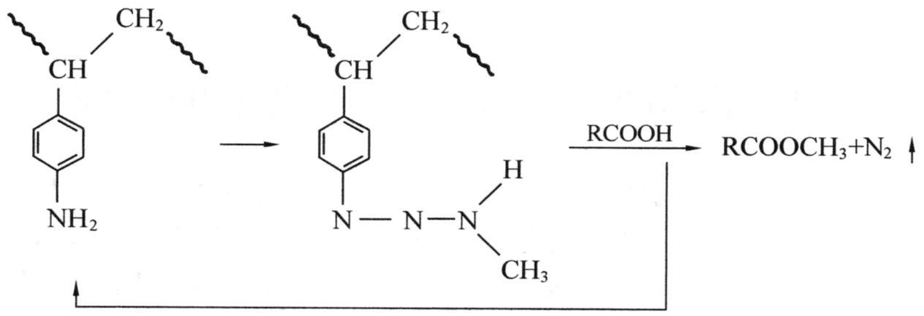

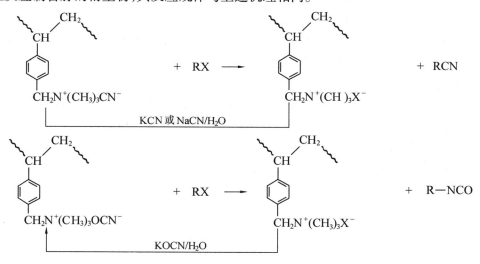

图 6-17　叠氮型高分子烷基化试剂在酯合成中的应用

6.2.5　高分子亲核反应试剂

亲核反应是指在化学反应中试剂的多电部位(邻近有给电子基团)进攻反应物中的缺电部位(邻近有吸电子基团)。亲核试剂多为阴离子,或者为带有孤对电子和多电基团的化合物。许多高分子化的亲核试剂用离子交换树脂为阴离子型亲核试剂的载体,多种商品化的强碱型阴离子交换树脂经相应的阴离子溶液处理,以静电引力担载阴离子试剂,都可以作为高分子亲核试剂。高分子亲核试剂多与电负性基团的化合物反应,如卤代烃中卤素原子的电负性使得相邻的碳原子上的电子云部分地转移到卤元素一侧,使该碳原子易受亲核试剂的攻击。带有氰负离子的高分子亲核试剂在一定的有机溶剂中与卤代烃一起搅拌加热,可以得到多个碳原子的腈化物(氰基被传递到反应物碳链上),这类反应就是亲核反应,如图 6-18 所示。一般来说,在此类反应中卤代烃的分子体积越小,收率越高。对不同的卤素取代物,磺化物的收率高于溴化物和氯化物($RI>RBr>RCl$),氟化物不反应。阴离子交换树脂由含有 OCN 负离子的溶液处理,得到的高分子亲核试剂可以与卤代烃反应制备脲的衍生物,其反应规律与上述机理相同。

图 6-18　高分子亲核试剂的应用例证

6.3 医用生物材料——聚乳酸的合成

近年来,医用生物高分子材料的应用日益广泛,其中生物降解可吸收材料占有很大比重。化学合成的生物降解材料中,研究最多的是脂肪族聚酯,特别是聚乳酸。由于聚乳酸具有良好的生物相容性和降解性,以及降解产物的矿化作用和可代谢性,并且可以利用共聚、共混进行改性,所以已经成为短期医用生物材料中最具吸引力的聚合物。

6.3.1 聚乳酸的合成机理

乳酸(lactic acid)和丙交酯(lactide)都是手性的。乳酸有两个光学异构体:L-乳酸和D-乳酸。而丙交酯有四种异构体:L-丙交酯和 D-丙交酯(mp95 ℃),D,L-丙交酯(mp127 ℃),meso-丙交酯(mp43 ℃)。如图 6-19 所示。

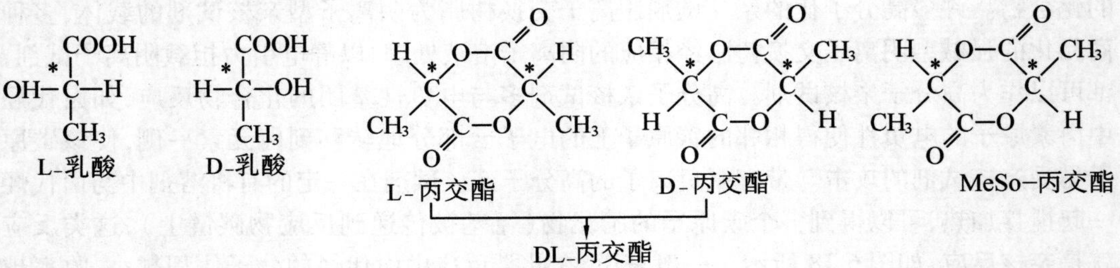

图 6-19 乳酸和丙交酯的异构体

由于人体只具有分解 L-乳酸的酶,故 L-乳酸比 DL-乳酸在生物可降解材料的应用上更有优势。L-乳酸主要通过发酵法生产,包括细菌发酵、根酶发酵、固定化微生物发酵。丙交酯主要通过乳酸直接缩聚得到的低相对分子质量的乳酸齐聚物在高温下裂解形成,MeSo-丙交酯是从 DL-交酯重结晶的母液中得到。聚乳酸中由多种单体通过不同途径合成:途径一是乳酸的直接聚合;途径二是乳酸环状二聚体—丙交酯的开环聚合(ROP)。

1. 直接聚合

直接缩聚法在体系中存在着游离酸、水、聚酯及丙交酯的平衡,不易得到高相对分子质量的聚合物。但乳酸来源充足,价格便宜,用此法较 ROP 法经济合算。Woo 等用己二异氰酯与直接缩聚聚乳酸的羟基缩合,使聚乳酸链增长,缩合物 M_w 达到 76 000,如图 6-20 所示。

Azjioka 等开发了连续共沸除水法直接聚合乳酸的工艺,聚合物相对分子质量高达 30万,使日本 Mitsui Toatsu 化学公司实现了聚乳酸的商品化生产。

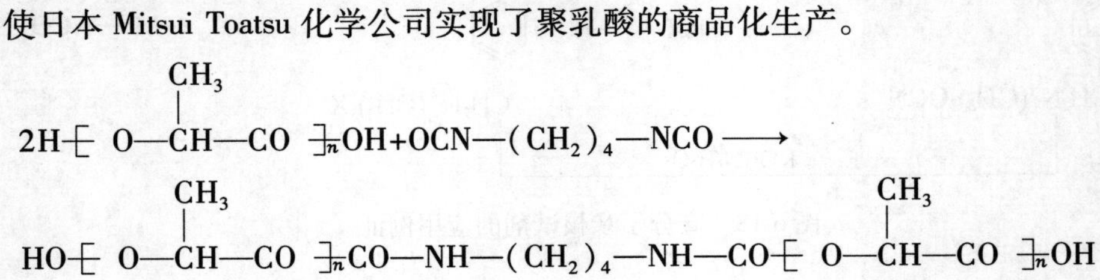

图 6-20 1.6-已二异氰酸酯链增长制备高相对分子质量 PLA

2. 开环聚合

长期以来,人们致力于研究第二种途径即丙交酯的开环聚合。这种反应可以合成出相对分子质量高达 70 到 100 万的聚乳酸。迄今为止,人们提出了三种聚合机理。

(1)阳离子聚合

用于丙交酯开环聚合的阳离子引发剂可分为三类:①质子酸,如 HCl,HBr,RSO$_3$H 等;②路易斯酸,如 AlCl$_3$,SnCl$_2$,SnCl$_4$,MnCl$_2$ 等;③烷基化试剂,如 CF$_3$SO$_3$CH$_3$ 等。传统的聚合机理认为阳离子先与单体中氧原子作用生成氧𬭩离子,经单体开环(酰氧键断裂)产生酰基正离子,然后单体再对这个增长中心进攻,如图 6-21 所示。

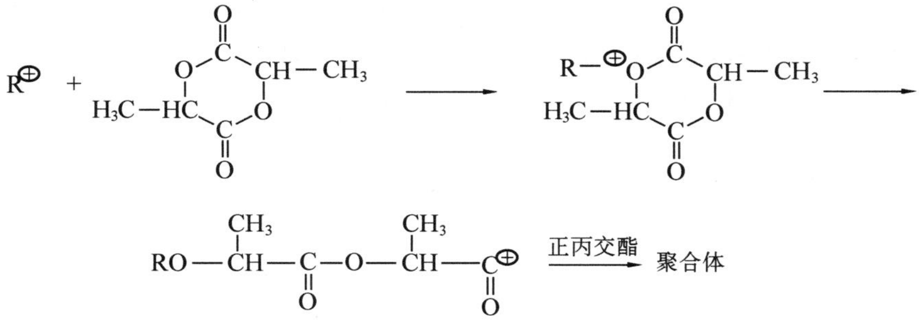

图 6-21 传统阳离子 ROP 反应机理

Kohn 等在研究路易斯酸类引发剂引发丙交酯的 ROP 时提出:AlCl$_3$ 或 SnCl$_4$ 与体系中痕量的水的反应产物 HCl 是真正的引发物种,如图 6-22 所示。Kricheldorf 等认为只有三氟甲基磺酸(Trifluoromethanesulfonicacid)和三氟甲基磺酸甲酯(Methyl triflate)是真正的丙交酯 ROP 的阳离子引发剂,而其他所谓阳离子引发剂都是在体系痕量杂质的共催化作用下实现引发的,如图 6-23 所示。

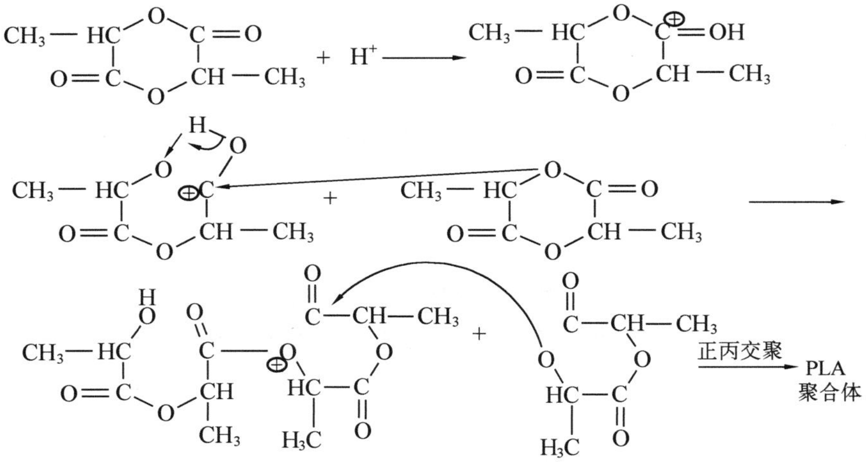

图 6-22 强质子酸引发丙交酯 ROP 的可能反应路径

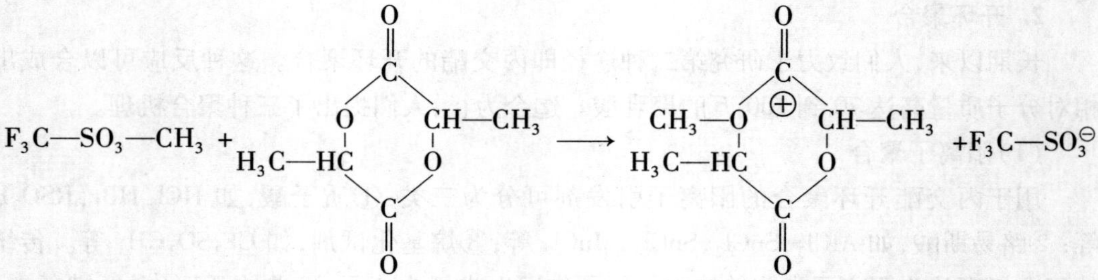

图 6-23　三氟甲基磺酸甲酯引发的丙交酯 ROP

Kricheldorf 等在研究 Sn(Ⅱ)和 Sn(Ⅳ)卤化物的引发机理时发现：卤代锡可与体系中痕量乳酸或其他含有羟基的杂质形成络合物,这个络合物中心 Sn—O 键是活性物种,引发一种非离子性的络合-插入机理,如图 6-24 所示。

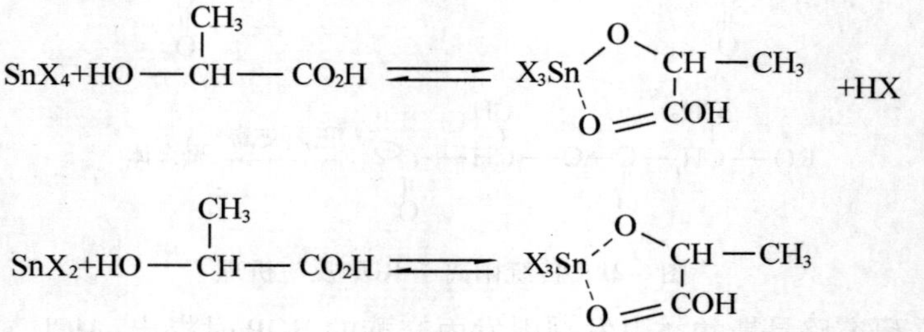

图 6-24　卤代锡与乳酸形成的复杂化合物

（2）阴离子聚合

引发剂为强碱,如 Na₂CO₃,LiAlH₄,ROK,ROLi 等,引发机理为负离子亲核进攻丙交酯羰基,酰氧键断裂,以 ROK 为例,如图 6-25 所示。

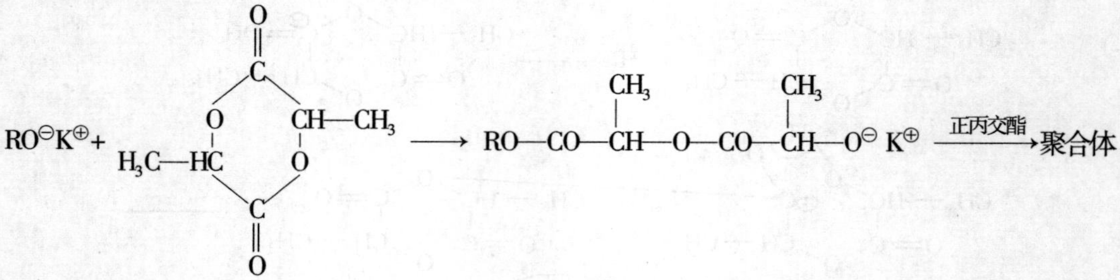

图 6-25　阴离子 ROP 机理

L-丙交酯的阴离子开环聚合经常伴有消旋现象,这是由于丙交酯环上叔碳原子脱质子所致,如图 6-26 所示。

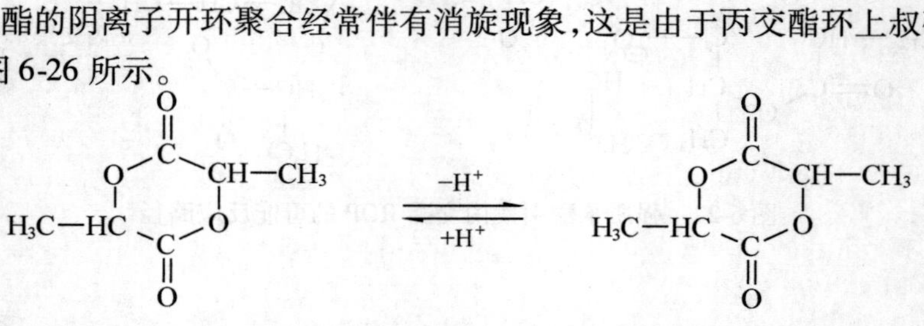

图 6-26　L-丙交酯脱质子导致消旋

Kricheldorf 等对 ROK 和 ROLi 做引发剂进行比较发现:ROK 碱性强,所得产物相对分子质量低,消旋作用强,是典型的阴离子聚合;而 ROLi 引发的聚合反应产物相对分子质量高,光学纯度高。由此他们推测 ROLi 引发的反应机理主要是配位−插入机理。

(3)配位聚合

也称配位−插入(coordination−insertion)聚合,获得了深入的研究,且应用最广。引发剂主要为过渡金属的有机化合物和氧化物。过渡金属的有机化合物可分为三类:

①烷基(或芳基)金属,如 $ZnEt_2$,$AlEt_3$,$SnPh_4$,$MgBu_2$,格氏试剂等。

②烷氧基金属,如 $Al(Oi-Pr)_3$,$Bu_2Sn(OMe)_2$,Bu_3SnOMe,$AlEt_2(OEt)$,$ZnEt(Oi-Pr)$,$Al(acac)_3$,$Li(Ot-Bu)$ 等。

③羧酸盐,如硬酯酸锌,$Sn(Oct)_2$(tin2-ethylhexanate),乳酸锌等。

过渡金属氧化物引发剂包括 ZnO,Sb_2O_3,PbO,MgO,Fe_2O_3 等。

以 $Al(Oi-Pr)_3$ 为例,反应机理为丙交酯环上氧原子与铝原子空轨道配位,然后单体的酰氧键对 AlO 键进行插入,并在 Al—O 键上链增长,如图 6-27 所示。

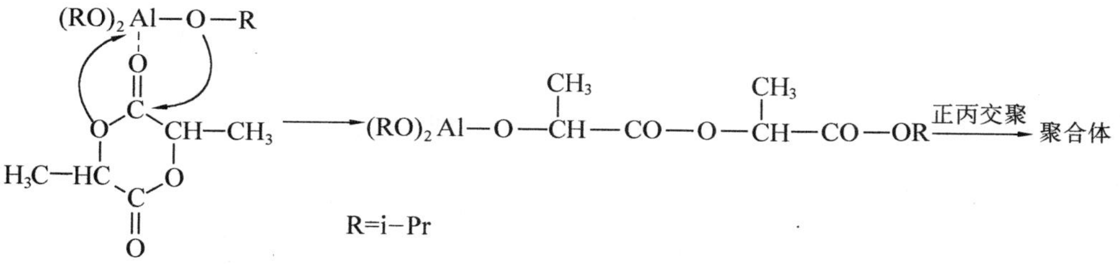

图 6-27 异丙基铝引发丙交酯聚合机理

在反应后期会发生两种酯交换反应,从而影响产物的相对分子质量。一种是分子内酯交换反应,也称做反咬(back-biting);第二种是分子间酯交换反应,如图 6-28 所示。

在上述的引发剂中,$Sn(Oct)_2$ 引发效率高,并已通过美国食品医药局(Food and drug administration,Washington,D.C.)检验可作为食品添加剂,从而成为最常用的引发剂。

Spassky 等设计了一种手性的铝和西佛碱的络合物引发 D,L-丙交酯的配位聚合,发现此反应具有高度的立体选择性,得到了含有 88% 的 D 型单元的聚合物,如图 6-29 所示。

另一类配位−插入聚合引发剂是镧系元素的化合物。1990 年,沈之荃等首次报导了稀土环烷酸盐[$Ln(naph)_3$]催化合成聚乳酸,随后出现了一批有稀土化合物组成的引发剂,如 $Ln(OCH_2CH_2NMe_2)$,$Ln(Oi-Pr)_3$,$Ln(acac)_3$,$(ArO)_3Ln$,$Ln(CF_3COO)_3$。这类聚合也是活性聚合,MWD 非常窄。

为了改进 PLA 的物理性质和降解速度,人们在配位聚合的基础上,合成了多种功能基化的 pLA。Kim 等在季戊四醇的存在下,合成了星形聚乳酸,如图 6-30 所示。

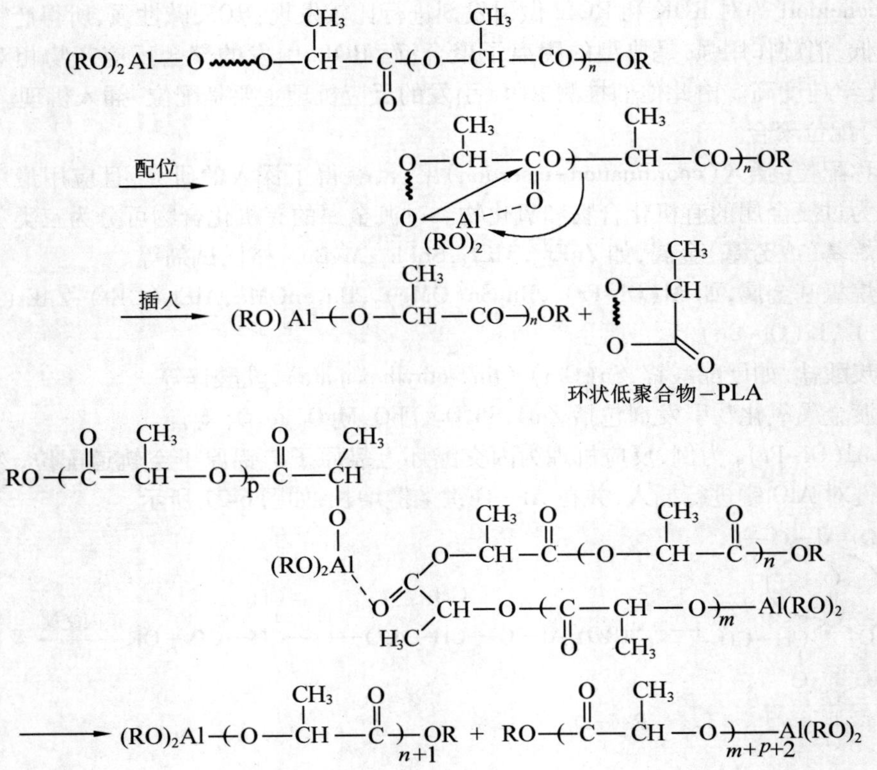

$$(RO)_2Al—O \sim\sim O—CH—C(—O—CH—CO)_n—OR$$

图 6-28　PLA 酯基转移

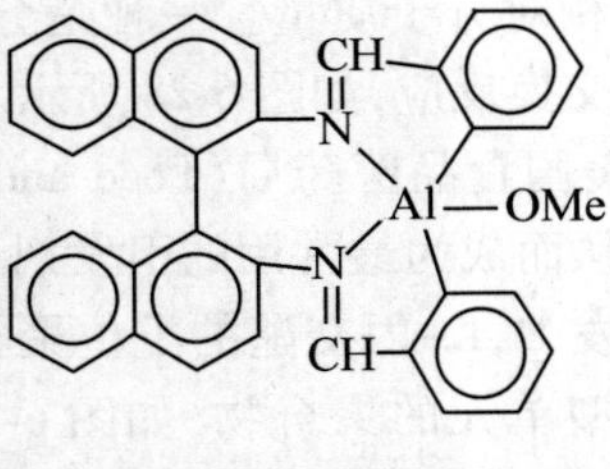

图 6-29　手性铝和西佛碱络合物

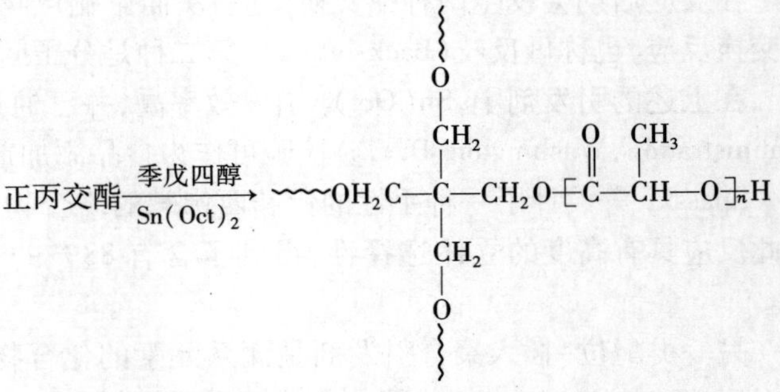

图 6-30　星形聚乳酸合成

通过类似的方法,Kricheldorf 等把多种含有羟基的维他命、激素和药物引入到了聚乳酸的端基。这些为聚乳酸的应用提供了更为广泛的前景。

6.3.2　聚乳酸的合成工艺

在聚合反应具体实施过程,人们一般采用本体聚合和熔融聚合。这两种方法由于操作简便易行,易于获得高相对分子质量聚合物而常被采用,熔融聚合与本体聚合的区别在于熔融聚合的聚合温度在单体和聚合物熔点之上,而本体聚合的聚合温度在单体和聚合物之间。Tunc 报道在 180 ℃进行熔融聚合,聚合反应不完全,5% ~ 10%的单体未参加反应。Leenslag&Pennings 指出在本体聚合中,从反应体外部到内部相对分子质量逐渐降低,这是由于"凝胶效应"所致。采用最多的是 Kulkarni 等所发展的方法。他们把装有丙交酯和引发剂的烧瓶在真空下封口,然后在丙交酯的熔融温度以上进行聚合。

为了合成高相对分子质量的聚乳酸,人们又对聚合反应的条件作了详尽研究,这些因素包括催化剂浓度、单体纯度、聚合真空度、聚合温度、聚合时间。发现通过重结晶控制的单体纯度以及聚合真空度是获得高相对分子质量的最重要条件。而以水、酸、醇等作为共催化剂存在时,虽然加快聚合速度,但体系内存在的醇类和羧酸,会使聚合物链发生转移,从而影响聚合物的相对分子质量。

就聚乳酸的合成而言,丙交酯的开环聚合,尤其是配位-插入开环聚合,能够控制聚合物的相对分子质量大小及 MWD,是最佳的合成途径。

目前高相对分子质量聚乳酸的价格仍比较昂贵,如何改进工艺,降低成本是使 PLA 得到更广泛应用必须解决的问题。

聚乳酸的分子工程,包括共聚、共混、分子修饰可以改变聚乳酸的结晶性和亲水性,增加功能基,是聚合物化学探寻新型材料的有力手段。目前的共聚物有丙交酯与乙交酯、乙二醇、赖氨酸等;共混有 PLA 与聚氨酯、聚甲基丙烯酸甲酯、聚乙交酯、纤维素等;分子修饰,主要是 PLA 的接枝,如接枝赖氨酸、接枝丙烯酸等。聚乳酸系列的材料成为研究热点,具有广泛的发展前景。

6.4　磁性高分子微球的制备

磁性高分子微球是指内部含有磁性金属或金属氧化物(如铁、钴、镍及其氧化物)的超细粉末而具有磁响应性的高分子微球,它是近 20 年来发展起来的一种新型功能高分子材料。磁性高分子微球既可以通过共聚、表面改性等化学反应在微球表面引入多种反应性功能基(如羟基、羧基、醛基、氨基等),也可通过共价键来结合酶、细胞、抗体等生物活性物质,在外加磁场的作用下,进行快速运动或分离。因而,磁性高分子微球作为新型功能高分子材料,在生物医学(临床诊断、酶标、靶向药物)、细胞学(细胞标记、细胞分离)及生物工程(酶的固定化)等领域有着广泛的应用前景。

磁性高分子微球一般由磁性物质的超细粉末组成核,外面再由高分子材料组成壳层。此外也可制成夹心结构,即外层、内层为高分子材料,中间层为磁性材料。其制备方法主要有包埋法、共沉淀法、单体聚合法及化学转化法等。

6.4.1　包埋法

包埋法是将磁性粒子分散于高分子溶液中,通过雾化、絮凝、沉积、蒸发等方法得到磁性高分子微球。

本法得到的磁性微球其磁性微粒与高分子之间的结合主要是通过范德华力、氢键和螯合作用以及功能基间的共价键。这种方法得到的微球粒径分布宽,形状不规则,粒径不易控制,壳层中难免混有杂质,如乳化剂等,因而用于免疫测定和细胞分离时会受到很大限制。

常用的包埋材料有纤维素、尼龙、磷脂、聚酰胺、聚丙烯酰胺、硅烷聚合物等,例如将磁性微粒悬乳分散于聚乙烯亚胺的溶液中,通过过滤、干燥处理,可以得到外包聚乙烯亚胺的磁性微球试样,将磁性粒子与牛血清白蛋白和棉籽油进行超声处理,然后加热至105～150 ℃,可得到包白蛋白的磁性微球。

6.4.2 单体聚合法

单体聚合法是指单体在磁性粒子存在下,加入引发剂、稳定剂等进行聚合反应,得到内部包有一定量磁性微粒的高分子微球。

这种方法得到的载体粒径较大,固载量小,但作为固定化酶的载体,有利于保持酶的活性,而且磁响应性也较强。

由于磁性粒子是亲水性的,所以亲水性单体(如多糖类化合物)容易在磁性微粒表面进行聚合。而对于油性单体(如苯乙烯、甲基丙烯酸甲酯等),聚合反应难以在磁性微粒表面进行,因而需要对磁性微粒进行预处理或适当改变聚合体系的有机相组成。例如用过硫酸钾的饱和溶液和含55%单体的乙醇溶液浸泡磁流体各20 h,然后加入乳化剂和水,在氮气保护下进行聚合反应,可以得到粒径为0.06～0.7 μm的磁性苯乙烯微球。

6.4.3 化学转化法

化学转化法是指将一定浓度的磁性金属阳离子渗透和交换到大孔树脂中去,然后利用化学反应使金属离子转化为磁性金属氧化物,使之均匀分布在聚合的孔结构中,渗透和转化步骤可反复进行。另一种办法是将树脂硝化,然后在酸的存在下,用硝酸将金属(如铁)氧化成金属氧化物,但这样得到的磁性微粒仅限于树脂表面。

该方法操作简便,树脂磁性分布均匀,磁质量分数容易控制,但对树脂的要求比较严格。例如用一定比例的二价和三价铁离子溶液浸泡阳离子交换树脂,然后将树脂置于碱性溶液中,使铁离子转化为 Fe_3O_4,这两步操作可以反复进行。

6.4.4 共沉淀法

共沉淀法是指二价与三价铁离子在碱性条件下沉淀生成 Fe_3O_4 或利用氧化-还原反应生成 Fe_3O_4 的同时利用高分子材料(例如聚乙二醇、葡聚糖等)作分散剂,从而得到外包有高分子的磁性微球。

共沉淀法得到的磁性微球通常粒径较小(10^1～10^2 nm),因而具有较大的比表面积和固载量,但其磁响应性较弱,操作时需要较强的外加磁场。例如向 α,ω-二羧基聚乙二醇溶液中滴加二价与三价铁离子溶液,同时保持体系的 pH 值在 8～8.5 之间,60 ℃下反应一段时间,利用外加磁场进行分离后可以得到纳米级的聚乙二醇磁性微粒。

6.5　高分子-无机夹层化合物的合成

夹层作用(intercalation)指某些物质(原子、分子或离子)进入层状固体层间缝隙的可逆插入反应。通常称层状固体为主体（host），而被插入的物质为客体（guest），由此形成的化合物叫夹层化合物（intercalation compound）（以下简称夹层物），如图6-31所示。

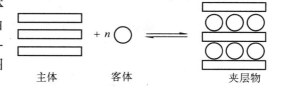

图6-31 夹层物的形成过程

由于夹层物在光电、磁及催化等方面展示了特殊性能，引起化学家、物理学家和材料科学家的极大兴趣，已成为一类具有诱人前景的新型功能材料。

作为客体的高分子从电活性高分子如聚苯胺（polyaniline，PAN）和聚环氧乙烷[（ethylene oxide），PEO]等扩展到其他非电活性高分子如尼龙（nylon）和聚苯乙烯（polysterene，PS）等。由于在高分子夹层物中高分子受限于主体层间而在一定程度上呈有序排列，并表现出各向异性，这对于研究高分子结构特征和结构-性能关系提供了一条较佳途径。同时，这类夹层材料与传统的高分子-无机复合材料有所不同，后者只是通过两者简单加合而着眼于改善和提高高分子材料的某些性能如机械强度、耐热性或化学稳定性等；而前者则通过高分子与无机材料在分子水平上的相互作用展示出它们性能上的协同，不仅使机械性能、热稳定性和化学稳定性更好，而且有时表现出特殊的物理、化学性能和良好的加工性能，开辟了一条设计并合成纳米级材料的新途径，因而具有广阔的应用前景。

6.5.1 高分子-无机夹层物的合成

1. 直接合成法

指高分子和无机层状固体直接反应生成夹层物的方法。当作为客体的高分子具有柔性链以及较好的溶解性或较低的玻璃化温度时，可采用此法。

（1）溶液法

选择适当溶剂让高分子和主体直接反应合成夹层物是一种较理想的方法。如在适宜溶剂中用具有不同相对分子质量的PEO与含不同水合金属离子的蒙脱石（MT）反应均生成相应夹层物PEO/M^{n-}-MT（M^{n+}=Li^+、Na^+、K^+和Ba^{2+}等），由于PEO取代了水合离子中的水分子使夹层反应得以顺利进行，如图6-32所示。

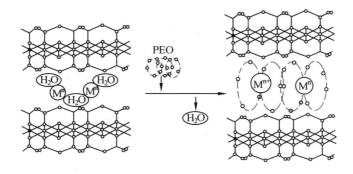

图6-32 PEO-MT夹层物的形成及PEO构象

（2）熔融法

对那些具有较高热稳定性而玻璃化温度又较低的柔性链高分子，有时可通过加热熔融将其插入主体层间形成高分子夹层物。Vaia 等用长链烷基铵离子将蒙脱石改性使其具有亲脂性,然后与聚苯乙烯类(PS)高分子混合后压片,在真空下加热熔融直接生成 PS—MT 夹层物。由于无机主体层表面大多呈亲水性,为使疏水性高分子插入其层间,一般须先用长链亲脂性分子预插入使主体改性。

(3)剥离-包合法(exfoliation-encapsulation)

通过溶剂的作用克服主体层间弱相互作用使其剥离,再加入高分子,而后去除溶剂形成高分子-无机夹层物的方法称剥离-包合法。这种方法中溶剂的选择至关重要,所选溶剂须能使主体剥离,同时最好对高分子又有较好溶解性。Wang 等以锂离子预插入的三氧化钼($Li_x MoO_3$, $x = 0.31 \sim 0.4$)为主体,用此方法将 PEO、甲基纤维素和尼龙-6 等插入其间生成了相应的高分子-$Li_x MoO_3$ 夹层物。

2. 夹层聚合法

有些高分子因分子链较长且呈刚性结构很难直接插入主体层间。为此,采取使单体小分子先插入主体层间再聚合生成高分子的方法合成其夹层物,这种方法被称为夹层聚合法(intercalative polymerization)。

(1)氧化夹层聚合法

导电共轭高分子-无机夹层物的合成一般先使单体插入主体层间,然后氧化聚合,即所谓的原位氧化夹层聚合法(in situ oxidative intercalative polymerization)。主要有以下几条途径:

①主体自身具有氧化性使单体聚合。例如,五氧化二钒干凝胶($V_2 O_5 \cdot n H_2 O$ xerogels)本身具有较强的氧化能力,它与苯胺单体形成聚苯胺夹层物大致经过三个阶段,即单体层间吸入、胺质子化、后氧化聚合,同时层内部分 V^{5+} 被还原成 V^{4+}。

层状硅酸盐等主体本身无氧化性,但若用过渡金属离子(Cu^{2-}、Fe^{3+} 和 VO^{2+} 等)交换层间部分正离子后则成为氧化性主体。经 Cu^{2+} 交换的蒙脱石(Cu^{2+}—MT)与苯胺溶液反应,顺磁共振谱和红外光谱说明苯胺在被吸附于 Cu^{2+}—MT 层间后先被氧化成自由基而后聚合,同时 Cu^+ 被还原为 Cu^{2+},接着又被氧化为 Cu^{2+},作为聚苯胺链形成的引发剂。

②主体无氧化性而在单体插入后加入氧化剂或直接加热,或光氧化使单体聚合。Kanatzidis 等将苯胺插入三氧化钼生成了部分质子化的苯胺夹层物($PhNH_2^+$) $yMoO_3$ ($x + y = 0.4$),主体自身不能使苯胺聚合,但用过硫酸铵水溶液将其氧化即得到了聚苯胺夹层物(PAN)$0.7MoO_3$。而磷酸氧铀盐插入苯胺生成质子化苯胺夹层物 [($C_6 H_5 NH_3$) $UO_2 PO_4 0.5H_2 O$]后,在空气中加热,用 FTIR 谱监测发现苯胺离子强特征峰渐渐变弱而消失,伴随着聚苯胺强特征峰的形成,结果生成了黑色聚苯胺夹层物(PAN)$0.94UO_2 PO 4.4H_2 O$。

③电化学氧化聚合。Inoue 等用层状硅酸盐主体修饰的电极浸入液体苯胺生成夹层物后,在盐酸溶液中进行电化学氧化即形成聚苯胺夹层物。这种方法因电极制作困难,其应用受到限制。

(2)引发夹层聚合法

与原位氧化夹层聚合不同,有时在合成高分子-无机夹层物时,将具有引发作用的小分子预先插入主体层间,然后通过其引发作用使单体在层间聚合成高分子,这种方法称之为原位引发夹层聚合(in situ initiation intercalative polymerization)。例如,以12-氨基月桂酸预插入的硅酸盐为主体与ε-己内酯反应,其羧基引发单体在层间聚合,随着链增长和相对分子质量增加最终能生成端基系于主体层表面的均匀的聚酯-硅酸盐纳米结构材料。

聚苯胺夹层由于其优秀的导电性及环境稳定性,聚苯胺在二次电池、电致发光显示和微电子器件等方面展示了良好的应用前景,因而近年来倍受瞩目,但其难溶和难以加工成形的缺点严重妨碍了它的应用。尽管近年来在克服这些缺点方面已有很大突破,但利用其与无机层状主体形成夹层物以改善其加工性能、探讨其结构及结构-性能关系仍不失为一种较理想的手段。基于此,聚苯胺夹层物成为目前夹层物化学中被研究最多的高分子夹层物。在各类聚苯胺夹层物中,聚苯胺在层间大多以导电的聚苯胺盐形式(emeraldine salt form)存在,所以夹层物大多具有较好的电导性。

由PEO类的高分子和某些金属盐和高氯酸锂等形成的固溶体能用作二次电池的电解质即所谓的高分子固体电解质(solid polymer electrolytes,SPE)。近来,许多学者将PEO等引入层状固体,期望得到性能更好的电解质材料和电极材料,从而使这类夹层物的研究获得了很大发展。

20世纪90年代初,Ruiz-Hitzky等就曾报道锂离子交换的蒙脱石(MT)的PEO夹层物(PEO/Li^+-MT)具有较高的离子电导率及明显的各向异性($\sigma_\parallel/\sigma_\perp \approx 10^3$)。随后又研究了含各类不同正离子的蒙脱石的PEO夹层物PEO/M^{n+}-MT(M^{n+} = Na^+,K^+ 和 Ba^{2+} 等)XRD结果显示主体层间距扩大和热稳定性比SPE好。

而利用具有较好导电性能的主体与PEO形成的夹层物兼具电子和离子导电性,既是一类电解质材料又可用作电极材料,PEO-五氧化二钒二凝胶夹层物就是其中之一。无论是溶液凝胶态还是自支撑膜的五氧化二钒干凝胶都能与PEO形成PEO-V_2O_5夹层物,前者层间距扩大值为0.45 nm,说明PEO采取单层"之"字形构象;后者则生成层间距扩大值为0.78 nm的夹层物,说明PEO在层间以螺旋构象或双"之"字构象存在。当用紫外光照射PEO-V_2O_5夹层物后导电性明显增强,这一有趣现象可能源于光引发V^{5+}还原为V^{4+}而形成金属混合价态。而用PEO与钠离子的三氧化钼夹层物($Na_xMoO_3 \cdot nH_2O$)反应也得到PEO夹层物$(PEO)_yNa_{0.25}MoO_3 \cdot nH_2O$,当$y$ = 0.4时,PEO为单层结构;y = 0.9时,PEO则为双层结构。作者探讨了这两种夹层物的锂离子电化学夹层行为,结果锂离子不仅能可逆插入且在双层结构的PEO夹层物中的迁移数远高于具有单层结构的PEO夹层物。具有半导体特征的稳态D_{3h}-MoS_2的锂离子夹层物($LiMoS_2$)经水解生成亚稳态的有金属特征的单层O_h-MoS_2主体的胶状溶液,在加入高分子后生成相应夹层物,其中$(PEO)_{0.92}MoS_2$和$(PPG)_{0.5}MoS_2$的室温电导率分别为0.10 S/cm和0.20 S/cm,是迄今为止少有的几个高电导率的高分子夹层物。$(PEO)_{0.92}MoS_2$的电导率及温差电势率测定结果表明它为P-型金属导体,但与普通金属不同,它在低于14 K时发生由金属向绝缘体的剧变,电导率下降高达6个数量级,可能是电荷密度波(charge density wave,CDW)效应所致。

此外,基于高分子夹层物所表现出的特殊性能,许多学者还有意识地选择一些主体和其他非电活性高分子如聚乙烯基吡咯烷酮、尼龙和聚丙烯等作用形成夹层材料以克服高分子材料在某些性能如强度、热稳定性及热膨胀性等方面的不足,获得了较好的效果。

6.5.2 前景与展望

利用主客体的夹层作用合成具有特殊性能的功能材料,使高分子-无机夹层物在许多领域展示了良好的应用前景。

在二次电池开发应用方面,人们利用 PEO-无机夹层材料克服高分子固体电解质(SPE)易形成离子对从而阻碍金属离子迁移的缺陷。含锂离子的层状硅酸盐的 PEO 夹层物具有良好的化学和热稳定性,且因其负电离子存在于主体层内,所以正离子迁移数等于 1。这类夹层物的室温电导率比传统的固体高分子电解质高约 2 个数量级,用于全塑电池的电解质具有较好的前景。而基于电活性高分子良好的导电性,以及一些无机主体的良好氧化可逆性和成膜性能,高分子-无机夹层物成为颇具前景的二次电池电极材料。由于 PEO 是锂离子的较理想高分子固体电解质,加之夹层物的高导电性使其毋须加入导电添加物如石墨、碳黑等,所以 $(PEO)_{0.92}MoS_2$ 等夹层物作为高能固态锂电池电极材料显示了明显的优点。而通过改性后的聚苯胺-五氧化二钒夹层物经电化学插入锂离子后比纯主体有更好的可逆性和更高的锂离子容量,是另一类电极材料。

由聚酰亚胺与有机铵离子改性的蒙脱石通过夹层作用形成的纳米级聚酰亚胺-蒙脱石复合材料展示了比聚酰亚胺更好的低吸湿和低热膨胀性能,加之聚酰亚胺良好的耐热性、化学稳定性和优异的电学特性,在微电子学领域将发挥其作用。

此外,由于导电共轭高分子在二次电池、发光二极管、光电子器件、电控膜及催化等方面已获得迅速发展。它们与无机层状固体形成的夹层材料展示了良好的加工性能和各向异性并具有较好的导电性,作为一类新型纳米功能材料必将在这些方面甚至更广的领域获得应用。

除了向实用化方向发展外,高分子-无机夹层物化学在基础研究方面也有很多重要课题。例如,寻找新型无机主体和高分子客体;探索新的合成方法;探讨夹层反应机理;研究夹层物的新型结构与性能的关系;发现一些新的性质和新型功能甚至是多功能材料(如导电分子磁体)等。

6.6 极化聚合物电光材料合成

6.6.1 概述

以光子为信息载体的光电子技术已经成为现代信息科学工程的重要发展方向。一方面,光电子学已经在理论上勾画了超高速、大容量信息处理的美好蓝图;另一方面,光电子学的应用面临着一个亟待解决的实际问题,即采用何种材料才能使这种潜力得以充分实现。

和通常的无线电波通信一样,光通信技术的实现首先要面临怎样把信号加载到光波上去,也就是要解决激光的调制的问题。光电子技术中最常见的调制装置是利用线性电光效应设计而成的电光调制器。电光材料的研究是能否较好地实现此项技术的关键性课题。极化聚合物电光材料(简称电光高分子)在这方面具有巨大的潜在应用前景,特别是近几年来,极化聚合物电光材料的研究不断深入,关系进一步明确,材料的设计与合成逐步走向成熟,许多研究小组相继成功地研制出了原型器件,已经引起了人们广泛的关注。

从电光调制器的工作原理和器件的使用、加工要求来看,较理想的电光材料应具有以下特点。

① 材料的品质因子 n^3r/ε 要大,其中 n^3r 决定了电光效应的大小,而材料应具有较低的低频介电常数 ε,才能实现较大的调制带宽。

② 器件的半波电压 V_π(表示 $\Delta\Phi = \pi$ 时的外加电压值)要小,其值越小,调制效率就越高。Mach – Zehnder 干涉仪中 $V_\pi = \lambda h/n^3rL$。

③材料必须满足器件加工和使用对热稳定性的要求。在 100 ℃ 左右的操作温度下材料的电光系数、折射率应长时间地保持稳定,同时应有较高的尺寸稳定性。在高达 250 ℃ 的加工温度下,材料仍须在较短的时间范围内(1 ~ 10 min)保持相对稳定。

④材料的光学质量要好,对光的吸收和散射要尽可能低,而且其激光损伤阀值要高。

⑤材料还应具有良好的可加工性和物理、化学稳定性。

20 世纪 70 年代、80 年代初,极化聚合物概念的提出开辟了二阶非线性光学材料研究的全新领域。其基本原理是:具有大的微观二阶极化率(β)的有机分子(又称发色团)通过掺杂或化学键合到聚合物之中。将聚合物薄膜升温至其玻璃化温度(T_g)附近,并加以强直流电场,使发色团聚向,然后在保持电场的情况下降温以"冻结"取向,经此处理后的聚合物称为极化聚合物,一般都能表现出宏观上的二阶非线性光学效应。根据发色团取向气体模型,$x^{(2)}$ 与 β 之间的关系可表示为

$$x^{(2)} = NF\beta < \cos^3\theta > \approx NF\beta\mu E_p/kT$$

式中,N 为发色团分子的数密度;F 为局域因子;$\cos^3\theta$ 为取向因子;μ 为偶极距;E_p 为极化电场;T 为温度;k 为 Boltzmann 因子;其中决定 $x^{(2)}$ 大小的关键指标是发色团的 β,μ 值及其浓度 N。

相对于无机和半导体材料而言,极化聚合物具有许多无法比拟的优点,如介电常数低、非线性光学效应大、易于分子设计和加工成型等,因而在光电子技术的电光调制、光倍频等方面具有潜在的应用前景。从极化聚合物近 20 年的发展来看,聚合物电光材料一直是其研究热点之一。特别是近几年来,聚合物电光材料的研究取得了较大的进展,成为最有希望率先进入市场的聚合物二阶非线性光学材料。

表 6.1 列举了的聚合物电光材料几项关键的性能参数,这基本上是目前极化聚合物电光材料所能够达到的水平,并提供了 LiBbO₃ 和 GaAs 的性能参数以资对比。可以看出,聚合物电光材料较大的品质因子(n_3r/ε)主要源于较低的介电常数。

表 6.1　电光材料性能参数对比

材料	电光系数 $r/(\text{pm} \cdot V^{-1})$	折射率 n	介电常数 ε	品质因子 n_3r/ε	半液电压 V_π/V
LiNbO₃	31	2.29	30	12.4	2 940 *
GaAs	1.7	3.3	12.53	4.9	5 000 ~ 9 000
聚合物	−50	1.7	−4	−60	<5

6.6.2 发色团分子的设计与合成

提高发色团的 β_0 或 $\mu\beta_0$,是发色团分子设计与合成的主要目标之一。β_0 为色散校正过的 β 值,更能从本质上表征分子的二阶非线性光学活性。

极化聚合物体系中,发色团分子一般是两端分别接有电子给体和电子受体的共轭体系,分子内发生了强烈的电荷转移。双能级模型认为这类分子所有的电子状态中,中性态和电荷分离态两种共振形式对于 β_0 的贡献是最主要的,并给出

$$\beta \propto (\mu_{ee} - \mu_{gg})\mu_{ge}^2 / E_{ge}^2$$

式中,μ_{ee},μ_{gg} 分别表示分子的基态和激发态的偶极距;μ_{ge} 为跃迁偶极距;E_{ge} 为跃迁能级。

该理论较好地解释了发色团分子的构性关系,并指出提高给受体强度和增大共轭桥长度可以提高发色团的 $\mu\beta$ 值。如图 6-33 所示,DANS 就是 20 世纪 80 年代中期此理论所推荐的典型的发色团分子之一。

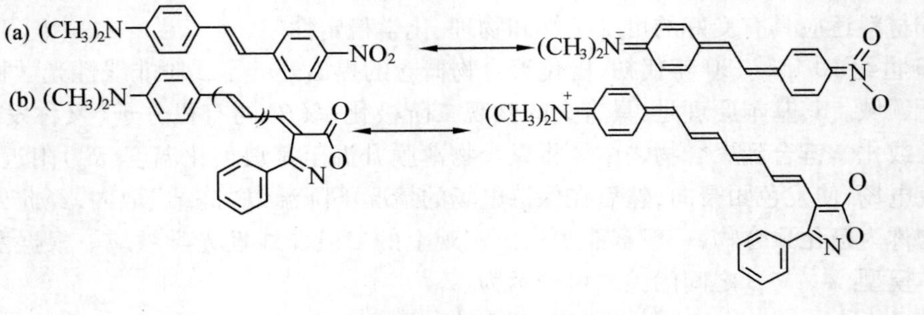

图 6-33 发色团的共振结构图示

(a)中左边为中性态共振式;(b)右边为电荷分离态共振式

在双能级近似的基础上,Marder 等提出了键长交替理论(Bond Length Alternation,简称 BLA 理论)。其要点可简要总结为:β_0 的最优化可以通过调节中性态和电荷分离态之间的能量平衡来实现,具体而言就是要选择合适的共轭桥,使两态的能量差较小,并寻求给受体强度的最佳组合;对于给受体取代的多烯染料,这些变量可以统一归结于结构参数——键长交替$<\Delta r>$,即碳碳单键与双键键长的平均值之差,当$<\Delta r>$降低到适当的数值时,可以显著地提高 β_0 或 $\mu\beta_0$ 值。

键长交替理论将构性关系进一步明确化,并成功地设计出了许多高 $\mu\beta_0$ 的发色团分子,主要的突破体现在以下两个方面。

(1)在 DANS 这类将苯环引入共轭桥的发色团分子中,电荷分离态是完全失去了芳香性的醌式结构,如图 6-33(a)所示,从能量平衡的角度来看,很不利于此种共振形式的形成,对于 β_0 的贡献较小。相对于具有同样共轭链长的多烯染料,这类分子的$<\Delta r>$值明显偏高,并不是较为理想的分子设计。一个有效的解决办法是将异噁唑酮、巴比妥酸作为电子受体,这类受体的电荷分离态在失去一部分芳香性的同时形成了一定的芳香态结构,如图 6-33(b)所示,较好地调节了中性态和电荷分离态之间的能量平衡,降低了$<\Delta r>$,显著提高了发色团的 $\mu\beta_0$。目前所报道的 $\mu\beta_0$ 最高的发色团之一就是基于此点设计合成的,如图 6-33 和图 6-34 所示。

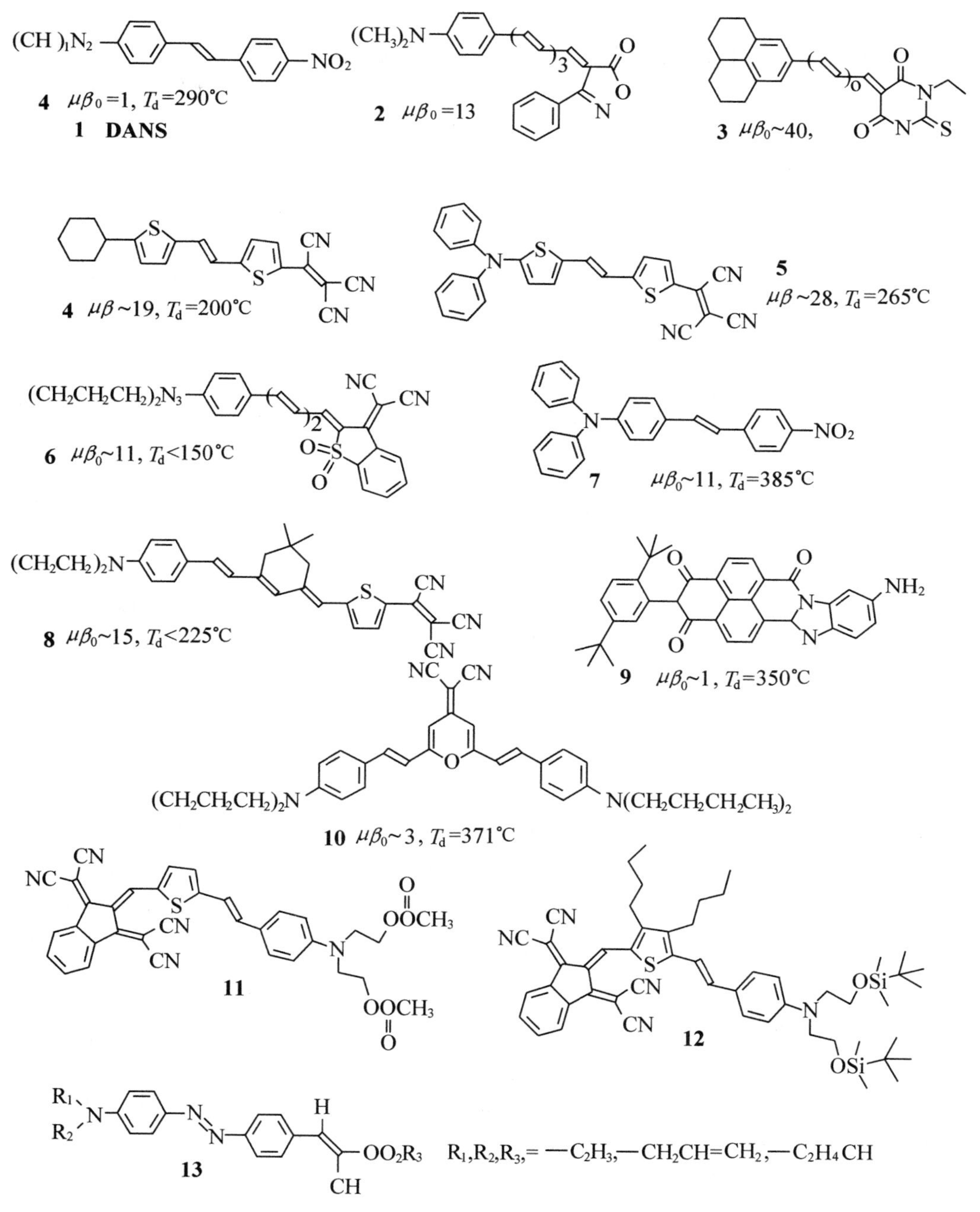

图6-34 有代表性的发色团的分子结构及有关数据

$\mu\beta_0$ 或 $\mu\beta$ 值是相对于 DANS 的比值;T_d 是分解温度。

(2)同理,将具有较低共振能的芳环(如噻吩环、噻唑环)代替苯环引入共轭桥中,可以有效提高发色团的 $\mu\beta_0$。芳香杂环的另一个值得注意之处就是不同的环具有不同的电子密度,可作为附加的给受体来调节分子的 $\mu\beta_0$。

最近,这类结构发色团的研究又有了新的发现,如图 6-34 所示,发色团 4 和 5 具有相同的共轭桥和电子受体,不同之处在于发色团 4 的给体(二烷基胺)强度明显高一些,表现在其最大吸收波长(λ_{max})与 5 相比红移了 53 nm。但发色团 5 的 $\mu\beta$ 值却比 4 的约大 50%,这是以双能级模型为基础研究发色团的构性关系以来所发现的首例明显的“反常”现象,也为 BLA 理论提供了绝佳的例证,即对于某给定的共轭桥,$\mu\beta_0$ 的最优化应通过调节给受体强度之间的适当组合来实现,而非一味地提高给受体强度。

这些研究的最新成果已相继应用于聚合物电光材料中,取得了相当高的电光系数。例如,将图 6-34 中的发色团 6 以 20% 的浓度掺杂到聚碳酸酯中,经旋膜极化,测得其电光系数高达 55 pm/V,近乎 $LiNbO_3$ 电光系数的两倍,是目前所报道的电光系数最高的聚合物电光材料之一。

发色团分子设计与合成的另一个主要目标就是要提高发色团的热稳定性。由于必须兼顾发色团的高 $\mu\beta_0$ 值,这方面的工作存在一定的难度,尽管如此,近几年来仍然取得了不小的进展。

Twieg 等将常用的二烷基胺电子给体换成二芳基胺,大大提高发色团分子的热稳定性。图 6-34 中的发色团 7 的热分解温度比 DANS 的高出 68 ℃,同时其 $\mu\beta_0$ 值有所降低,但仍维持在 DANS 相同数量级的水平上。这一改进方法适用于许多不同类型的发色团分子,如二苯乙烯类、偶氮苯类、二苯乙炔类等等,在聚合物电光材料的研究中已得到广泛的应用。

作为非线性光学活性很高的发色团,长链多烯染料有两个明显的弱点在很大程度限制了其应用,一是热稳定性较低,二是烯烃的顺反异构化不利于获取较高的发色团取向稳定性。Gilmour 等用芳香杂环(如噻吩)代替多烯结构中的碳碳双键,显著改善了发色团分子的热稳定性,并保持了几乎相同的 $\mu\beta_0$ 值。Jen 等人基于锁定分子构象的考虑,将六环引入共轭三烯结构中合成了几个发色团,图 6-34 中的分子 8,不仅得到了较好的热稳定性,而且将发色团 8 掺杂于聚喹啉主体中,初步观察到了较好的发色团取向稳定性。

Garito 等人设计合成了一类结构独特的发色团,例如图 6-34 中的发色团 9,以 1,8-萘甲酰基为共轭桥,以苯并咪唑为电子给体,芳香稠环形成的梯形结构使得其热稳定性极高,而且由于结构类似于聚酰亚胺的结构单元,发色团分子与聚酰亚胺之间有较大的相容性。进一步的研究表明,分子的非线性光学活性源于电荷相关激发态的贡献,用双能级模型已不能对其构性关系作出较好的解释。

Ermer 等人开发了一类具有 DAD(给体-受体-给体)结构的新型发色团,它们都以氰基甲叉-4H-吡喃为电子受体,具有较好的综合性能:热稳定性很高,即使以二烷基胺作为电子给体,其热稳定性仍相当于以二芳基胺为给体的二苯乙烯类、偶氮苯类发色团;在保持较好光学透明性的情况下,图 6-34 中的分子 10,$\lambda_{max} = 500$ nm,$\mu\beta_0$ 值仍能维持在较高的水平上。计算表明,这种发色团具有两个能量很接近的电荷转移激发态,这方面的发现已经引起人们的关注。

发色团分子的结构修饰也是一个值得注意的问题。Dalton 等人发现,强烈的偶极相互作用导致许多具有很高 $\mu\beta$ 值的发色团分子并不一定能在极化聚合物体系中表现出与之相应的高电光系数。若在发色团的周边接上“缓冲”基团,可以有效地解决这个问题。

将图 6-34 中的发色团 11,12 分别以 20% 的浓度掺杂于聚甲基丙烯酸甲酯中,极化后测得各自的电光系数为 17.2 pm/V,34.2 pm/V。

　　交联型聚合物电光材料对发色团的两端官能化提出了要求。最近,作者合成了一组以氰基丙烯酸酯为受体的新型偶氮染料(图 6-34 中的发色团 13),与同类型其他的多官能化发色团相比,其合成路线较为简捷,仅经重氮偶联和 Knoevenagel 缩合即成,有利于在更宽的范围内选择交联的高分子体系。

6.6.3　聚合物体系的设计与合成

　　极化聚合物体系中,虽然发色团偶极分子之间的静电排斥在能量上不利于形成稳定的非中心对称的取向,但在一定的温度下和相当长的时间范围内必须保持这种"亚稳态"的稳定性,这就给材料的热稳定性定义了全新的内容,是极化聚合物电光材料研究的重点和难点之一,20 世纪 90 年代极化聚合物的研究已经涉及了众多的高分子体系,从化学组成来看主要有聚丙烯酸酯类、聚苯乙烯类、聚酯类、环氧树脂类、聚氨酯类、聚酰亚胺类等等,从结构特点来看(这里指发色团分子与高分子主体骨架的位置关系)又可大致分为掺杂型、侧链型、主链型和交联型四类。这些高分子体系的设计与合成为构性关系的研究提供了大量的实验数据,在解释发色团分子的取向松弛问题上建立了一些惟象理论,总结出了某些主要的经验规律,如提高聚合物的玻璃化温度(T_g)、进行化学交联或将发色团引入高分子的主链都可以改善取向稳定性。掺杂型聚合物电光材料由于存在相分离、热不稳定等缺点,近几年来其研究已不多见,以下着重介绍另三种结构类型的聚合物体系。

1. 侧链型和主链型电光高分子

　　Twieg 等人发现,极化聚合物体系中,材料的二阶非线性光学活性的长期热稳定性取决于聚合物的 T_g 与使用温度之差,温差越大则热稳定性越好。对此现象尚未找到很明显的解释,但它无疑为材料的设计与合成提供了一个有力的手段,因而近年来这方面的工作大量集中在如何有效提高聚合物(尤其是侧链型和主链型这类线形高分子)的 T_g 上。

　　聚酰亚胺机械强度高,介电常数低,且已被研究用于集成电路的制作,最为重要的是它的 T_g 很高,继聚酰亚胺的掺杂体系取得了较好效果后,材料化学家们很快将注意力转向性能更为优越的键合型聚酰亚胺。

　　Dalton 等人将发色团键合到二胺或二酸酐单体上,缩合成聚酰胺酸,旋涂成膜后,在保持强电场的情况下受热脱水、关环,即得聚酰亚胺 P1,如图 6-35 所示。该材料 NLO 活性的起始衰减温度高达 175 ℃,大大高于聚酰胺酸前体的 100 ℃。这也是采用"两步法"合成聚酰亚胺的通用路线。由于聚酰胺酸需要在很高的温度(250 ℃以上)下经历较长的时间方能较完全地脱水、关环,因此相应地要求发色团分子应具有较高的热稳定性,而且很可能引起聚合物的深度交联,使得高分子的 T_g 甚至高于其热分解温度,不利于极化。

　　有鉴于此,Yu 等以吡啶/醋酐为脱水剂,得到了一系列可溶性的侧链聚酰亚胺 P2,T_g 在 220~230 ℃左右,在 150 ℃下材料 P2a,P2b 的 SHG 信号只是在刚开始受热时有约 20% 的衰减,以后数百小时内基本恒定,P2c 的热稳定性虽然稍差,但其电光系数高达 35 pm/V。此外,经对比发现,相对于热脱水极化而言,这种化学脱水法制得的聚酰亚胺极化效率明显提高。

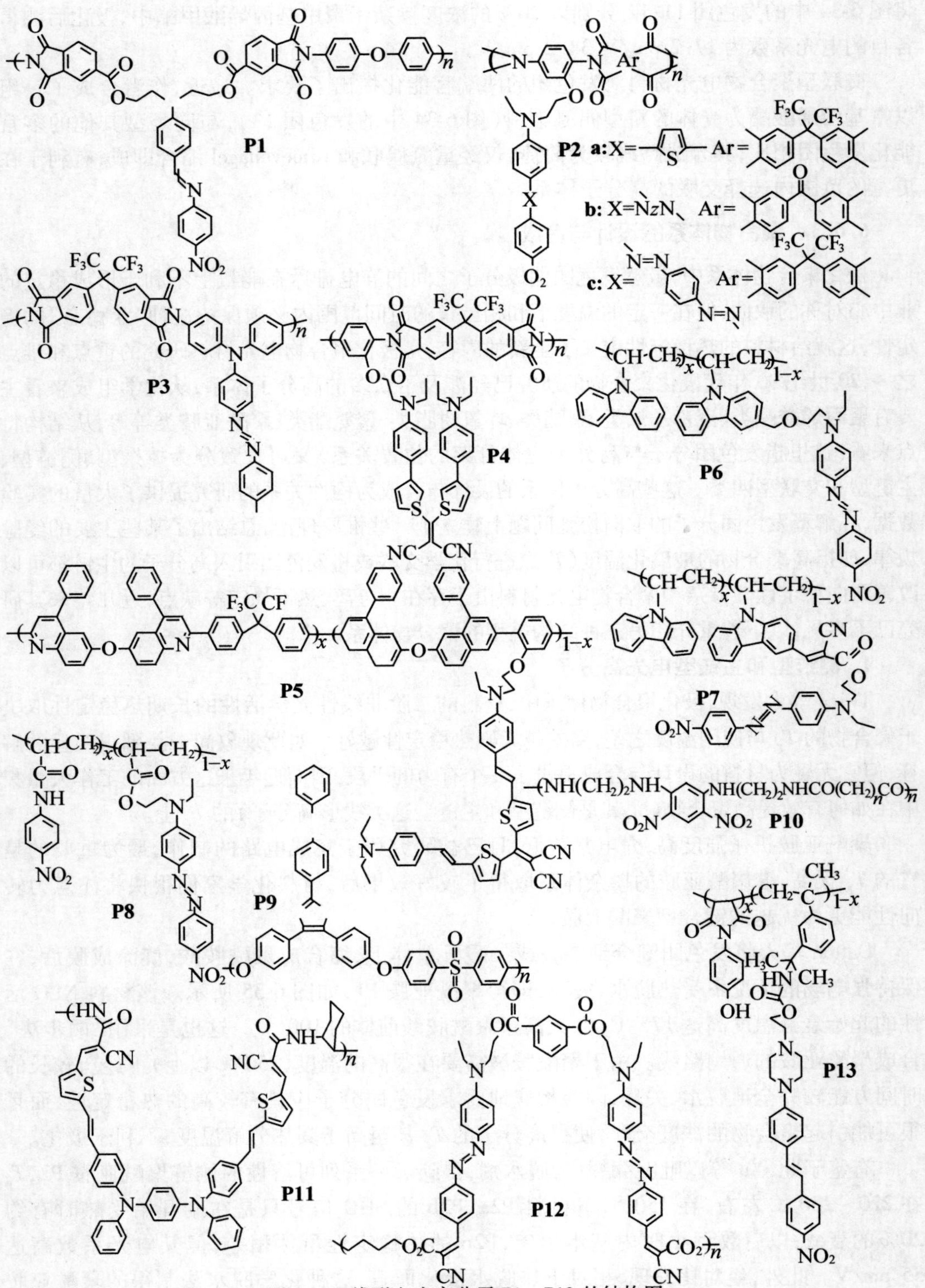

图 6-35　线形电光高分子 P1～P13 的结构图

Burland0 等人在这方面做了系统深入的研究工作,不仅设计了一条简便易行的合成路线,而且在高分子中引入的是以芳基胺为电子给体的发色团,以兼顾发色团分子的热稳定性。他们对聚合物 P3 的热稳定性进行了较为全面的表征:DSC 或动态力学热分析表明高分子的 T_g 为 350 ℃;变温紫外可见吸收表明该材料 350 ℃下可维持数小时而不发生降解;380 ℃时亦可在 20 min 内保持相对稳定(低于 15% 的分解);样品的 SHG 强度在 225 ℃下观察了 1 000 个 h,除开始 10 h 内有约 7% 的下降外,以后一直保持稳定,而且 300 ℃的高温下经 2 000 s 后仅下降 15%。可以说,聚合物 P3 的热稳定性已完全满足器件化的实际需要。

上述几条路线都是先合成功能化单体,再聚合得到高分子。近年来,高分子的后功能化也成为合成极化聚合物的一种常见手段。Jen 等采用后 Mitsunobo 反应合成了一系列的芳香聚酰亚胺(图 6-35 中 P4),即先用一锅法合成侧链带有酚羟基的聚酰亚胺,然后将带有烷羟基的发色团用 Mitsunobob 化学反应的"考验",从而在选择高分子骨架和发色团时可以更加灵活自如。麻洪等采用后重氮化反应也合成得到了一组热稳定性较高的聚酰亚胺电光材料。

总地说来,聚酰亚胺电光材料的初期研究工作在材料的设计与合成上已取得了一定的成绩,许多材料不仅表现出较好的热稳定性,而且也具有较大的电光系数。

Jen 等人还合成了聚喹啉电光材料(图 6-35 中 P5),其热稳定性与聚酰亚胺相当,而且获取了光学质量较高的薄膜,在材料的综合性能上有望得到改善。

聚酰亚胺、聚喹啉这一类高分子的高 T_g 源于高度刚性的主链结构和较强的分子间作用力,而在高分子的侧链上进行某些结构修饰也能提高 T_g。

聚甲基丙烯酸甲酯是最早应用于极化聚合物研究的高分子之一,随发色团浓度的变化,其 T_g 仅达 80~135 ℃。Eckl 等在其侧链上接上巨大的金刚烷取代基,相应共聚物的 T_g 提高 160~190 ℃。聚乙烯咔唑(PVK)由于庞大的咔唑侧基的存在具有很高的 T_g,作者采用两种不同的后功能化方法合成了以 PVK 为基底的极化聚合物 P6,P7,它们的 T_g 都在 200 ℃左右。

另外,,Winoto 等人在聚丙烯酸侧链上键合具有强烈分子间作用力的极性基团,也得到了 T_g 较高的高分子 P8。

由于高分子的整链和链段运动需要较高的活化能,所以将发色团分子整个地引入高分子的主链骨架之中,形成所谓的发色团头对尾主链高分子,可以提高其取向稳定性。这一类高分子的研究工作面临的主要难点是材料的加工性能不好,溶解性、极化效率和 T_g 三者之间很难同时兼顾。例如,要想提高极化效率、改善溶解性,一般是在发色团之间接上长的柔性链,但这往往使得高分子的 T_g 大大降低。因此,主链型电光高分子的近期研究工作主要集中于如何通过适当的分子设计来改善其综合性能。

Wender 等人发现,若只将发色团的某一端嵌入高分子的主链,使得发色团偶极矩横切高分子的主链之上,在极化时高分子主链的重新取向程度将大大减少,因而可以提高极化效率。

Carter 等人合成的聚芳醚噁唑(图 6-35 中的 P9)即属于此种类型,T_g 高达 242 ℃,而且芳杂环发色团的热稳定性亦很高,不过其 NLO 效应较小($d_{33} \approx 1$ pm/V)。作者认为其根本原因在于发色团的 β 值较小,而非极化困难所致。前述的高分子 P1,P3 也属此类。

另一种与此相类似的分子设计是在主链上引入二维电荷转移发色团。图 6-35 中的高分子 P10,发色团有两个电荷转移轴,净偶极矩垂直于高分子的主链,100 ℃下该高分子的松弛时间超过 1 000 h。

据报道,Lindsay 等设计的发色团手风琴型主链高分子具有相当于侧链型高分子的极化效率。该体系中发色团偶极矩头对头,尾对尾地相连接,因取向后高分子主链呈现出手风琴状的构象而得名。近来的研究表明,将具有更高 $\mu\beta$ 值的发色团引入此种结构(图6-35中的 P11)并不能通过极化得到较高的 NLO 系数,不过在常温下采用自组装技术——LBK(Langmuir blodgett–Kohn)制膜法有可能克服这个困难。最近,作者设计并合成了一类以偶氮染料为发色团的手风琴型主链高分子(图6-35 中的 P12),其发色团浓度高达 $70w\%$,具有较好的溶解性和成膜性,偶氮染料发色团的顺反异构化特性为改善这类高分子的加工性能提供了新的可能——即采用全光极化(all optical poling)或光助极化(photoassisted poling)来提高极化效率。

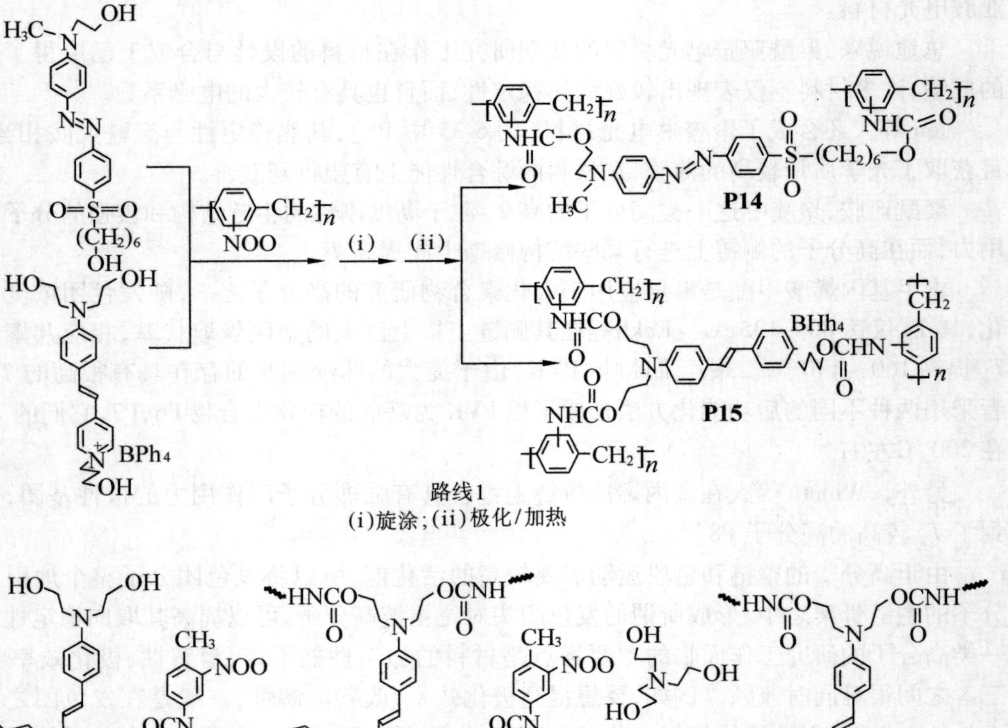

路线1
(i)旋涂;(ii)极化/加热

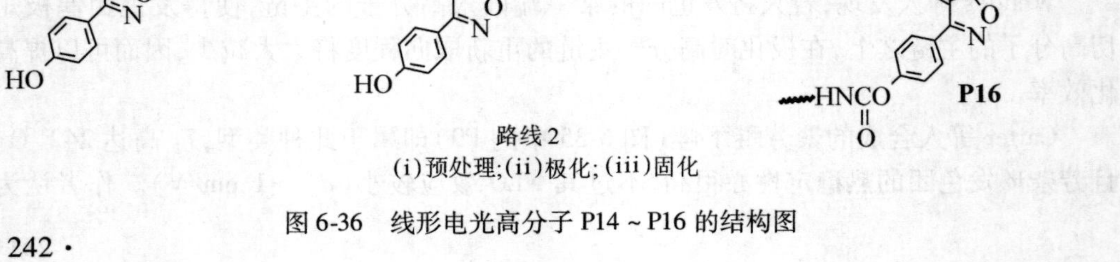

路线2
(i)预处理;(ii)极化;(iii)固化

图 6-36　线形电光高分子 P14～P16 的结构图

2. 交联型电光高分子

高聚物发生交联后,自由体积减少,分子链的运动将受到更多的约束,所以交联可以有效地提高 T_g,并可提高发色团的取向稳定性。当然,交联反应必须控制在电场极化取向之后或与之同时进行。

热固性聚氨酯是近来研究得较多的交联型电光高分子之一,其交联温度不高,可在相对中性的条件下反应,具有良好的加工性能,而且聚合物内部可形成广泛的氢键,有利于提高稳定性。

Choi 等人合成的酰亚胺线形共聚物(图 6-35 中的 P13)本身 T_g 高达 201~203 ℃,其电光活性在 80 ℃下较为稳定,经与二异氰酸酯发生热交联后,热稳定性明显提高,150 ℃下仍能观察到几乎同样稳定的电光活性。

Prasad 等人以端羟基化的偶氮染料作为发色团交联剂,与含有高密度的异氰酸酯的线形聚合物进行交联,测得聚合物 P14(图 6-36 路线 1)T_g 为 142 ℃,NLO 活性于 100 ℃下经 1 200 h 仍能保持稳定。Lee 等则以含多羟基的半菁染料为发色团,合成了一系列的交联型聚氨酯(图 6-36 路线 1 中的 P15),庞大的发色团反离子——四苯基硼阴离子的存在可降低电场极化时离子的运动性,并减缓发色团偶极距的松弛过程。

Dalton 等人在这方面做了相当出色的工作。他们合成了一系列的交联型聚氨酯,将发色团分子研究的最新成果应用于这些材料中,获得高达 30~50 pm/V 的电光系数,并能保持较高的热稳定性(图 6-36 路线 2 中的 P16)。他们还研究了发色团浓度、异氰酸酯/羟基比等因素对于材料的电光系数、热稳定性以及光学损失等性能的影响。

Marks 等人合成了一系列 T_g 很高的交联型电光高分子,包括热固性聚酰亚胺、热固性聚脲及热固性聚氨酯,其中热稳定性最好的为 P17(图 6-37 中给出了其线形预聚物的结构)。经热交联后,高分子的 T_g 达 320 ℃,$x^{(2)}$ 值在 100 ℃下可长时间保持稳定,且 225 ℃下经 80 min,$x^{(2)}$ 值仅有不足 2% 的衰减。他们还研究了加工条件对材料热稳定性的影响,认为极化温度的选择极为重要。

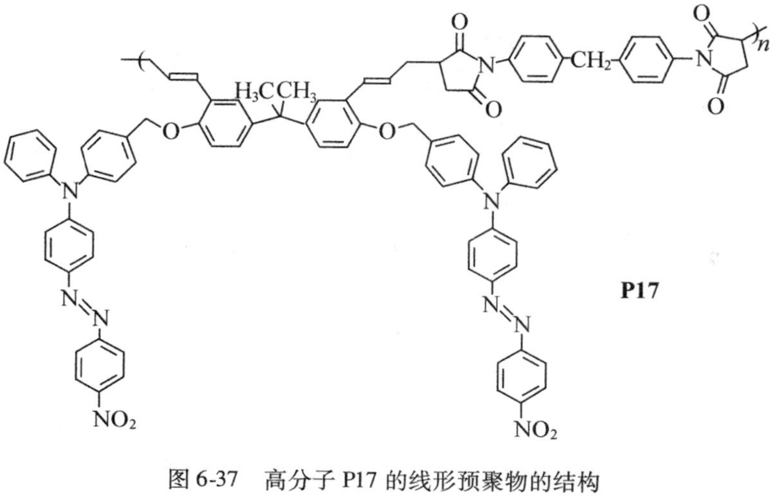

图 6-37　高分子 P17 的线形预聚物的结构

6.7　高分子液晶的合成

液晶是某些物质在从固态向液态转移时形成的一种具有特殊性质的中间相态或者称过渡形态。研究表明,能够形成液晶的物质通常在分子结构中具有刚性部分。从外形上看,刚性部分通常为棒状或片状,这是液晶分子在液态下维持某种有序排列所必须的结构因素。在高分子液晶中这些刚性部分被柔性链以各种方式连接在一起,这一刚性部分如果处在高分子主链上,即成为主链型液晶;如果刚性部分是通过一段柔性链与主链相连,构成梳状,则称为侧链液晶。根据刚性部分的形状结合处位置可分成 $\alpha,\beta,\gamma,\zeta,\varepsilon,\Phi,\kappa,\theta,\lambda,\Psi,\delta,\omega$ 型液晶。另外还可按液晶形态分类,详见有关参考书。

6.7.1　溶液型侧链高分子液晶的合成

溶液型高分子液晶在溶液中表现出表面活性剂的性质,原因在于分子中具有两类截然不同性质的区域,即亲水区和亲油区。对侧链型高分子液晶的合成主要通过在亲水一端或亲油一端进行聚合反应,给出图 6-38 所示的两类侧链聚合物。

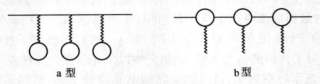

图 6-38　溶液型两类侧链聚合物示意图

图中圆圈表示亲水性端基,曲线表示亲油性端基。在 a 型高分子液晶中聚合物主链一般为亲油性,亲水性端基从聚合物主链伸出。而 b 型聚合物的单体多具有亲水性可聚合基团,形成的聚合物亲水一端在主链上。

1. a 型液晶的合成

a 型液晶的合成主要有下面两种方法。

（1）在液晶单体亲油一端连接乙烯基

通过乙烯基的聚合反应实现高分子化,高分子化后的主链为聚乙烯。聚合一般通过热引发(采用偶氮异丁腈引发剂)或者使用光化学引发(采用 2,2-二甲氧基-2-苯基苯甲酮作光敏剂),反应机理是自由基历程。实验结果表明,对十一碳烯酸钠的稀水溶液进行聚合,单体浓度必须超过临界胶束浓度(在此浓度以上,溶质分子可以形成胶束),否则,反应不能进行。

$$CH_2\!=\!CH(CH_2)_8COOH \xrightarrow{\text{聚合反应}} \begin{array}{c} CH_2 \\ CH \\ CH_2(CH_2)_7COOH \end{array}$$

合理的解释为聚合反应中单体之间需要有一定的邻近条件,才能聚合成有一定空间要求的聚合物。在反应进行过程中用 NMR 法检测单体中双链氢的消失与否以确定反应进行的程度。在聚合反应中,单体浓度对生成聚合物的聚合度有一定影响,单体浓度高,排列紧密,有利于得到聚合物液晶。

（2）通过树枝反应与高分子骨架连接

侧链聚合物液晶也可以用柔性线性聚合物与具有双键的单体通过加成性接枝反应生成。如柔性聚硅氧烷与带有两亲结构的单体进行加成性接枝反应,生成侧链型聚合物液晶

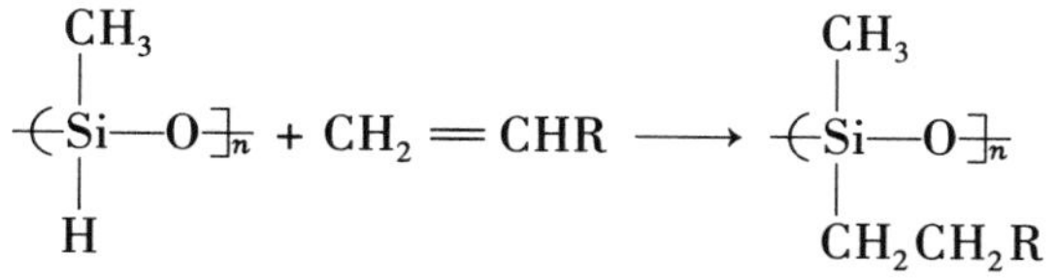

$$\left(\!\!\begin{array}{c} CH_3 \\ | \\ Si\!-\!O \\ | \\ H \end{array}\!\!\right)_n + CH_2 \!=\!CHR \longrightarrow \left(\!\!\begin{array}{c} CH_3 \\ | \\ Si\!-\!O \\ | \\ CH_2CH_2R \end{array}\!\!\right)_n$$

式中,R 表示两亲基团,反应采用六氯铂酸作为催化剂,用红外光谱中 2 140 cm^{-1} 的 Si—H 信号监测反应进行的程度。

1982 年,Finkelmann 等采用由十一碳烯酸作为亲油基,聚乙二醇作为亲水基团的两亲单体,通过加成反应连接到聚硅氧烷主链上。得到的 a 型聚合物液晶的结构如下

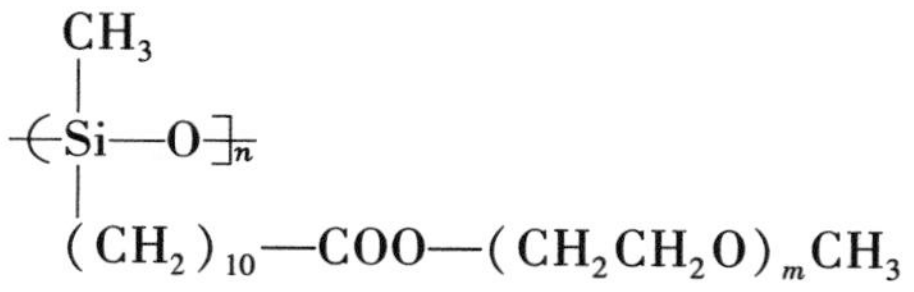

$$\left(\!\!\begin{array}{c} CH_3 \\ | \\ Si\!-\!O \\ | \\ (CH_2)_{10}\!-\!COO\!-\!(CH_2CH_2O)_mCH_3 \end{array}\!\!\right)_n$$

2. b 型液晶的合成

b 型高分子液晶比较少见,主要是亲水性聚合基团不多。聚甲基丙烯酸季铵盐是由亲水性聚合物链构成,它可以由丙烯酸盐的单体溶液通过上述局部化学聚合形成聚丙烯酸,再与长碳链季铵直接形成 b 型聚合物液晶。

6.7.2　溶液型主链高分子液晶的制备方法

顾名思义,主链型高分子液晶中的刚性部分在聚合物的主链上,这类液晶主要包括聚芳香胺类和聚芳香杂环类聚合物,聚糖类也应属于这一类。这一类聚合物的共同特点是聚合物主链中存在有规律的刚性结构。下面对聚芳香胺类和聚芳香杂环类液晶高分子的合成方法加以简单介绍。

1. 聚芳香胺类高分子液晶的合成

这类液晶通过酰胺键将单体连接成聚合物,因此所有能够形成酰胺的反应方法和试剂都有可能用于此类高分子液晶的合成。如酰氯或酸酐与芳香胺进行的缩合反应即是常见方法之一。聚对氨基苯甲酰胺（PpBA）的合成以对氨基苯甲酸为原料,与过量的亚硫酰氯反应制备亚硫酰胺基苯甲酰氯;然后与氯化氢反应得到 PpBA,如图 6-39 所示。

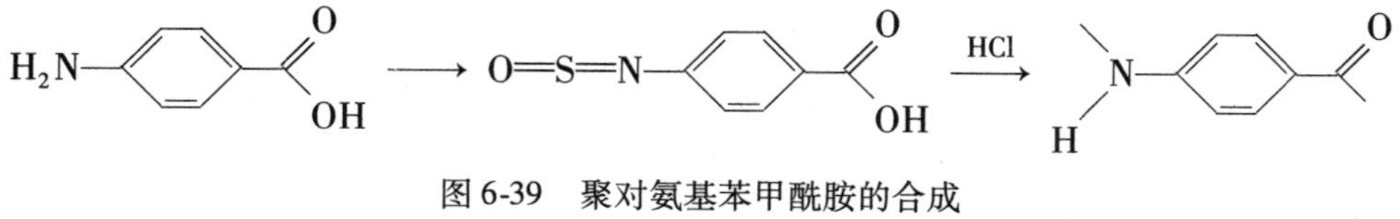

图 6-39　聚对氨基苯甲酰胺的合成

PpPTA 的合成比较简单,采用 1,4-二氨基苯和对苯二酰氯进行缩合反应直接制备 PpPTA。反应介质采用非质子性强极性溶剂,如 N-甲基吡咯烷酮（NMP）,在溶液中溶有

一定量的 CaCl$_2$ 可以促进反应进行。

2. 芳香杂环主链高分子液晶的合成

这一类高分子液晶也称为梯形聚合物,由其结构特征得名。这一类高分子液晶主要是为了开发高温稳定性材料而研制的,将这类聚合物在液晶相下处理可以得到高性能的纤维。其中反式、顺式聚双苯骈噻唑苯(trans 或 cis-PBT)的合成通过下列反应进行,如图6-40 所示。

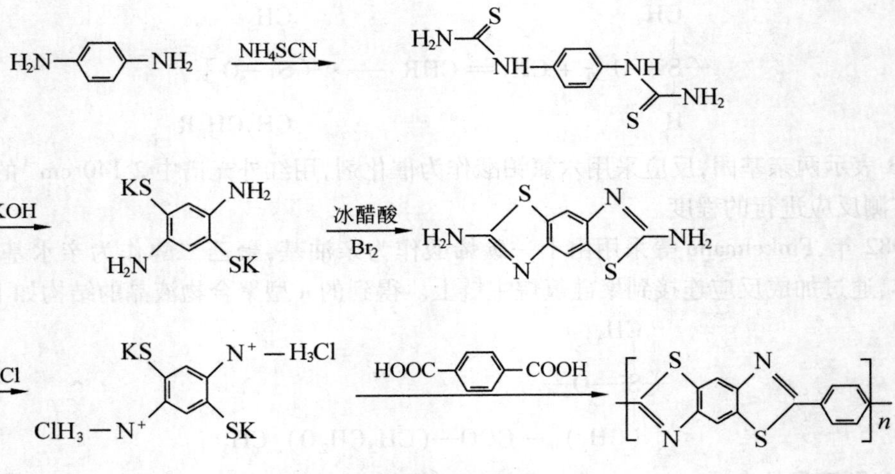

图6-40　聚双苯骈噻唑苯(PBT)

反应的第一步是对苯二胺与硫氰氨反应生成对二硫脲基苯,在冰醋酸存在下与溴反应生成苯骈杂环衍生物,经碱性开环和中和反应得到 2,5-干巯基-1,4 苯二胺,最后通过与对苯二酸缩合得到预期目标聚合物。顺反式 PBO 可以采用对或间苯二酚二乙酯为原料,通过类似过程制备。一条更经济的顺式 PBO 的合成路线采用 1,2,3-三氯苯为原料,通过硝化、碱性水解、氢化、缩合反应制备,如图6-41 所示。

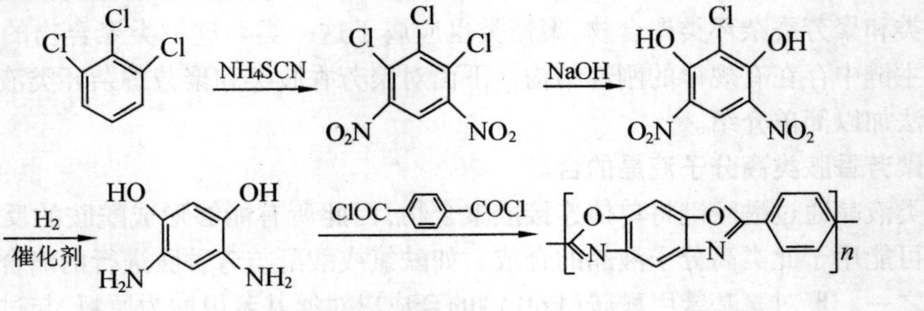

图6-41　顺式 PBO 合成路线

6.7.3　热熔侧链型聚合物液晶的合成方法

热熔型侧链高分子液晶不能像溶液型液晶那样,首先在单体溶液中形成预定液晶态,然后利用局部聚合反应实现高分子化,因此必须另寻其他合成途径。根据已有的资料,热熔型侧链高分子液晶的合成主要有三种策略。

均聚反应。先合成间隔体一端连接刚性结构,另一端带有可聚合基团的单体,再进行均聚反应构成侧链液晶。

缩聚反应。在连有刚性体的间隔体自由一端制备双功能基,再与另一处双功能基单体进行缩聚反应构成侧链聚合物。

接枝反应。以某种线性聚合物和间隔体上带有活性基团的单体为原料,利用接枝反应制备。

这三种制备方法的反应示意图在图 6-42 中给出。下面对这三种合成方法分别进行介绍。

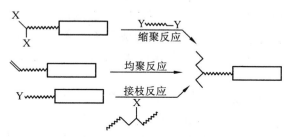

图 6-42　热熔型侧链高分子液晶的合成方法

1. 均聚反应

高分子液晶中刚性结构和与间隔体的连接方法属于一般有机合成方法,在这里不再介绍,利用乙烯基的均聚反应制备聚合物的方法有许多种,包括自由基引发的热聚合,光引发的光化学聚合和带电离子引发的离子聚合等。

(1)自由基引发聚合反应

带有双键的单体在自由基引发剂引发后可以发生均聚反应生成饱和碳链聚合物,引发剂通常为在热作用下发生均裂的化合物,如偶氮异丁腈(AIBN)均裂产生的活性自由基可以引发自由基链式聚合反应。具有聚甲基丙烯酸骨架的高分子液晶的合成即可以采用这一类方法,如图 6-43 所示。

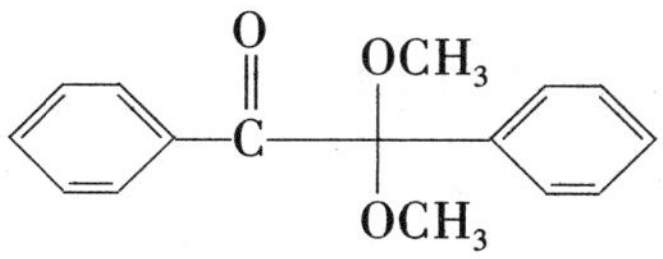

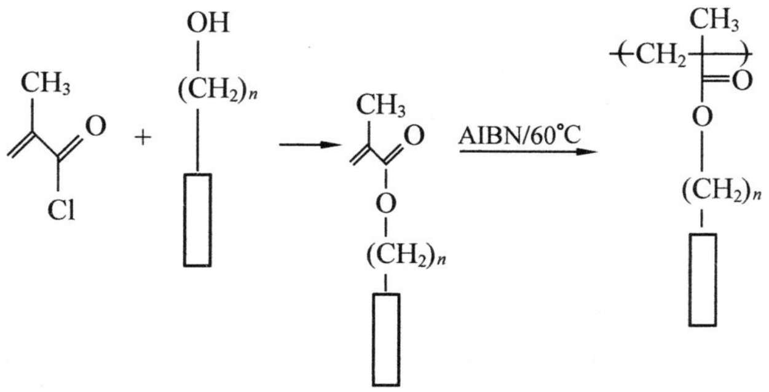

图 6-43　采用自由基引发均聚反应制备侧链高分子液晶

(2)光引发聚合反应

某些光敏化剂在光(通常为紫外光)的作用下失去电子,阳离子自由基。因此在这类光敏剂存在下,经光照也可以引发自由基链式聚合反应。光引发聚合反应的最大特点是引发过程不受温度的影响,因此可以在任意选定的温度下进行反应,适应液晶的形成温度,使反应物在反应过程中保持在特定晶相下。

（3）离子引发聚合反应

由于没有自发的终止和链转移反应,因此离子引发的聚合反应比较容易控制,甚至可能合成预定相对分子质量的聚合物。另外一个优点是在一步反应完成之后,加入另一种单体可以继续反应,因此可以得到一般共聚反应难以得到的预定结构共聚聚合物。副反应比较严重是主要缺点。离子聚合反应可以分成阳离子聚合和阴离子聚合两种。如采用三氟化硼的醚合物作为引发剂,可以合成具有聚乙烯醚或丙烯醚骨架的聚合物液晶。

2. 缩聚反应

虽然缩聚反应主要用在主链高分子液晶的合成方面,但是在侧链高分子液晶的合成方面也有应用。如带有氨基甲酸乙酯的高分子液晶就是用这种方法通过带有刚性结构的二异腈酸酯与二醇衍生物反应合成的。利用这种合成方法还可以制备具有主链和侧链结合的高分子液晶,如图6-44所示。

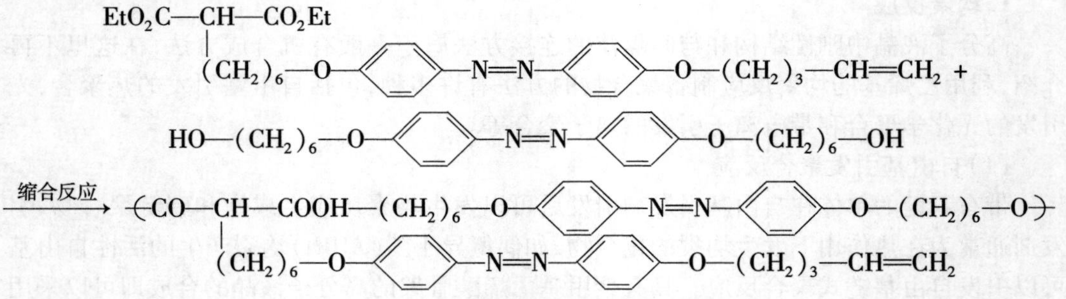

图 6-44 用缩聚法制备结合型高分子液晶

3. 与聚合物的接枝反应

利用线性聚合物与刚性结构单体的接枝反应是制备侧链高分子液晶的一种较好方法,广泛用于制备具有聚硅氧烷聚合物骨架的梳状液晶。比如带有乙烯基的刚性单体与带有活性氢的硅氧烷发生接枝反应,单体直接与聚硅氧烷中的硅原子相接,形成侧链液晶。

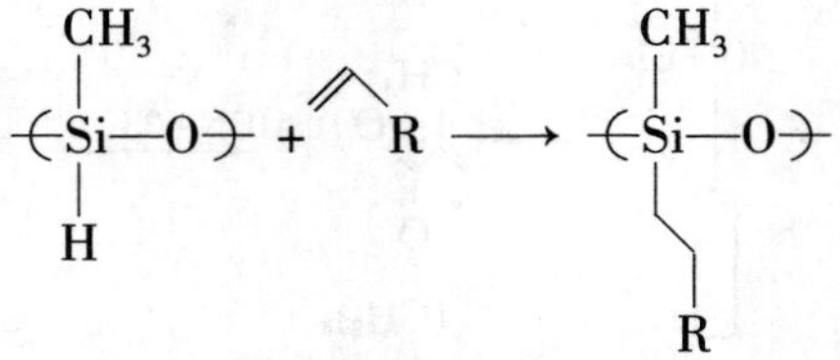

另一类柔性较好的聚合物骨架是聚二氯磷嗪(polyphosphazene),该聚合物磷原子上带有两个活泼氯原子,可以在碱性条件下与带有羟基的单体发生缩合反应,生成侧链液晶,如图6-45所示。聚合物中磷氮键具有无机性质,图中R为刚性体。

6.7.4 热熔主链液晶的合成

热熔型主链高分子液晶的早期合成方法曾采用界面聚合,或者高温溶液聚合,如二苯

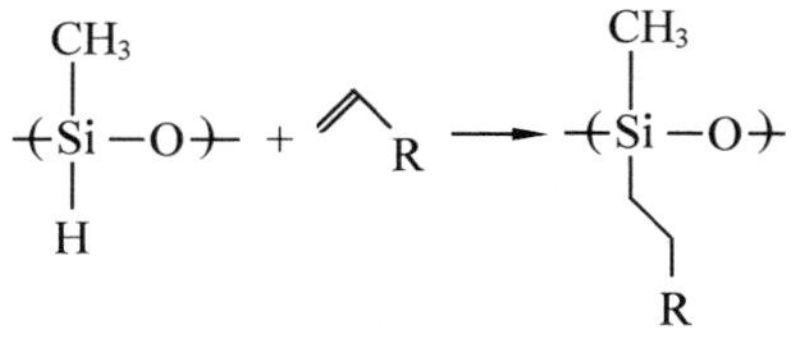

图 6-45　聚二氯磷嗪作骨架合成侧链液晶

酚与二碳酰氯的缩合反应。这种方法合成的产物其刚性部分、柔性部分相间排列,多用于采用插入柔性链降低聚合物熔点的场合。大多数热熔型主链液晶是通过酯交换反应制备的,如乙酰氧基芳香衍生物与芳香羧酸衍生物反应脱去乙酸,反应在聚合物的熔点以上进行。下图给出反应的简单过程。

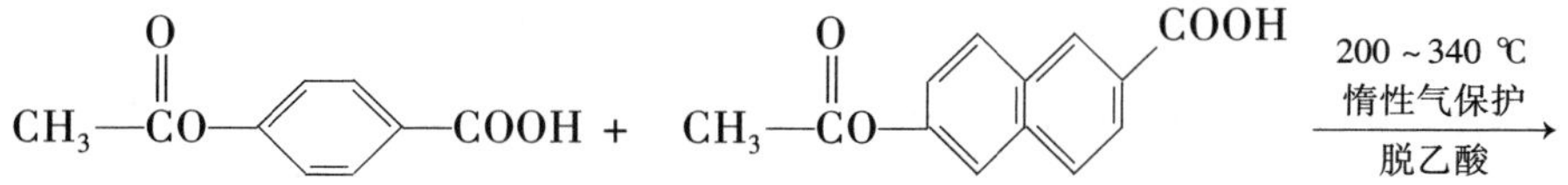

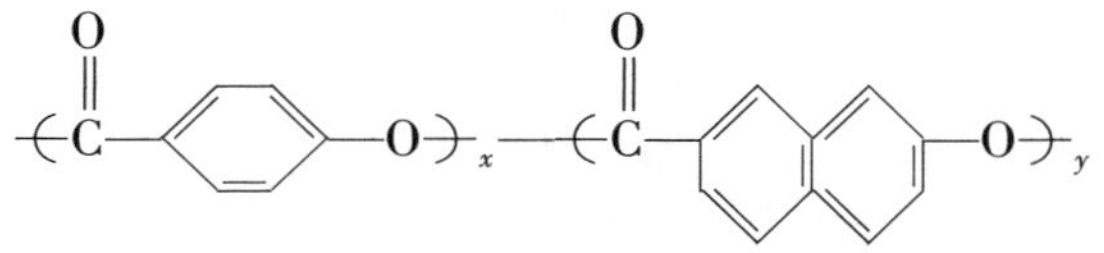

在这种条件下,在聚合过程当中即形成液晶相。二元酸的芳香酯类与芳香二酚也有类似反应。为了避免高温下的热降解,高熔点聚合物的合成需要在惰性热传导物质中进行。由于聚合物的黏度影响热传导,需要在搅拌下慢慢提高反应温度。根据最近报道的非水分散相高温聚合反应,热熔型主链聚合的液晶的合成在惰性热传导介质中还需加入聚合的或无机的稳定剂,防止在温度升高过程中发生絮凝现象。为了克服在制备高熔点聚合物时碰到的高黏度,以至于难以得到高相对分子质量聚合物的问题,可以采用固相聚合法,即反应温度在生成聚合物的熔点以下。反应分成两步,先在正常反应条件下制备相对分子质量较低的预聚合物,然后用固相聚合法制备高相对分子质量的聚合物。利用相转移反应制备聚硫醚高分子液晶也有报道。

思考题

1. 简述功能高分子材料制备方法。
2. 写出两种高分子氧化-还原试剂反应。

参 考 文 献

[1] 马如璋,蒋民华,徐祖雄. 功能材料学概论[M]. 北京:冶金工业出版社,1999.

[2] 吴人洁. 复合材料[M]. 天津:天津大学出版社,2000.

[3] 刘江龙. 环境材料导论[M]. 北京:冶金工业出版社,1997.

[4] 胡德昌,胡滨. 新型材料特性及其应用[M]. 广州:广东科学技术出版社,1996.

[5] 张立德,牟季美. 纳米材料和纳米结构[M]. 北京:科学出版社,2001.

[6] 干福熹. 信息材料[M]. 天津:天津大学出版社,2000.

[7] 周玉. 陶瓷材料学[M]. 哈尔滨:哈尔滨工业大学出版社,1997.

[8] 李世普. 特种陶瓷工艺学[M]. 武汉:武汉工业大学出版社,1992.

[9] 徐政,倪宏伟. 现代功能陶瓷[M]. 北京:国防工业出版社,1998.

[10] 邱关明. 新型陶瓷[M]. 北京:兵器工业出版社,1996.

[11] 徐廷献. 电子陶瓷材料[M]. 天津:天津大学出版社,2000.

[12] 黄勇,谢志鹏. 新型陶瓷的现状与展望[M]. 高技术陶瓷论坛,1998,32(6).

[13] 赵文元,王亦军. 功能高分子材料化学[M]. 北京:化学工业出版社,1996.

[14] 吴建生,张春柏. 材料制备新技术[M]. 上海:上海交通大学出版社,1996.

[15] 闵乃本. 晶体生长的物理基础[M]. 上海:上海科学技术出版社,1982.

[16] 赵文元,王亦军. 功能高分子材料化学[M]. 北京:化学工业出版社,1996.

[17] 胡玉山,白东仁,张政朴. 聚乳酸合成的最新进展[J]. 离子交换与吸附. 2000,16(3).

[18] 任广智,李振华,何炳林. 磁性高分子微球用于固定化酶的研究进展[J]. 离子交换与吸附,2000, 16(1).

[19] 陈兴国,杨楚罗,秦金贵. 高分子-无机夹层化合物的合成、结构和性能[J]. 化学通报,2000(7).

[20] 罗敬东,詹才茂,秦金贵. 极化聚合物电光材料研究进展[J]. 高分子通报. 2000,(1).

[21] 蒋建飞. 超导器件物理[M]. 北京:国防工业出版社,1998.

[22] 焦正宽. 超导电技术及其应用[M]. 北京:国防工业出版社,1975.

[23] [日]宗宫重行. 近代陶瓷[M]. 池文俊译. 北京:同济大学出版社,1998.

[24] 温树林. 现代功能材料导论[M]. 北京:科学出版社,1983.

[25] 陈立泉. 氧化物陶瓷超导体[J]. 硅酸盐学报,1987,15(5).

[26] 赵忠贤. Ba-Y-Cu 氧化物液氮温区的超导电性[J]. 科学通报,1987,32(6).

[27] 赵忠贤. Sr(Ba)-La-Cu 氧化物的高临界超导温度超导电性[J]. 科学通报,1987,32(3).

[28] L. W. Chu,et al"Evidence for cuper conductivity above 40 K in La-Ba-Cu-O compound cyctem" phyc, Rev. Lett,1987,58:405.

[29] 徐同举. 新型传感器基础[M]. 北京:机械工业出版社,1987.

[30] 张绥庆. 新型无机材料概论[M]. 上海:上海科学技术出版社,1983.

[31] 张勇. 压电复合材料[J]. 压电与声光,1997,19(2).

[32] Kim. S·J and Jiang Q·Microcracking and Electric Fatigne of Polyery stalline Ferroele ctrise Ceramics. Smart Mater Struct,1996(5).

[33] 徐维新,薛文龙. 精细陶瓷技术[M]. 上海:上海交通大学出版社,1993.

[34] 朱世富,赵北军. 材料制备科学与技术[M]. 北京:高等教育出版社,2006.

[35] 李艳彩. TiO$_2$ 溶胶-凝胶膜电极和贵金属纳米粒子多层膜的组成及分析应用[C]. 吉林大学博士学位论文,2007.

[36] 曹茂盛,曹传宝,徐甲强. 纳米材料学[M]. 哈尔滨:哈尔滨工程大学出版社,2002.